Dunkle kosmische Energie

Adalbert W. A. Pauldrach

Dunkle kosmische Energie

Das Rätsel der beschleunigten Expansion des Universums

Reihe Astrophysik aktuell: Herausgegeben von Andreas Burkert, Harald Lesch, Nikolaus Heckmann, Helmut Hetznecker mit Unterstützung des Harvard Club München e.V.

Autor
Prof. Dr. Adalbert W.A. Pauldrach
Ludwig-Maximilians-Universität München
Arbeitsgruppe für Astronomie und Astrophysik
Scheinerstraße 1
81679 München

Wichtiger Hinweis für den Benutzer
Der Verlag, der Herausgeber und die Autoren haben alle Sorgfalt walten lassen, um vollständige und akkurate Informationen in diesem Buch zu publizieren. Der Verlag übernimmt weder Garantie noch die juristische Verantwortung oder irgendeine Haftung für die Nutzung dieser Informationen, für deren Wirtschaftlichkeit oder fehlerfreie Funktion für einen bestimmten Zweck. Der Verlag übernimmt keine Gewähr dafür, dass die beschriebenen Verfahren, Programme usw. frei von Schutzrechten Dritter sind. Die Wiedergabe von Gebrauchsnamen, Handelsnamen, Warenbezeichnungen usw. in diesem Buch berechtigt auch ohne besondere Kennzeichnung nicht zu der Annahme, dass solche Namen im Sinne der Warenzeichen- und Markenschutz-Gesetzgebung als frei zu betrachten wären und daher von jedermann benutzt werden dürften. Der Verlag hat sich bemüht, sämtliche Rechteinhaber von Abbildungen zu ermitteln. Sollte dem Verlag gegenüber dennoch der Nachweis der Rechtsinhaberschaft geführt werden, wird das branchenübliche Honorar gezahlt.

Bibliografische Information der Deutschen Nationalbibliothek
Die Deutsche Nationalbibliothek verzeichnet diese Publikation in der Deutschen Nationalbibliografie; detaillierte bibliografische Daten sind im Internet über http://dnb.d-nb.de abrufbar.

Springer ist ein Unternehmen von Springer Science+Business Media
springer.de

© Spektrum Akademischer Verlag Heidelberg 2010
Spektrum Akademischer Verlag ist ein Imprint von Springer

10   11   12   13   14   5   4   3   2   1

Planung und Lektorat: Katharina Neuser-von Oettingen, Stefanie Adam
Herstellung und Satz: Crest Premedia Solutions (P) Ltd, Pune, Maharashtra, India
Umschlaggestaltung: SpieszDesign, Neu-Ulm
Titelfotografie: Photodisc, NASA

ISBN 978-3-8274-2480-8

„It's my life
It's now or never
I ain't gonna live forever
I just want to live while I'm alive
It's my life"

Bon Jovi

Für Isolde

Vorwort

Wenn man alle logischen Lösungen eines Problems eliminiert, ist die unlogische, obwohl unmöglich, unweigerlich richtig, so hat Sherlock Holmes einmal das Geheimnis seiner Fahndungserfolge beschrieben. Wenn alles ausgereizt ist, jede denkbare Möglichkeit durchdacht wurde, jeder vermeintlich vernünftigen Spur nachgegangen ist, dann bleiben nur noch die exotischen Lösungen.

So könnte man den Stand der heutigen Forschung beschreiben, wenn es um das dunkelste Kapitel der Kosmologie geht. Da wurde vor einiger Zeit ein Phänomen entdeckt, das zwar zunächst verzwickt aussah, aber das Vertrauen war da, dass sich im Instrumentarium der Physik schon eine „vernünftige" Lösung wird finden lassen. Vor allem der kontinuierliche Triumphzug der Hypothese, dass die Naturgesetze, die wir von der Erde kennen, überall im Universum gültig seien, gab Anlass zu Vertrauen und Hoffnung, dass sich auch dieses neue, rätselhafte Phänomen der beschleunigten Expansion des Universums doch auf die eine oder andere Weise mit der uns bereits bekannten Physik in Einklang bringen ließe. Schließlich hat man doch noch immer die Mysterien des Universums auflösen können. Man denke nur an die großartige Verbindung von Kernphysik und Sternphysik. Kenntnisse aus den Laboratorien und Theorien hier auf der Erde wurden praktisch eins zu eins auf die Sterne übertragen. Das Modell, Sterne seien Kernfusionsreaktoren, in denen aus leichten Atomkernen in verschiedenen Verschmelzungsschritten und in Abhängigkeit von der Sternmasse, schwerere Kerne erzeugt werden, erklärt erfolgreich und bestätigt durch zahllose Beobachtungen die Verbindung von Kernen und Sternen. Ein anderes, vielleicht noch großartigeres Beispiel, ist die moderne Kosmologie, die das Universum als Ganzes beschreibt. Mit dem Modell des heißen Urknalls waren Vorhersagen verbunden, die alle durch die Beobachtungen bestätigt wurden. Mit Hilfe dieses Modells versteht man die beobachtete Expansion des Kosmos, die Zusammensetzung der leichten Elemente Wasserstoff und Helium, inklusive ihrer Isotopenverteilung; man versteht den Ursprung der überall, in jedem Kubikzentimeter Universum vorhandenen kosmischen Hintergrundstrahlung und man versteht die Bildung von Galaxien und Galaxienhaufen.

Gerade aber dieser Erfolg des heißen kosmischen Anfangs stellt die Forscher auch vor ziemlich ausgewachsene Probleme. Zwar gelingt in dieser Theorie die direkte Verbindung von Teilchen-, Kern- und Atomphysik mit den ersten Minuten der kosmischen Entwicklung, aber der Kosmos zeigt eben auch Erscheinungen, die sich nur sehr schwer mit den theoretischen Modellen oder empirischen Ergebnissen der Physik der Materie zusammenbringen lassen. Einerseits erfordern die astronomischen Beobachtungen eine Form von Materie, die sogenannte Dunkle Materie, die in keiner Weise mit elektromagnetischer Strahlung wechselwirken darf, die aber sehr schwer sein muss. Dann und nur dann, versteht man verschiedene Bewegungsmuster von leuchtender Materie wie Galaxien, Galaxienhaufen und Licht im Allgemeinen. Diese Dunkle Materie muss ganz anders sein als die Teilchen (Protonen, Neutronen und Elektronen), aus denen Sterne, Galaxien, Planeten und Lebewesen zusammengesetzt sind, denn diese materiellen Strukturen wechselwirken ja mit elektromagnetischer Strahlung. Wir kennen zwar Teilchen, die das ebenfalls nicht tun, nämlich die bei Kernreaktionen in Sternen entstehenden Neutrinos (sie werden gerade pro Sekunde und pro Quadratzentimeter Körperoberfläche von 70 Milliarden Neutrinos durchschlagen und merken es nicht), aber diese Teilchen sind viel zu leicht und viel zu schnell, um als Dunkle Materie im Kosmos nennenswert wirksam zu sein. Nein, die Dunkle Materie muss aus sehr schweren Teilchen bestehen, die irgendwie am Anfang des Universums entstanden sein müssen. Die Reaktion der Physiker ist deshalb der Bau großer Beschleuniger, um diese Weise die hohen Temperaturen zu erzeugen, die im frühen Kosmos geherrscht haben dürften, und dann auf die Suche zu gehen nach den exotischen Teilchen der Dunklen Materie. Dafür gibt es theoretische Ansätze und Vorhersagen. Hier liegt also ein klares Forschungsprogramm vor.

Ganz anders bei der Suche nach der Dunklen Energie. Sie erweist sich als ein ganz harter Knochen, der unsere Vorstellungen von der Zusammensetzung des Universums ziemlich in Frage stellt. Glaubt man den empirischen Fakten, und das müssen wir tun, denn nur die Fakten entscheiden, ob eine Hypothese tragfähig ist oder nicht, dann müssen wir davon ausgehen, dass das ganze Universum durchsetzt ist von einer Energie, deren Dichte möglicherweise überall und immer konstant ist. Erste Versuche, den Ursprung dieser Energie mit der so erfolgreichen relativistischen Quantenfeldtheorie zu verbinden, scheiterten völlig. Relativistische Quantenfeldtheorien erklären aber sehr viel, zum Beispiel die Existenz von Antimaterie, die radioaktiven Zerfallsprozesse und die Zustände von Sternleichen wie Neutronensterne und Weiße Zwerge. Die Dunkle Energie scheint aber etwas ganz anderes zu sein als alle Feldvorstellungen der theoretischen Teilchenphysik. Vergleicht man die Energiedichte der Quantenfelder mit der Dunklen Energie, ergibt sich eine Diskrepanz von 120 Größenordnungen! Das Feld der Dunklen Energie ist viel schwächer als alles, was wir noch erklären können. Aber was ist es dann? Das Schlimmste, was uns passieren könnte, wäre, wenn es sich tatsächlich um eine perfekte konstante Energie handeln würde, die den ganzen Kosmos schon seit Anbeginn aller Zeiten durchdringt. Es wäre dann eine weitere Naturkonstante, ein „Muttermal" des Universums, das sich jeder weiteren Erklärung entzieht. Vielleicht aber ist es doch ein Feld, das sich irgendwie gebildet und sich zu dem heute beobachteten Wert hin entwickelt hat, dann hätten wir wieder ein Forschungsprogramm für neue Theorien. Auf jeden Fall hat die Entdeckung, dass das Universum sich beschleunigt ausbreitet, die Kosmologie in Aufruhr versetzt. Hier stimmt etwas nicht. Doch lesen Sie selbst!

Harald Lesch

Inhaltsverzeichnis

Prolog

Der subjektive Charakter
einer objektiven Wissenschaft

Der Zugang zu den Wissen schaffenden Disziplinen ist sehr unterschiedlich. Vielfach muss bereits hinsichtlich mancher grundlegender fachspezifischer Positionierung die Frage gestellt werden, ob durch die jeweiligen geistigen Anstrengungen überhaupt Wissen geschaffen wird oder nicht vielmehr Gedankengebäude aufgestellt werden, die man so eher in einem Science-Fiction-Film oder gar in einem Horrorfilm erwartet hätte. Wissen schaffende Disziplinen sind oftmals in vielschichtiger Form von einem subjektiven Charakter geprägt, dessen Wurzeln im menschlichen Denken und Handeln und nicht der realen Welt verankert sind.

Die Physik, oder allgemeiner die Naturwissenschaft, unterscheidet sich von vielen dieser Disziplinen dadurch, dass sie sich als experimentelle Wissenschaft versteht. Als Experiment bezeichnet man dabei den Handlungsablauf zur Durchführung von Beobachtungen, wobei die Ansammlung von Beobachtungsfakten das Fundament für die Physik darstellt. Die Beobachtungen selbst kennzeichnen in diesem Sinne grundsätzlich Veränderungen, die wiederholt wahrgenommen werden können und prinzipiell von jedem nachprüfbar sind, auch wenn der Aufwand für die Nachprüfung bisweilen schwindelerregend sein kann. Was die Durchführung der Experimente betrifft, wurde eine Vielzahl von

Instrumenten als Hilfsmittel entwickelt, zu denen zum Beispiel Mikroskope, Teleskope und Oszilloskope oder aber Spektrometer, Thermometer, Manometer und Pyrometer sowie Satelliten, Neutrinodetektoren, WIMP-Detektoren und Beschleunigerringe zählen. Auf der Grundlage der mit solchen Instrumenten gewonnenen Beobachtungsfakten kann eine Form von Wissen aufgebaut werden, das sich im Prinzip um das Prädikat „objektiv" bewerben kann.

Die Verwendung des Begriffes „im Prinzip" macht deutlich, dass der Tatsache, dass sich die Physik als objektive Wissenschaft präsentiert, etwas entgegenzuhalten ist. Entgegenzuhalten ist, *dass die Welt sich nicht verändert, obgleich die Physik bisweilen einem drastischen Wandel unterworfen wird*, der so weit geht, dass die physikalische Gemeinschaft gelegentlich selbst vom Paradigmenwechsel spricht. Objektive Fakten führen im objektiven Sinne also nicht zwangsläufig auch zu objektiven Kriterien! Diese Aussage kann nur dann richtig sein, wenn auch an einer experimentellen Wissenschaft wie der Physik etwas Subjektives haftet. Und das heißt, dass auch die Objektivität bisweilen auf tönernen Füßen steht!

Das Experiment zum grundlegenden Prinzip der Physik zu erklären, geht auf das 16. Jahrhundert zurück; und man hat dieses Prinzip – wohl eher intuitiv – aus der Handlungsweise der Kinder übertragen, die im Zuge ihrer Entwicklung Erfahrung durch das Spiel und das Ausprobieren ansammeln. Bereits die Kinder stellen dabei fest, dass es Erfahrungen von unterschiedlicher Wertigkeit gibt. So wird beispielsweise „warm" als neutral eingestuft und „heiß" als schmerzhaft, wobei Letzteres eine deutlich andere Wichtung signalisiert. Auch die Physik hat für ihre Beobachtungen ein Wertigkeitssystem eingeführt. So bezeichnet sie ein hervorstechendes Beobachtungsfakt als Phänomen und eine allgemeingültige übergreifende Beobachtung als physikalisches Prinzip.

Eines dieser physikalischen Prinzipien geht zum Beispiel auf Isaac Newton zurück. Es beinhaltet dessen klassische Definition der absoluten Zeit: „Die absolute Zeit fließt aufgrund ihrer eigenen Natur und aus sich selbst heraus ohne Beziehung zu etwas Äußerem gleichmäßig dahin".

Bei dieser Definition fällt auf, dass sich der Inhalt nicht so ohne Weiteres erschließen lässt, da die Ausdrucksweise sehr trocken wirkt. Trocken in dem Sinne, dass sie erheblich von der von uns bevorzugten Umgangssprache abweicht. Die Umgangssprache kann allerdings nicht als Sprache für die Physik gewählt werden, da es ihr in erheblichem Maße an Eindeutigkeit mangelt – ein Umstand, von dem beispielsweise die Politik über ihre Begriffsstruktur lebt: Vielleicht weicht gerade deswegen das Berufsbild des Politikers so deutlich von dem des Physikers ab. Die Naturwissenschaft braucht also eine eigene Sprache, da die Besonderheit naturwissenschaftlichen Ausdrucks die Exaktheit sein muss. Dies wird nicht zuletzt durch mathematische Formeln realisiert und durch sprachliche Formulierungen, in denen die Bestimmtheit und Eindeutigkeit der Begriffe im Vordergrund steht. Speziell die Eindeutigkeit ist ein wesentliches Merkmal dieser Sprache, da ohne sie, vor allem bei logischen Schlüssen großer Tragweite, alle Anzeichen von Mehrdeutigkeit permanent ausgeräumt werden müssen. Auf diesem Weg kommt man über die physikalischen Prinzipien und unter Berücksichtigung der physikalischen Phänomene zur physikalischen Theorie. Die Besonderheit der physikalischen Theorie besteht dabei darin, dass sie – so sie auf den richtigen logischen Schlüssen basiert – nicht erklärt werden muss. Sie ist es vielmehr, die eine Erklärung für die Beobachtungsbefunde darstellt! Theorien sind also „cool"; und je breiter ihr Fundament und je abstrakter[1] ihr Inhalt ist, umso mehr rätselhafte Beobachtungsbefunde können sie auch erklären.

Nun aber zum Inhalt des von Isaac Newton formulierten physikalischen Prinzips. Der Inhalt ist falsch! Der Inhalt ist falsch, obwohl scheinbar alles richtig gemacht wurde. Es wurde die von Eindeutigkeit geprägte – nervtötende – wissenschaftliche Sprache verwendet, und es wurde eine allgemeingültige übergreifende Beobachtung zum zentralen Mittelpunkt der Definition gemacht; und diese Beobachtung entspricht der Erfahrung von uns allen und wird dementsprechend von uns allen als richtig empfunden: Die Zeit ist absolut und vergeht überall in gleicher Form. Subjektiv gesehen empfinden wir das tatsächlich so, aber objektiv gesehen ist es eben falsch. Worin besteht der Fehler?

---

1 Das Wort abstrakt (lat. abstractus – „abziehen, entfernen, trennen") bezeichnet das Weglassen von Einzelheiten und des Überführen auf etwas Allgemeineres oder Einfacheres.

Um das zu sehen, analysieren wir zunächst die als Beispiel erwähnte Erfahrung des Kindes, das dem Zustand „heiß" gemäß seiner Schmerzempfindung eine andere Qualität zuordnet als dem Zustand „warm". Objektiv betrachtet ist der Zustand heiß allerdings nur wärmer als der Zustand warm und hat damit zwar eine höhere Temperatur, aber keine deutlich andere Wertigkeit. Der deutliche Unterschied in der Wertigkeit ergibt sich aus der Empfindung des Kindes, das eine objektive Temperaturmessung durch eine subjektive Wahrnehmung ersetzt hat. Hinsichtlich der Definition der Zeit hat der in die Irre führende Fehler eine analoge Qualität. Der für die Einschätzung einer absoluten Zeit erforderliche allgemeingültige Beobachtungsbefund wurde durch eine von allen empfundene scheinbare Tatsache ersetzt, und diese wurde zum allgemeingültigen Beobachtungsbefund erklärt. Dass die Zeit absolut ist und überall gleich vergeht, beruht also nur auf einer subjektiven Wahrnehmung und nicht auf einer tatsächlich durchgeführten allgemeingültigen Beobachtung. Letztere zeigt vielmehr, dass es eine Grenzgeschwindigkeit gibt, die für alle Inertialsysteme[2] den gleichen Wert hat. Macht man diesen Beobachtungsbefund zum zentralen Mittelpunkt der Definition der Zeit – so wie Albert Einstein das getan hat –, so sieht man anhand der daraus resultierenden Speziellen Relativitätstheorie, dass die Zeit nicht absolut, sondern relativ ist. Die Relativität der Zeit bezieht sich dabei auf Zeitmessungen von Bezugssystemen verschiedener Geschwindigkeit untereinander. Als Ergebnis vergeht die Zeit in Bezugssystemen mit höherer Geschwindigkeit relativ zu Bezugssystemen mit niederer Geschwindigkeit langsamer, und daraus folgt, dass es keine universelle Gleichzeitigkeit gibt.

Man könnte nun annehmen, dass die allgemeingültige, übergreifende Beobachtung hinsichtlich einer Grenzgeschwindigkeit zu Newtons Zeit nicht existierte und damit der subjektive Charakter der Definition der Zeit zu rechtfertigen war, doch dem war nicht so. Dass dem nicht so war, lag an Olaf Römer – einem dänischen Astronom –, der im Jahre 1676 anhand der beobachteten Verfinsterungszeiten des drittgrößten Jupitermondes – Io – den Nachweis erbringen konnte, dass die Lichtgeschwindigkeit endlich ist. Die jeweilige Stellung von Jupiter zur Erde

---

2 Ein Inertialsystem (lat. iners – „untätig, träge") ist ein Koordinatensystem, in dem sich kräftefreie Körper geradlinig, gleichförmig bewegen.

berücksichtigend gelang es ihm ferner, eine Anleitung zur Berechnung der Lichtgeschwindigkeit zu verfassen. Dieser Anleitung folgend berechnete Christiaan Huygens im Jahre 1678 erstmals die Lichtgeschwindigkeit und gab einen Wert von 212 000 km/s an (der heutige Wert liegt um $41,41°\%$ darüber). Ein Wert, der von Isaac Newton nicht nur zur Kenntnis genommen, sondern von diesem auch akzeptiert wurde. Nicht so von der physikalischen Gemeinschaft: Diese folgte lange noch der subjektiven Einschätzung von Descartes, gemäß der das Licht sich instantan ausbreitet. Zu der weitergehenden Untersuchung, die gezeigt hätte, inwieweit die endliche Lichtgeschwindigkeit auch als absolut angesehen werden kann, kam es also gar nicht mehr. Die aus unserer Sicht sich zwangsläufig ergebende Feststellung, dass man sich über Jahrhunderte hinweg die geliebte subjektive Wahrnehmung einer absoluten Zeit nicht durch objektive Beobachtungsbefunde kaputt machen lassen wollte, könnte man auch als leicht sarkastisches Resümee werten. Eines der Verdienste von Albert Einstein bestand darin, diese Verkrustung aufzubrechen; und das hat der damaligen Gemeinschaft durchaus wehgetan.

Ein anderes physikalisches Prinzip nahm sich Johannes Kepler im 17. Jahrhundert vor. Sein physikalisches Prinzip betraf die fundamentalen Naturkonstanten, denen die Bahnen und die Zahl der Planeten des Sonnensystems zugrunde liegen. Johannes Kepler schrieb ein Buch, er schrieb ein ganzes Buch, um zu erklären, weshalb es sechs Planeten in ganz bestimmten Abständen voneinander gibt. Natürlich ging er aus heutiger Sicht von völlig falschen Voraussetzungen aus. Die Bahnen und die Zahl der Planeten des Sonnensystems sind zufällig entstanden – zufällig in dem Sinne, dass ihre Entstehung unserem Wetter vergleichbar von physikalischen Feinheiten und bestimmten Bedingungen abhängig war – und basieren nicht auf der Grundlage von fundamentalen Naturkonstanten. Auch hier liegt der Fehler in einer subjektiven Einschätzung von Johannes Kepler, die durch fehlende oder nicht in Betracht gezogene weitere Beobachtungen begünstigt wurde. Es wurden schlichtweg nicht genügend Beobachtungsfakten berücksichtigt, um eine objektive Einschätzung der Sachlage vornehmen zu können. Die Gefahr der Entgleisung besteht also nicht nur, wenn Beobachtungsbefunde ignoriert werden, sondern auch, wenn man versucht, eine Theorie auf zu wenig Beobachtungsbefunde zu stützen.

Es ist aber nicht nur die falsche Pflege von Beobachtungsbefunden, die dem Fortschritt der objektiven Wissenschaft bisweilen im Wege steht. Auch personenbezogene, subjektive Einschätzungen vermögen – zumindest für eine bestimmte Zeit – Schaden anzurichten. Ein spektakuläres Beispiel in dieser Richtung betrifft eine Entdeckung von Subrahmanyan Chandrasekhar und die Reaktion von Arthur Eddington auf diese Entdeckung.

Bei der Studie eines Artikels von Ralph Fowler, der sich mit der Stabilität von Weißen Zwergen aufgrund des Fermidrucks der Elektronen befasste, fiel Chandrasekhar bereits 1930 auf, dass die hohen Dichten im Innern der Weißen Zwerge eigentlich eine relativistische Behandlung der Elektronen erforderlich machten (Näheres dazu im Textkörper des Buches). Zu seiner eigenen Verwunderung zeigte die von ihm durchgeführte Rechnung, dass es eine kritische Masse gibt, oberhalb der ein Weißer Zwerg dem Gravitationsdruck nicht mehr standhalten kann. Diese Masse kennen wir heute unter dem Namen Chandrasekharmasse, und sie ist nicht sehr viel größer als die Masse der Sonne. Sicherlich war Chandrasekhar alles andere als gelassen, als er seine Überlegungen den damals führenden Astrophysikern Ralph Fowler, Edward Milne und Arthur Eddington mitteilte. Der von der Ignoranz der Fakten geprägte Nackenschlag kam prompt, und zwar durch eine öffentliche Erklärung von Arthur Eddington: „Ich denke, dass die Naturgesetze ein derart absurdes Verhalten der Sterne zu verhindern wissen". Der damals die Astrophysik dominierende Wissenschaftler Eddington verlangte also tatsächlich, dass die Sterne sich seiner subjektiven Einschätzung gemäß zu verhalten haben. Er verlangte ferner, dass der Beobachtungsbefund des Pauli-Prinzips für relativistische Systeme in Sternen keine Gültigkeit haben dürfe – darauf basierten letztlich Chandrasekhars Überlegungen. Und er konnte sich, zumindest den letzten Punkt betreffend, durchsetzen. Selbst herausragende Physiker wie Pauli und Dirac, die Chandrasekhars Ergebnis als korrekt einstuften, vertraten ihre Meinung nicht öffentlich, sondern nur im kleinen Kreis. Mit seiner Theorie der Weißen Zwerge konnte Chandrasekhar zwar nicht promovieren. Dafür bekam er für seine bahnbrechende Arbeit 1983 den Nobelpreis. Allerdings erst 50 Jahre nach deren Entdeckung.

Heutzutage sind es weniger persönliche, subjektive Einschätzungen, die den Fortschritt der objektiven Wissenschaft behindern, als vielmehr lobbyistische Vorgehensweisen, die bisweilen durch Anhäufung und Bindung großer Geldmengen in bestimmten Bereichen einen bremsenden Effekt in anderen, auf neuen Ideen basierenden Gebieten verursachen. Wissenschaftler, die das Ansammeln von Mitteln zum Kernpunkt ihres Tätigkeitsbereiches erklären, nehmen auch die Endung „logie", die Bestandteil der Namensgebung vieler übergeordneter Bereiche der Wissenschaft ist, ernster als die bewährten naturwissenschaftlichen Vorgehensweisen – die Endung stammt aus dem Griechischen und bedeutet so viel wie „reden". Es bleibt zu hoffen, dass die Spezialisierung in diesem Bereich nicht weiter fortschreitet und der auf diese Weise in den Hintergrund gedrängte objektive Charakter der Physik sich dennoch auch auf kurzen Zeitskalen wieder durchsetzt – natürlich relativ gesehen.

Da die bewusste Wahrnehmung unserer Welt auch zukünftig mit subjektiver Interpretation verbunden sein wird, verbleibt abschließend nur anzumerken, dass auch das Thema dieses Buches uns an verschiedenen Stellen in Versuchung führen wird, subjektive Einschätzungen vorzunehmen. Wir werden allerdings mit allen Mitteln versuchen, nicht in die diesbezüglichen Fallen zu tappen.

Adalbert W. A. Pauldrach

Kapitel 1

Kosmologische und stellare Betrachtungen als Verständnisgrundlage

1.1 Einleitende Übersicht – Dunkle Energie zerstört unser Weltbild

Das Universum expandiert beschleunigt! Das Universum wird von Dunkler Energie dominiert! Diese Aussagen haben auf die Astrophysiker wie eine eiskalte Dusche gewirkt; und wie jeder weiß, ist eine eiskalte Dusche zwar sehr unangenehm, aber auch extrem erfrischend. Seit diese Aussagen vor einigen Jahren zur klaren Gewissheit wurden, sind die Astrophysiker nicht nur von jeglicher Lethargie befreit, sondern ihre Aktivitäten lassen sogar einen gewissen beschleunigten Charakter erkennen. Der Grund ist klar, ihre Vorstellungen von den grundlegenden physikalischen Abläufen im Universum haben sich auf drastische Weise verändert: Die Astrophysik ist nach langer Zeit wieder einmal dabei, einen Paradigmenwechsel[1] zu vollziehen. Und dies, obwohl die bisherigen Wechsel dieser Art nicht wirklich an Aktualität verloren haben. Dass die Erde nicht flach ist, die Sonne sich nicht um die Erde dreht und die Sonne nicht das Zentrum des Weltalls darstellt, ist immer noch verwirrend und spannend, vor allem für Kinder. Nachdem wir das alles verarbeitet haben, müssen wir nun als Erwachsene feststellen, dass wir erneut einem großen

---

[1] Als Paradigmenwechsel bezeichnet man eine radikale Änderung des Blickwinkels auf ein wissenschaftliches Feld. Die Änderung des Paradigmas (gr. „begreiflich machen" oder allgemeiner „Weltanschauung") stellt die Grundlage für die Weiterentwicklung der Forschung in diesem Bereich dar.

Abb. 1.1   Darstellung der Dunklen Energie. Den gegenwärtigen theoretischen Überlegungen entsprechend wird die Dunkle Energie unter anderem als **Quintessenz**, die „fünfte Essenz" oder das fünfte Element, neben den anderen vier Elementen Feuer, Wasser, Luft und Erde betrachtet. Die vier tatsächlichen Elemente der Physik stellen sich natürlich etwas anders dar. Es sind die vier Naturkräfte, die auf der starken und schwachen Wechselwirkung sowie der elektromagnetischen und der gravitativen Wechselwirkung beruhen. Diese vier Naturkräfte stellen den Klebstoff des Universums dar. Die stärkste, aber auch kurzreichweitigste dieser Kräfte ist die starke Wechselwirkung, die zwischen den **Quarks**, den Bausteinen der Protonen und Neutronen, wirkt und diese zusammenhält (der Wirkungsbereich der starken Wechselwirkung liegt im Bereich von nur 10^{-15} Metern). Die schwache Wechselwirkung bewirkt die Umwandlung von Protonen in Neutronen und ermöglicht dadurch erst Prozesse des radioaktiven Zerfalls und der Kernfusion – der einfachste dieser Prozesse ist die Fusion von Wasserstoffkernen, die bekanntermaßen ja nur aus einem Proton bestehen. Eine weitreichende Wirkung, die sich lediglich mit dem Quadrat der Entfernung verdünnt, hat die elektromagnetische Wechselwirkung. Sie ist für die Kopplung zwischen den Photonen des Strahlungsfeldes und der Materie verantwortlich, und sie bindet die negativ geladenen Elektronen an die positiv geladenen Atomkerne. Dementsprechend kann sie sowohl eine anziehende als auch eine abstoßende Wirkung haben, je nachdem, wie sich die elektrische Ladung der beteiligten Teilchen darstellt (positiv und negativ anziehend, zweimal positiv oder negativ abstoßend). Vergleichbares gilt für die magnetischen Eigenschaften (gleichartige Pole wirken abstoßend, verschiedenartige Pole wirken anziehend). Eine weitere wichtige Eigenschaft der elektromagnetischen Wechselwirkung ist die Neutralität, die sich bei gleicher Anzahl von positiver und negativer Ladung in großer Entfernung der Teilchen einstellt. Erst diese Eigenschaft lässt die um ein Vielfaches schwächere gravitative Wechselwirkung, mit

Trugschluss aufgesessen sind: Es ist nicht, wie jahrzehntelang ohne Zweifel und Skrupel diskutiert, die Materie, die in ihrer sichtbaren und dunklen Form durch gravitative Wechselwirkung die Entwicklung des Universums maßgeblich steuert, sondern eine Form von unbekannter Dunkler Energie, die sich dezent im Hintergrund hält, hat die Steuerfäden in der Hand.

Der Paradigmenwechsel selbst ist allerdings nicht so ohne Weiteres nachzuvollziehen. Da hatte es Galileo Galilei schon einfacher. Sein bekannter Ausspruch „Eppur si muove" – und sie bewegt sich doch – war im Wesentlichen hinreichend, um einen allgemeinen „Aha, habe ich es mir doch gleich gedacht"-Effekt zu erzielen.

Um einen solchen vergleichbaren Effekt wird bei der Einsicht, dass das Universum von einer mysteriösen Dunklen Energie dominiert wird, im Weiteren hart zu ringen sein. Als Ausgleich dafür müssen wir, im Gegensatz zu Galileo Galilei, zumindest mit keinerlei verirrten, gesellschaftspolitischen Schwierigkeiten für unsere Einsicht rechnen.

Um zu verstehen, welche grundlegenden Vorstellungen über die Entstehung und die Entwicklung unseres Universums sich geändert haben, müssen wir als Erstes das Bild, das wir vom Universum haben, zumindest im Groben mit einer bestimmten Schwerpunktsetzung nachvollziehen. Das heißt, wir müssen bei dem Puzzle, hinter dem sich das Universum versteckt, entscheidende Bausteine richtig setzen, sodass wir das Gesamtbild erkennen können. Wie die Dunkle Energie da hineinpasst, sehen wir dann schon – hoffentlich. Für uns heißt das konkret, dass wir ein gewisses Maß an Verständnis, auch hinsichtlich bestimmter Details, aufbauen müssen. Und das gilt auch für die viel-

---

der wir am besten vertraut sind, da sie uns am Boden der Tatsachen hält, zur Entfaltung kommen. Zusätzlich zu diesen vier bekannten Wechselwirkungsprozessen wird nun eine fünfte Kraft, die Quintessenz, in Erwägung gezogen. Mit ihrer Hilfe soll die Dunkle Energie in unser Weltbild eingeordnet werden. Es gibt allerdings auch mehr oder weniger einsichtige beziehungsweise schlüssige Überlegungen, auf deren Grundlage die Dunkle Energie auch ohne die Hilfe eines zusätzlichen Wechselwirkungsprozesses in unser bestehendes Weltbild eingeordnet werden kann. Das, was wir in dieser Hinsicht derzeit sicher wissen ist, wie hier dargestellt, also noch weitgehend „Dunkel".

schichtigen Werkzeuge der Astrophysik, da erst durch deren konsequente Anwendung die Erkenntnis, dass das Universum beschleunigt expandiert, greifbar wurde. Wir müssen also auch die Funktionsweise bestimmter Werkzeuge verstehen. Werkzeuge, die worauf angewendet werden?

Auf Objekte!

Und diese Objekte stellen sich als explosive, **kosmische Leuchttürme** dar – die Astrophysik gönnt sich also etwas Besonderes, worauf sie ihre Werkzeuge anwenden kann. Bei den kosmischen Leuchttürmen handelt es sich präzise ausgedrückt um **Supernovae vom Typ Ia**, deren Sprengkraft 10^{27} Wasserstoffbomben entspricht; das sind 1 000 Yotta-Wasserstoffbomben; das sind 1 Million Milliarden Tera-Wasserstoffbomben; das sind schlichtweg 10^{44} Joule.

Was sollen wir uns unter dieser Zahl vorstellen? Nehmen wir an, es gibt 1 Million Planeten, die identisch mit unserem sind. Nehmen wir ferner an, dass jede Familie auf diesen Planeten einen modernen Computer hat, der über eine Terabyte Festplatte verfügt – die Speicherkapazität einer solchen Festplatte liegt bei 1 Million Bildern, wobei jedes Bild eine Größe von einem Megabyte hat. Dann wäre jedes Byte auf all diesen Festplatten eine Wasserstoffbombe[2]. Wenn so ein Ereignis in unserem Umfeld stattfindet, bleibt nicht viel übrig von dem, was wir kennen. So ein Ereignis nimmt sogar eine Struktur wie unsere Galaxie zur Kenntnis und lässt selbst diese erschaudern, so wie wir vor einem Erdbeben erschaudern.

Die genannten Zahlen machen unmissverständlich deutlich, weshalb diese Objekte zu den astrophysikalisch beeindruckendsten Erscheinungen im Universum gehören. Weshalb sie kosmische Leuchttürme genannt werden, müssen wir hingegen noch klären. So wie wir auch noch klären müssen, was diese Erscheinungen mit dem erwähnten Paradigmenwechsel zu tun haben. Grundlegend sei dazu zumindest so viel gesagt, dass die physikalischen Abläufe, die zur **Explosion** eines Sterns als Supernova vom Typ Ia führen, zur aufregendsten und vielleicht spektakulärsten Entdeckung der letzten Jahrzehnte geführt hat, der Entdeckung der Dunklen Energie.

---

2 Für die exemplarischen Wasserstoffbomben wurde eine Sprengkraft von 20 Megatonnen TNT pro Stück angesetzt.

Die Nichtwissenschaftler unter uns wird sicherlich die Aussage erstaunen, dass diese Entdeckung ausschließlich dem Zufall zu verdanken ist. Mit „wissenschaftlichem Zufall" meint man allerdings nicht, dass man aus Versehen über diese Entdeckung gestolpert ist, man meint vielmehr, dass diese Entdeckung nicht zu erwarten war. Auf Entdeckungen zu stoßen, die der Kategorie Zufall zugehörig sind, ist allerdings Teil eines großen Plans. Dieser Plan der Astronomie besteht darin, immer weitreichendere Beobachtungsinstrumente zu entwickeln und zu bauen, und das mit dem Ziel, dem Zufall durch den Einsatz dieser Instrumente auf die Sprünge zu helfen. Aus diesem Grund ist die Entdeckung der Dunklen Energie maßgeblich dem geplanten Zufall, realisiert durch den Einsatz der neuesten astronomischen Instrumente der letzten Generation, zu verdanken. Erst mit diesen Instrumenten war es möglich, einzelne Typ-Ia-Supernovaereignisse auch in sehr großer Entfernung zu beobachten. Und dies war der entscheidende Schlüssel, um einen „Dunklen" Raum zu öffnen.

Wir nehmen also zur Kenntnis, dass der Zufall in einem wissenschaftlichen Kontext definiert werden kann, und man ihn darauf basierend sozusagen erzwingen kann. Dieses Erzwingen von nicht zu erwartenden Entdeckungen ist damit allerdings vom entwicklungstechnischen Fortschritt abhängig. Das heißt, dass jede Entdeckung auch ihren eigenen zeitlichen Rahmen hat. Der zeitliche Rahmen der Entdeckung der Dunklen Energie geht nun einher mit der Möglichkeit, Supernovae vom Typ Ia in sehr großer Entfernung beobachten zu können, und dies geht einher mit der Möglichkeit, Großteleskope bauen zu können. Es ist also kein Zufall, dass wir gerade jetzt die Dunkle Energie entdeckt haben, denn ihre Entdeckung war, unserem technologischen Stand entsprechend, einfach fällig.

Haben wir damit einen selbsterklärenden Sachverhalt zur Kenntnis genommen? Wohl eher nicht. Obige Feststellung impliziert vielmehr eine Reihe von Fragen.

Wie zum Beispiel die Frage: Weshalb ist es wichtig, einzelne Typ-Ia-Supernovaereignisse in großer Entfernung zu beobachten? Oder die Frage: Was sind große Entfernungen, und worin liegt ihre Bedeutung? Und schließlich die Frage: Wie ist es möglich, von der Beobachtung weit entfernter Supernovae vom Typ Ia auf die Existenz von Dunkler Energie zu schließen?

Gegenstand dieses Buches ist, die kosmologischen Zusammenhänge im Hinblick auf die Beantwortung dieser Fragen darzustellen. Dazu müssen wir uns ergänzend mit den physikalischen Abläufen und Prozessen befassen, die die Grundlage für das Verständnis der Supernovae vom Typ Ia bilden.

1.2   Ein erster Blick auf die Entwicklung des Universums – alles dunkel?

Die Entwicklung des Universums stellt sich folgendermaßen dar – mit einem Buch, das so anfängt und hält, was es verspricht, sollte man sich unbedingt nachhaltig beschäftigen!

Wie sich die Entwicklung des Universums genau darstellt, ist gegenwärtig in vielen Punkten allerdings alles andere als klar. Betrachtet man zum Beispiel die Materie, die, wie wir sehen werden, von ausschlaggebender Bedeutung für die Entwicklung des Universums ist, so muss man feststellen, dass lediglich ein Sechstel davon von der Natur ist, wie sie uns bekannt ist – der Physiker spricht dabei von der **baryonischen Materie**, und wir meinen irgendwie richtigerweise das, wonach wir greifen können. Hinsichtlich des restlichen und überwiegenden Anteils der Materie müssen wir feststellen, dass dieser für uns nur indirekt greifbar ist. Dieser maßgebliche Anteil an gravitativ wirkender Materie ist nur indirekt greifbar in dem Sinne, dass wir ihn, ohne die Interpretation von aufwendigen Beobachtungen der Rotationskurven von Galaxien und dem Vergleich dieser Kurven mit theoretischen Vorhersagen, nicht wahrgenommen hätten (als Rotationskurven bezeichnet man die Darstellung der gemessenen Rotationsgeschwindigkeit der sichtbaren Materie in einer Galaxie an verschiedenen Orten der Galaxie). Dieser Anteil der Materie ist für uns sprichwörtlich von „Dunkler" Natur. Das soll heißen, dass wir die Elementarteilchen, aus der sich diese Materie zusammensetzt, noch nicht ausmachen und nachweisen konnten. Diese Teilchen definieren sich lediglich über ihre gravitative Wechselwirkung zueinander und zur baryonischen Materie hin. Als Kennzeichnung für diese Teilchen hat sich der Begriff „**WIMP**" (Weakly Interacting

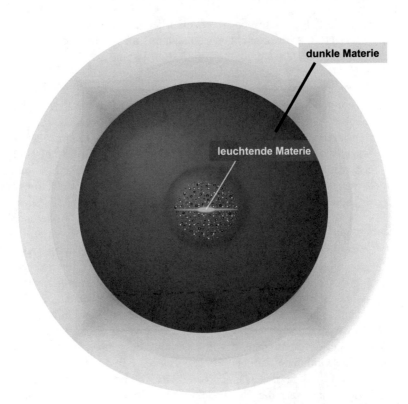

Abb. 1.2   In der Mitte der Skizze ist eine Spiralgalaxie (blau) mit ihrem Halo (rote und blaue Sternhaufen) dargestellt. Diese leuchtende Materie ist umgeben von einem ausgedehnten Halo an Dunkler Materie, ohne den die Galaxie niemals hätte entstehen können, da der Massenanteil der sichtbaren Materie gegenüber der Gesamtmasse viel zu gering ist. Das heißt, die Gesamtmasse aller Sterne und Gaswolken reicht bei Weitem nicht aus, um die Sternansammlungen zusammenzuhalten. Sie würden unablässig auseinanderfliegen. Um das zu verhindern und damit die Entstehung von Galaxien zu ermöglichen, wird nahezu zehnmal mehr Masse benötigt, als auf direktem Weg entdeckt wurde. Die Dunkle Materie, die etwa 80 % der Gesamtmasse im Universum ausmacht, schließt diese Lücke. Obwohl diese Ansammlung von Dunkler Materie das Zehnfache der leuchtenden Materie darstellt, wird selbst dieses gewaltige energetische Äquivalent von der allgegenwärtigen Dunklen Energie vollkommen in den Schatten gestellt.

Massive Particle – schwach wechselwirkendes schweres Teilchen) durchgesetzt, und wir bezeichnen den sich aus diesen Teilchen zusammensetzenden Materieanteil, unserem Kenntnisstand entsprechend, als „Dunkle Materie".

Nachdem wir von Albert Einstein gelernt haben, dass wir Materie beziehungsweise Masse auch als Energie ansehen können (siehe Einschub 1 Äquivalenz von Masse und Energie), ergibt sich, zusammen mit dem gänzlich unklaren Ursprung der Dunklen Energie – hier wissen wir noch nicht einmal, ob überhaupt Teilchen im Spiel sind –, dass wir gegenwärtig nur etwa ein Zwanzigstel, also nur 5 %, der nachweisbaren Energie im Universum mit dem Begriff „von bekannter Natur" belegen können. Die restlichen 95 % der nachweisbaren Energie müssen wir derzeit mit dem Begriff „keine Ahnung von welcher Natur" belegen.

Obwohl wir über die Entwicklung des Universums bereits vieles wissen und einiges verstanden haben, sieht in Anbetracht der Tatsache, dass nur 5 % der nachweisbaren Energie im Universum von bekannter Natur ist, die gegenwärtige Situation hinsichtlich unseres Verständnisses der zeitlichen, räumlichen und inhaltlichen Entwicklung des Universums schlichtweg verheerend aus. Wir müssen gegenwärtig eingestehen, dass die detaillierte Beschreibung der Entwicklung des Universums sich als zukünftige Jahrhundertaufgabe erweisen wird. Für die nächste Generation von Physikern ist das eine erfreuliche und positive Feststellung, denn sie besagt, dass die Physik lebt und noch viel zu tun ist. Gelegentliche Ankündigungen, die das baldige Ende der Entwicklung der Physik vorhersagten, scheinen somit etwas zu großspurig gewesen zu sein. Und die überwiegende Mehrheit der Astronomen, die nicht ohne eine gewisse Spur von Arroganz noch vor Kurzem der Ansicht war, dass unser von dunkler und leuchtender Materie dominiertes Universum in seinen Grundzügen verstanden ist und dass das diesbezüglich entwickelte kosmologische Standardmodell lediglich durch Lösung verbliebener Detailprobleme präzisiert werden muss, lagen vollkommen falsch. Wir müssen vielmehr um Entschuldigung dafür bitten, dass wir im Universum fast alles Wichtige übersehen haben. Wir müssen auch um Vergebung dafür bitten, dass wir dachten, wir könnten das Universum auf einige einfache Vorstellungen und Erklärungen reduzieren. Das Universum ist bei Weitem komplexer und bei Weitem mehr!

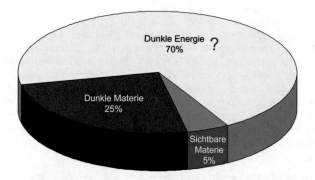

Abb. 1.3   Die Kosmologie ist eine beobachtende Wissenschaft! Das heißt, wir können keine Experimente am Universum vornehmen. Und wir können auch die Ausgangsbedingungen nicht verändern, um zu sehen, welche Auswirkungen das hat. Ein solcher Weg, um mehr zu verstehen, ist uns verschlossen. Aber wir können beobachten, wie sich das Universum in der Vergangenheit verhalten hat und wie es sich in der Gegenwart verhält. Und auf diesem Weg ist es möglich, unsere Vorstellungen und theoretischen Überlegungen hinsichtlich der Entwicklung des Universums zu überprüfen. Dargestellt ist hier ein auf diesem Weg gewonnenes Ergebnis, das die Zusammensetzung der Gesamtenergie im gegenwärtigen Zustand des Universums zeigt. Wie zu sehen ist, liegt der Anteil von dem, was wir kennen, der sichtbaren Materie, bei lediglich 5 %, wohingegen der Löwenanteil von 95 % für uns nicht direkt greifbar und auch nicht verstanden ist. Wir müssen somit zur Kenntnis nehmen, dass unser Universum fremdartiger ist, als wir je vermutet hätten. Auf welchem genauen Weg der Wechselwirkung zwischen Vorstellungen und theoretischen Überlegungen einerseits und Beobachtungen andererseits auf die Existenz der Dunklen Energie geschlossen werden konnte, wird als Kerninhalt dieses Buches im Weiteren schrittweise dargelegt.

?   1. Äquivalenz von Masse und Energie

    Seit Albert Einstein wissen wir, dass Masse und Energie äquivalent sind. Das heißt, die Masse eines Teilchens entspricht einerseits einer ganz bestimmten Energiemenge, und andererseits repräsentiert eine ganz bestimmte Energieportion auch das Verhalten einer dieser entsprechenden Teilchenmasse. Masse ist aus diesem Blickwinkel betrachtet also lediglich eine andere Zustandsform der Energie. Nachdem vor allem die Masse eine abstrakte Grö- ▶

▶ ßen darstellt, können wir diese auch als kondensierte und damit gespeicherte Energie interpretieren (Näheres dazu im Kapitel 1.5.1 „Der Massendefekt – Energiequelle des Lebens"). In einem abgeschlossenen System bleiben also Masse und Energie nicht unabhängig voneinander erhalten, sondern es gibt einen erweiterten Energieerhaltungssatz, der der möglichen Umwandlung von Masse in Energie Rechnung trägt. Dieser erweiterte Energieerhaltungssatz steht nun in direktem Zusammenhang mit der von Albert Einstein formulierten Speziellen Relativitätstheorie, die auf folgenden durch Beobachtung bestätigten Aussagen basiert (Näheres dazu im Einschub 2 „Die Zeitdilatation"):

Die Naturgesetze gelten in jedem unbeschleunigt bewegten System (Inertialsystem) gleichermaßen.

Die Lichtgeschwindigkeit c ist eine Grenzgeschwindigkeit und hat stets einen festen, konstanten Wert.

Die letzte Aussage empfinden wir oberflächlich betrachtet als etwas verwirrend, da sie im Widerspruch zu unserer Erfahrung von Geschwindigkeitsmessungen steht. Noch verwirrender ist, dass die Existenz einer solchen absoluten Grenzgeschwindigkeit dazu führt, dass die Größen von Raum und Zeit, die wir aus unserer Erfahrung heraus als absolut angesehen haben, nun hinsichtlich mehrerer zueinander bewegter Bezugsysteme als relative Größen betrachtet werden müssen (im Kapitel 1.2.3 „Und dann bleibt die Zeit stehen" werden diese Punkte näher diskutiert). Als Konsequenz dieses Verhaltens werden alle Größen, die Bezug zu Raum und Zeit haben, ebenfalls zu relativen Größen. Dies betrifft zum Beispiel den Impuls. Der Impuls p eines Teilchens stellt sich nun nicht mehr einfach als Produkt der Geschwindigkeit v und der Ruhemasse m_0 dar, wobei die Ruhemasse als Proportionalitätskonstante zu interpretieren war, sondern die Proportionalitätsgröße – die Masse m – hängt nun selbst von der Geschwindigkeit ab (Näheres dazu im Einschub 3 „Die relativistische Masse"):

$$p = m(v)v = \frac{m_0}{\sqrt{1 - \dfrac{v^2}{c^2}}} v$$

Nun wird bei der Beschleunigung eines Teilchens seine Geschwindigkeit und damit auch seine Bewegungsenergie verändert, wobei diese exakt gleich der Arbeit ist, die für diesen Vorgang aufgebracht werden muss. Die geleistete Arbeit stellt sich dabei als Integral ▶

▶ über die in Bewegungsrichtung wirkende Kraft *F* mal dem Weg *s*, auf dem diese Kraft wirkt, dar. Die Kraft *F* entspricht schließlich der Änderung des Impulses nach der Zeit *t*. Wenn wir dies alles berücksichtigen, erhalten wir für die Bewegungsenergie E_{kin} eines Teilchens somit:

$$E_{kin} = \int_0^s F ds = \int_0^s \frac{dp}{dt} ds = \int_0^p v dp = \int_0^p \frac{p}{\sqrt{m_0^2 + p^2/c^2}} dp$$

$$= \sqrt{m_0^2 c^4 + p^2 c^2} - m_0 c^2 = \frac{c^2 p}{v} - m_0 c^2$$

$$= m(v)c^2 - m_0 c^2 = E - E_0$$

(Für die Berechnung des Integrals wurde der relativistische Impuls nach *v* aufgelöst; die sich daraus ergebende Beziehung wurde auch für den grün dargestellten Term verwendet.) Diese Gleichung beinhaltet eine Fülle an Information. Zunächst ergibt sich mit der Ruheenergie $E_0 = m_0 c^2$ Einsteins berühmte Formel! Ferner sieht man, dass die relativistische Gesamtenergie *E* auf der relativistischen Masse beruht und als Grenzfall – für *v* = 0 und damit $E_{kin} = 0$ – die Ruheenergie beinhaltet. Schließlich zeigt sich, dass die Differenz der Quadrate von *E* und E_0 proportional zum Quadrat des relativistischen Impulses ist. Diese Beziehung ist vor allem für Teilchen wie **Photonen** wichtig, die keine Ruhemasse ($E_0 = 0$) besitzen:

$$E_0 = m_0 c^2$$

$$E = \frac{m_0 c^2}{\sqrt{1 - \frac{v^2}{c^2}}}$$

$$E^2 - E_0^2 = (pc)^2$$

Masse ist damit in der Tat nur eine andere Zustandsform der Energie!

Diese Aussage beinhaltet bereits jetzt einen interessanten Umkehrschluss: Wenn Masse letztlich Energie ist, dann kann auch der Energie eine Masse zugeordnet werden, und die unterliegt der gravitativen Wechselwirkung und ist somit von anziehendem Charakter. Im Hinblick auf die grundlegende Aussage, dass das Universum beschleunigt expandiert, stellt sich damit allerdings die Frage, wie ▶

▶ Dunkle Energie für ein beschleunigt expandierendes Universum überhaupt ursächlich verantwortlich sein kann. Denn für eine beschleunigte **Expansion** bräuchte man dann ja wohl den gegenteiligen Effekt einer abstoßenden, oder anti-gravitativen Kraft (?). An diesen Punkt müssen wir uns augenscheinlich sehr bedächtig herantasten!

Es beschleicht uns bereits eine gewisse Ahnung, weshalb die präzise Beschreibung der Entwicklung des Universums sich als gewaltige Aufgabe darstellt. Denn eine solche präzise Beschreibung erfordert als Grundlage nicht nur alle bestehenden Erkenntnisse, die wir uns bereits erworben haben, sondern auch alles, woran die Wissenschaft gerade arbeitet, was sie plant und worüber sie dabei mehr oder weniger zufällig stolpert. All dies muss letztlich eingebracht werden. Die Entwicklung des Universums im Detail zu verstehen, ist also das große Ziel, das wir bei der Sammlung und Strukturierung unserer Erkenntnisse erst im endgültig letzen Schritt erreichen können. Und wir sollten bei dem sowohl aufregenden wie auch mühevollen Ringen um die dafür erforderlichen Erkenntnisschritte noch mit so mancher Überraschung rechnen.

Dieses Szenario, das wir als „never ending story" betrachten müssen, wirft sozusagen als Abfallprodukt eine eher weniger spannende, aber wichtige Frage auf: Was genau ist eigentlich mit Erkenntnis gemeint? Um etwas zu erkennen, was in der Natur vor sich geht, müssen aus einer Vielzahl von oberflächlich betrachtet unzusammenhängend erscheinenden beobachteten Phänomenen die grundlegenden Gesetzmäßigkeiten, die die gleichbleibenden Züge der Welt im Zusammenhang beschreiben, herausgefunden werden – je grundlegender eine Gesetzmäßigkeit ist, umso größer ist die daraus resultierende Erkenntnis. Die Suche nach immer Grundlegenderem ist dabei ein wesentlicher Motor der wissenschaftlichen Anstrengungen; wobei diese Suche sich bisweilen als Zwangsneurose darstellen kann und diejenigen, die diese Neurose voll ausleben, letztlich mit dem Nobelpreis geehrt werden. Ganz zwanglos ergibt sich aus diesem Einblick somit auch die Erkenntnis, was die Grundzüge einer wissenschaftlichen Spitzenleistung sind.

Die Grundlage der Naturwissenschaft ist damit auch eine Hypothese! Und diese Hypothese besagt, dass letztlich alle Phänomene der Natur durch Gesetze beschrieben werden können. Daran klammert sich die Physik mit bisher großem Erfolg. Auch wenn es manchmal extrem schwierig zu beurteilen ist, welches Gesetz hinter dem Auftreten bestimmter Eigenarten der Natur verborgen liegt. Beim Aufspüren von Eigenarten wird die Wissenschaft dabei sehr oft durch den bereits erwähnten Zufall sowie das hartnäckige Durchleuchten von vordergründig unscheinbarem Verhalten tatkräftig unterstützt. So auch im Falle der Dunklen Energie.

Um diese Vorabbetrachtungen zum „Dunklen Teil" der Welt richtig einordnen zu können, bedarf es einer Verständnisgrundlage hinsichtlich der Entwicklung des Universums. Der Begriff „Entwicklung des Universums" beinhaltet Veränderung, und Veränderung hat einen zeitlichen, räumlichen und inhaltlichen Rahmen. Bevor wir uns also mit der physikalischen Grundlage der Entwicklung des Universums näher befassen, müssen wir zunächst einiges über Zeit, Raum und Masse erfahren. Was die Zeit betrifft, gehen wir dabei in einem ersten Schritt einen merkwürdig erscheinenden Weg, indem wir uns fragen, weshalb der Himmel in der Nacht eigentlich dunkel ist.

1.2.1 Der Himmel ist in der Nacht dunkel

Der Himmel ist in der Nacht dunkel!

Diese Tatsache findet wohl niemand überraschend, und wahrscheinlich kommen die wenigsten auf die Idee, die Frage zu stellen: Warum eigentlich?

Andererseits kommt auch niemand auf die Idee, dass er durch einen Wald hindurchsehen könnte. Warum kann man das eigentlich nicht?

Erstaunlicherweise berühren beide Fragestellungen dasselbe physikalische Verhalten. Nur, dass uns das jeweils Gegensätzliche sinnvoll erscheint.

Um dasselbe physikalische Verhalten in beiden Fällen zu sehen, lassen wir die Bäume im Wald leuchten, wie mit Kerzen vollkommen überladene Weihnachtsbäume. Hinter dem Wald sei es hingegen dunkel. Niemand von uns würde bei einem richtigen Wald erwarten, etwas von der hinter dem Wald herrschenden Dunkelheit zu erkennen, da unser Blick in alle Richtungen stets auf einen Baum treffen würde. Und auch die Helligkeit würde in größerer Entfernung nicht schwächer werden, da die entfernungsbedingte Lichtschwächung einzelner Bäume exakt durch die größere Zahl von Bäumen, die in der entsprechenden Entfernung in unserem Sehwinkelbereich liegen, kompensiert werden würde. Für uns wäre es in jeder Richtung und jeder Entfernung gleich hell. Wenn wir von der hinter dem Wald herrschenden Dunkelheit etwas wahrnehmen wollen, müssen wir den Wald gehörig auslichten und ihn in seiner Größe beschränken. Betrachten wir also einen Hochwald, in dem alle 10 Meter ein leuchtender Baum steht. Bereits bei einer Tiefe des Waldes von wenigen 100 Metern wäre von der Dunkelheit zwischen den Bäumen nichts mehr zu erkennen.

Wenn wir diese Betrachtung auf unser Universum übertragen, dann ist natürlich klar, dass die Sterne einen größeren Abstand voneinander haben als die Bäume im Wald. Es ist aber auch klar, dass das Universum größer ist als jeder vorstellbare Wald. In einem unendlich ausgedehnten, unendlich alten, statischen Universum würde somit ebenfalls jede Sichtlinie in irgendeinem Abstand auf die Oberfläche eines Sterns treffen, und wir würden von der Dunkelheit zwischen den Sternen nichts erkennen. Es wäre somit auch in der Nacht in jeder Richtung hell, wie durch untenstehende Abbildung verdeutlicht wird. Der Nachthimmel würde so hell wie die Sonne leuchten, als wären wir von der Sonne umgeben – als unangenehmer Begleiteffekt würde sich allerdings auch alles auf die gleichen Temperaturen, wie man sie auf der Sonnenoberfläche vorfindet, erhitzen; es wäre also überall auch schön mollig.

Unsere Vorhersage, dass der Nachthimmel so hell wie die Sonne leuchtet, stimmt aber nicht exakt mit der Beobachtung überein. Gemäß einer einfachen Beobachtung, die wir jeden Abend durchführen können, stellt sich das Universum vielmehr als dunkler Ort dar. Irgendwas ist also bei unserer Betrachtung falsch gelaufen. Dass das Universum nicht sehr groß sein kann, würde zwar eine Erklärung für diesen Widerspruch liefern, wir würden mit dieser Aussage aber auch eine voreilige Schlussfolgerung ziehen.

Bevor wir uns zu derartig voreiligen und schwerwiegenden Aussagen hinreißen lassen, sollten wir umsichtig sein und alle Annahmen, auf denen unsere Vorhersage beruht, möglichst objektiv durchleuchten und auf den Prüfstand stellen. Von welchen Annahmen sind wir eigentlich ausgegangen?

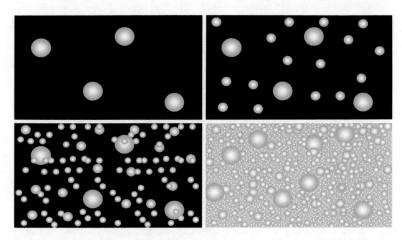

Abb. 1.4   Dass, wie oben links dargestellt, der Himmel in der Nacht dunkel ist und bei genauerem Hinsehen nur einige wenige Sterne zu sehen sind, ist eine Tatsache, um die wir alle wissen. In einem unendlich ausgedehnten, unendlich alten, statischen Universum würde jedoch jede Sichtlinie in irgendeinem Abstand auf die Oberfläche eines Sterns treffen, und wir würden von der Dunkelheit zwischen den Sternen nichts erkennen. Es wäre somit auch in der Nacht in jeder Richtung hell, so wie es unten rechts dargestellt ist. Die Vorhersage, unten rechts, weicht also erheblich von der Beobachtung, oben links, ab. Eine mögliche Erklärung für diesen Widerspruch wäre, dass das Universum in Wirklichkeit sehr klein ist – sehr klein verglichen mit Unendlich. In diesem Fall gäbe es nur eine beschränkte Anzahl von Sternen, und wir könnten zwischen diesen hindurch auf das räumliche Ende des Universums sehen. Die Bilder oben rechts und unten links stellen, dieser Erklärung entsprechend, größere Universen dar, die entsprechend auch eine größere Anzahl von Sternen enthalten. Ist das wirklich die richtige Erklärung für den gefundenen Widerspruch, oder haben wir zu vordergründig gedacht und damit komplett daneben gegriffen? Dies wäre verzeihlich, denn über die Klärung dieses Widerspruchs wird mittlerweile seit mehreren 100 Jahren nachgedacht. Und viele helle Köpfe, wie Isaac Newton, Edmund Halley oder Johannes Kepler, sind daran gescheitert, eine Antwort zu finden, die einer objektiven gründlichen Prüfung standhält. Im Textteil wird dieser Widerspruch und seine Klärung ausführlich diskutiert.

Wir sind davon ausgegangen,

1. dass das Universum unendlich alt ist,

2. dass das Universum unendlich ausgedehnt ist, wobei die Ausdehnung gleichförmig verläuft und sich nicht ändert, also statisch ist,

3. dass die Sterndichte zeitlich und räumlich konstant ist,

4. dass die Sterne im Mittel sonnenähnlich sind,

5. dass der Raum zwischen den Sternen leer ist.

Fangen wir bei unserer kritischen Betrachtung mit dem letzten Punkt an. Natürlich ist der Raum zwischen den Sternen nicht leer. Zwischen den Sternen befindet sich Gas, oder präziser, das Interstellare Medium. Diese Tatsache brachte den Hobbyastronom Heinrich Wilhelm Olbers bereits 1823 auf die Idee, dass dieses Gas das Licht der Sterne absorbiert und so die Dunkelheit auch in einem unendlich großen Universum um sich greift. Das ist natürlich Unfug, denn das Licht der Sterne besteht aus Energie, und die kann nicht einfach so verschwinden, sie würde das Gas so lange aufheizen, bis es ebenso hell strahlt wie die Sterne selbst. Das dauert zwar etwas, aber das Universum ist gemäß Punkt 1 ja auch unendlich alt, also können wir das gemütlich abwarten und streichen Punkt 5:

5. ~~dass der Raum zwischen den Sternen leer ist.~~

Nun zu den Punkten 3 und 4. Da müssen wir auf die Ergebnisse jahrzehntelanger Beobachtungen zurückgreifen. Und diese zeigen, dass unsere Umgebung, im Kleinen wie im Großen, keine Sonderstellung im Universum einnimmt. Das heißt, über unsere Galaxie gemittelt ist die Sonne als Stern repräsentativ. Und über große Skalen gemittelt ist unsere Galaxie die Gruppe zu der unsere Galaxie gehört, wie auch der Galaxienhaufen, zu dem unsere Gruppe gehört, ebenfalls repräsentativ. Wir leben also in einer vollkommen durchschnittlichen Umgebung, und über große Skalen gemittelt ist damit auch die Sterndichte zeitlich und räumlich konstant. Wir streichen entsprechend die Punkte 3 und 4:

3. ~~dass die Sterndichte zeitlich und räumlich konstant ist,~~

4. ~~dass die Sterne im Mittel sonnenähnlich sind,~~

Es bleiben also nur noch zwei Annahmen, von denen mindestens eine falsch sein muss. Aber welche? Die Lichtgeschwindigkeit ist endlich. Das weiß man seit dem Jahre 1676. Seitdem der dänischen Astronom Olaf Römer anhand der beobachteten Verfinsterungszeiten des drittgrößten Jupitermondes Io diesen Nachweis erbringen konnte. Das bedeutet, dass sich das Licht der Sterne zwar mit extrem hoher, aber dennoch endlicher Geschwindigkeit ausbreitet – die Vakuumlichtgeschwindigkeit c liegt bei nahezu 300 000 km/s. Das Licht benötigt also eine messbare Zeitspanne, um eine bestimmte Strecke zu durchlaufen. Ein Lichtjahr definiert somit die Strecke, die das Licht in einem Jahr zurücklegt. Diese Tatsache hat erhebliche Konsequenzen. Eine der Konsequenzen ist, dass das Licht der Sterne lange unterwegs sein kann, bevor es uns auf der Erde erreicht. Und das ist die Lösung für unser Paradoxon[3], das kurz zusammengefasst darin besteht, dass etwas dunkel ist, was eigentlich hell sein sollte. Die Lösung stellt sich so dar, dass uns das Licht aller Sterne im Universum auf der Erde eben noch nicht erreicht hat. Das heißt, die Strahlung der meisten Sterne ist noch unterwegs und irrt durch das All. Von uns aus gesehen bedeutet das, dass wir bis jetzt nur in eine gewisse Tiefe des Universums sehen können, und dort liegt unser gegenwärtiger Horizont. Und als Konsequenz dessen können wir nur einen begrenzten Teil des Universums beobachten, und deshalb bleibt der Nachthimmel schwarz. Die Tatsache, dass wir auf einen Horizont sehen, bedeutet allerdings auch, dass das Universum nicht unendlich alt sein kann. Denn in diesem Fall verging seit der Entstehung der ersten Sterne schlichtweg nicht genügend Zeit, um den gesamten Raum mit dem Licht der Sterne zu fluten.

Wir sind davon ausgegangen,

1. dass das Universum unendlich alt ist,

und das war falsch.

---

3 Als Paradoxon bezeichnet man Widersprüche, die sich zwischen scheinbar überzeugenden Argumenten und der Realität ergeben.

Der richtige Schluss muss stattdessen sein, dass das Universum ein bestimmtes Alter hat, und damit gab es auch einen Anfang. Eine auf der Resthelligkeit basierende Abschätzung des Alters ist zwar nicht präzise, liegt aber erstaunlicherweise gar nicht so absurd neben dem gegenwärtig favorisierten Wert des Alters des Universums, der auf circa 14 Milliarden Jahre veranschlagt wird. Damit ist klar, dass wir auch mit den teuersten Teleskopen nur die Sterne sehen können, die höchstens 14 Milliarden Lichtjahre von uns entfernt sind, unabhängig davon, wie groß das Universum wirklich ist. Selbst wenn das Universum unendlich ausgedehnt ist, hat das Licht von weiter entfernten Sternen, im statischen Fall, nicht genügend Zeit gehabt, bis zu uns zu gelangen. Die Tatsache, dass der Nachthimmel schwarz ist, beinhaltet somit die fundamentale Information, dass das Universum einen zeitlichen Anfang gehabt haben muss.

Mit dieser Lösung des Paradoxons kann allerdings Punkt 2, bei dem wir davon ausgingen,

2. dass das Universum unendlich ausgedehnt ist, wobei die Ausdehnung gleichförmig verläuft und sich nicht ändert, also statisch ist,

mitnichten gestrichen werden. Schlussfolgerungen in dieser Richtung sind alleinig auf der Tatsache beruhend, dass der Nachthimmel dunkel ist, mit Vorsicht zu genießen.

Diese Vorsicht hat Albert Einstein bei der Anwendung seiner Allgemeinen Relativitätstheorie zur Beschreibung des Universums jedoch deutlich übertrieben. Er ignorierte vielmehr die Konsequenzen, die sich aus dem finsteren Universum ergeben, und geriet deshalb auf einen Holzweg. Der Holzweg bestand in dem Versuch, mit aller Macht ein statisches, unendlich großes und unendlich altes Universum zu begründen. In dieser Zeit – den ersten Dekaden des 20. Jahrhunderts – war man überzeugt von der Richtigkeit dieser subjektiven Annahmen. Die Tatsache, dass der Himmel in der Nacht dunkel ist, führte damals zu keinem „Aha-Effekt". Ein beiläufiger Blick zum Himmel hätte Klärung bringen können. Wer hätte das gedacht?

1.2.2 Was ist Zeit?

Die Zeit vergeht! Tut sie das wirklich, einfach so? Vergeht die Zeit einfach von selbst, oder ist sie ein Maß für Veränderung? Was ist die Zeit, wenn sich nichts verändert?

Der Beantwortung dieser Fragen wollen wir uns zunächst auf eine eigenwillige Art nähern, und zwar indem wir uns an den letzten guten Film erinnern, den wir wann und wo auch immer gesehen haben. Weshalb bezeichnen wir diesen Film aus unserer Erinnerung als gut? Im Wesentlichen aus zwei Gründen: Die Filmszenen waren so geschickt aneinandergereiht, dass sie eine spannende oder aber tiefsinnige Geschichte wiedergegeben haben; und die Reihenfolge der Bildsequenzen, die im Zusammenschluss die Filmszenen ergeben, hatte eine Ordnung und eine Richtung. Ganz offensichtlich ist der letzte Punkt der Wichtigere – obwohl dieser Punkt alleine noch keinen guten Film ausmacht –, denn, ist er nicht gewährleistet, gibt es gar keine Geschichte. Dies erkennen wir am einfachsten, wenn wir die Reihenfolge der Bilder vollständig durcheinander geraten lassen. Selbst den Hartnäckigsten unter uns würde der Spaß bei dem hoffnungslosen Unterfangen, die ursprüngliche Geschichte durch die richtige Reihenfolge der Bilder rein durch logisches Denken zu rekonstruieren, schnell vergehen. Gleichwohl ist es möglich, wenn man den Film schon gesehen hat. Daraus erkennen wir, dass eine Menge von Bildern in vielen Fällen nicht einfach nur eine Menge von Bildern ist, sondern, dass diese Eigenschaften haben kann, aufgrund derer sie sich eindeutig zu einer fortlaufenden Geschichte ordnen lässt. Was sind das für Eigenschaften?

Wenn wir bei unserem Filmbeispiel bleiben, besteht eine Eigenschaft darin, dass die Bilder nicht zu verschieden sein dürfen. Einzelne Bilder aus unterschiedlichen Filmszenen mit unterschiedlichen Schauspielern werden sich kaum eindeutig zu einer runden fortlaufenden Geschichte ordnen lassen. Die Bilder dürfen aber auch nicht zu ähnlich sein. Tausend Bilder einer hochauflösenden Zeitlupenstudie des rahmengebenden Umfelds einer Szene erzählen keine Geschichte – in diesem Beispiel wirkt sich zudem der Mangel an Information negativ aus. Wie bereits erwähnt, ist auch das Vorwissen des Ordnenden für die erfolgreiche Sortierung entscheidend. Eine Serie von Urlaubsbildern kann sicherlich von dem geordnet werden, der bei der Reise dabei war, jeder andere würde über dieser Aufgabe jedoch verzweifeln.

Physikalisch gesehen werden diese ordnenden Eigenschaften durch die beiden Kernaspekte der topologischen Zeit auf den Punkt gebracht. Diese Kernaspekte sind durch die Reihenfolge von Augenblicken und einen Zeitpfeil, also das, was man herkömmlicherweise mit der Richtung meint, gekennzeichnet. Das klingt banal, aber da steckt etwas von Format dahinter!

So wird der Zeitpfeil beispielsweise auf das Gesetz der stetigen **Entropiezunahme**[4] zurückgeführt. An diese Aussage sollten wir uns allerdings langsam und mit Bedacht herantasten.

Das tun wir, indem wir uns erst einmal mit dem Begriff des Zeitpfeils vertraut machen, und dazu benutzen wir einen Holzhammer. Und die Methode dieses Werkzeugs besteht darin, den Begriff ohne weitere Umschweife zu definieren: Systeme beliebiger Art – wir stellen uns eine Ansammlung von Teilchen vor – haben einen Zeitpfeil, wenn die Möglichkeit besteht, dass sie eine gerichtete Entwicklung durchlaufen können. Das sollte doch immer möglich sein, möchte man denken. Doch dem ist nicht so. Ein einfaches Beispiel kann uns davon überzeugen. Dazu betrachten wir einen Billardtisch, auf dem die Kugeln willkürlich verteilt sind. Wenn wir mit dem Queue blindwütig auf die Kugeln einwirken, verändern wir zwar den Zustand – die Anordnung der Kugeln –, aber diese Veränderung führt zu keiner gerichteten Entwicklung und hat somit auch keinen Zeitpfeil. Der Grund dafür ist, dass, objektiv betrachtet, die Unordnung am Tisch, vor und nach unserem Einwirken, von gleicher Qualität ist und sich somit auch nichts entwickelt hat. Anders sieht es aus, wenn wir die Kugeln zuerst in einer Anfangsposition, zum Beispiel in der Mitte des Tisches, zusammengruppieren. Jetzt können wir, von diesem geordneten Zustand ausgehend, einige Stöße durch-

---

4   Der Begriff Entropie bedeutet so viel wie „innere Umkehr", er entstammt als Kunstwort dem Griechischen.

führen, bis die anfängliche Ordnung sich wieder in vollständige Unordnung verwandelt hat. Für genau diese Anzahl von Stößen wird eine gerichtete Entwicklung durchlaufen, der wir auch einen Zeitpfeil zuordnen können. Gemäß diesem Beispiel haben Systeme so lange einen Zeitpfeil, so lange ein wie auch immer geordneter Zustand in einen immer ungeordneteren überführt werden kann.

Die gerichtete Entwicklung selbst führt zu makroskopischen Veränderungen. Das heißt, die Skala, auf der die Veränderungen zu erkennen sind, ist groß im Vergleich zur Skala, auf der die für die Entwicklung ursächlichen Prozesse ablaufen – blicken wir auf unser Beispiel zurück, so bedeutet das einfach, dass der Billardtisch im Vergleich zu den Billardkugeln groß ist. Entsprechend nehmen wir den zeitlichen Ablauf der Entwicklung als sogenannte „Makrozeit" wahr. Der entscheidende Punkt, der das Fortschreiten der Makrozeit erst gewährleistet, ist jedoch die Unordnung, die muss sich mit der Entwicklung stetig vergrößern – wenn wir an unseren Schreibtisch denken, überrascht uns die Aussage nicht. Die zeitliche Entwicklung bedingt also eine Entropieerhöhung, wobei die Entropie ein Maß für die Unordnung des Systems darstellt. Je größer die Entropie ist, desto größer ist auch die Unordnung im System. Hat die Entropie ihren größtmöglichen Wert erreicht, das heißt, ist die Unordnung im System nicht mehr zu überbieten, so findet auch keine weitere zeitliche Entwicklung mehr statt, und wir nehmen auch keinen Zeitablauf und damit keine Makrozeit mehr wahr. Innerhalb des Systems lässt sich in diesem Zustand noch nicht einmal eine Uhr zur Zeitmessung konstruieren. In makroskopischer Hinsicht vergeht bei Erreichen dieses Zustands keine Zeit mehr. Wie durch untenstehende Abbildung verdeutlicht wird, gibt es in diesem Fall keine Reihenfolge von Augenblicken mehr, und auch ein Zeitpfeil ist nicht mehr vorhanden. Wir haben die pure Langeweile neu definiert.

Diese Analyse der Makrozeit führt bei uns zu der Einsicht, dass Prozesse nicht einfach in der Zeit ablaufen. Es ist vielmehr so, dass der Ablauf von Prozessen erst die Zeit definiert – zumindest die Makrozeit. Die Zeit wird also erst dann zur beobachtbaren und damit bestimmbaren Größe, wenn eine Veränderung eines Zustands erfolgt. Die Veränderung eines Zustands ist aber nur möglich, wenn noch Spielraum für wei-

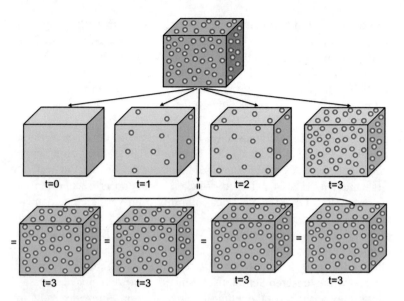

Abb. 1.5 Systeme beliebiger Art haben genau dann einen Zeitpfeil, wenn sie eine gerichtete Entwicklung durchlaufen! Diese Entwicklung können wir auf einer makroskopischen Ebene beobachten und nehmen dadurch den Zeitablauf als „Makrozeit" wahr. Entscheidend bei diesem Vorgang ist, dass durch die zeitliche Entwicklung die „Entropie" erhöht wird, wobei die Entropie ein Maß für die Unordnung des Systems darstellt – je größer die Entropie ist, desto größer ist auch die Unordnung im System. Wenn die Entropie ihren größtmöglichen Wert erreicht hat, ist die Unordnung im System nicht mehr zu überbieten. Nachdem die Unordnung in diesem Zustand nicht mehr vergrößert werden kann und Ordnung sich niemals von selbst einstellt, kann sich ein solches System zeitlich nicht mehr weiterentwickeln, und dementsprechend nimmt man auch keinen Zeitablauf und damit keine „Makrozeit" mehr wahr. *Das System befindet sich in einem zeitlosen Zustand!*. Wenn in makroskopischer Hinsicht keine Zeit mehr vergeht, dann gibt es auch keine Reihenfolge von Augenblicken, und auch keinen Zeitpfeil mehr. Obige Abbildung veranschaulicht dieses Verhalten. Der dunkelgrüne Kasten an der Spitze steht für ein großes Volumen, das mit sich schnell bewegenden Teilchen – dargestellt durch die grauen Kugeln – gefüllt ist. Es hat sich ein Gleichgewichtszustand gebildet, der keine gerichtete Entwicklung und somit keine Makrozeit mehr aufweist. Die Momentaufnahmen lassen aus der Distanz keinen qualitativen Unterschied erkennen und können dementsprechend auf keine sinnvolle Art geordnet werden. Dies trifft auf die

tere Unordnung besteht. Menschlich wird dieser Spielraum zu weiterer Unordnung sehr unterschiedlich gesehen – insbesondere von Kindern und Eltern –, physikalisch ist er hingegen eindeutig definiert. Physikalisch besteht dieser Spielraum, solange die Entropie noch nicht ihren größtmöglichen Wert erreicht hat. Damit kommen wir zu der wichtigen Erkenntnis, dass nur Vorgänge, die zu erkennbaren Veränderungen führen, auch einen zeitlichen Verlauf aufweisen. Und nur einen solchen zeitlichen Verlauf können wir durch Vergleich mit anderen Vorgängen, die sich zum Beispiel nach einem bestimmten wiederkehrenden Muster verändern, wie das bei einer Uhr der Fall ist, bestimmen beziehungsweise messen.

Der Name Zeitpfeil hat sich natürlich nicht zufällig ergeben. Er wurde gewählt, weil das wesentliche Merkmal eines Pfeils darin besteht, dass seine Spitze in eine bestimmte Richtung weist. Das heißt, es gibt eine ausgezeichnete Richtung, und die wird von der sich stetig vergrößernden Entropie vorgegeben. Die Zeit kann also weder rückwärts laufen noch sich umkehren oder gar springen. Ein Beispiel hilft dies einzusehen. Dazu betrachten wir erneut die Startformation der Billardkugeln in der Mitte des Tisches und beginnen, mit verbundenen Augen zu spielen. Die Frage, wie lange wir spielen müssen, um die Startformation erneut zu erreichen, erübrigt sich. Uns allen ist klar, dass das nie geschehen wird. Die einzige Möglichkeit, einen solchen Vorgang zu sehen, wird durch einen aufgezeichneten Film, den man rückwärts laufen lässt, realisiert; und jeder merkt es, da jeder weiß, dass so etwas nicht

---

Kästen in der nächsten Reihe nicht zu. Hier wird ein leeres Volumen mit dem dunkelgrünen Kasten verbunden, und wie die Reihe zeigt, strömen nach und nach Teilchen in den neuen Kasten, und diese füllen schließlich den gesamten neuen Raum aus. Es gibt also kurzfristig eine gerichtete Entwicklung, und somit steht dem System auch ein Makrozeitintervall mit Zeitpfeil zur Verfügung – gekennzeichnet durch die Zeitschritte t = 0 bis t = 3. Danach stellt sich erneut ein Gleichgewichtszustand ein, bei dem wiederum eine gerichtete Entwicklung nicht möglich und der somit von Makrozeitlosigkeit geprägt ist – in der untersten Reihe muss jedem Kasten dieselbe Zeit zugeordnet werden, da die Einzelbilder keine makroskopischen Unterschiede erkennen lassen. In diesem Zustand hat die Entropie – Unordnung – ihren größtmöglichen Wert erreicht; und obwohl die Zeit nicht still steht, vergeht sie auch nicht mehr.

möglich ist. Als Beispiel noch überzeugender ist ein Stein, der zu Boden fällt und durch seinen Aufprall den umliegenden Bereich erwärmt. Lassen wir die Zeit rückwärts laufen: Ein Bereich des Bodens erwärmt sich, indem er anderen Teilen des Bodens Wärme entzieht; daraufhin überträgt dieser Bereich des Bodens diese angesammelte Wärmeenergie auf einen Stein, der auf ihm ruht; und dieser schnellt nach oben. Bevor wir auf ein solches Ereignis warten, warten wir doch lieber auf Godot. *Das bedeutet, dass sich Ordnung niemals von selbst einstellt*[5]!

Nachdem der Ablauf der Makrozeit somit zwangsläufig zu einer Erhöhung der Unordnung/Entropie führt, sollte sich für uns die Frage stellen, warum es uns eigentlich gibt. Uns gibt es, weil die Entropie im Universum weiter erhöht werden kann. Das ist zwar richtig, aber auch sehr verwunderlich. Weshalb hat die Entropie im Universum ihr Maximum noch nicht erreicht? Wir wissen zwar mittlerweile, dass das Universum nicht unendlich alt ist, aber es ist hinreichend alt, um *im statischen Fall, als abgeschlossenes System*, einen Gleichgewichtszustand erreicht zu haben; und dieser wäre zwangsläufig vom Maximalwert der Entropie begleitet worden (in einem solchen Zustand war das Universum beispielsweise bereits vor der Inflationsphase und wäre ohne diese auch in diesem Zustand verblieben – Kapitel 1.4.5 „Die Entwicklung des Universums im Schnelldurchlauf"). Unser Universum hätte sich also niemals so entwickeln können, wie es sich entwickelt hat, und dementsprechend hätten wir die Makrozeit schon längst beerdigen müssen. Sie wäre, den günstigsten Fall unterstellt[6], bereits weit vor der Entstehung der Galaxien, Sterne und Planeten beendet worden; und das Universum wäre in einem sehr frühen Stadium regungslos verharrt. Ist es aber nicht, denn schließlich gibt es uns ja.

Diese Einsicht führt zu der Erkenntnis, dass das Universum nicht statisch sein kann und auch kein abgeschlossenes System darstellt. Nicht statisch in dem Sinne, dass es sich großräumig dynamisch verändern muss, um eine Ausgangssituation zu schaffen, die den Entropietod möglichst weit hinausschiebt. Nicht abgeschlossen in dem Sinne, dass die Einstellung eines Gleichgewichtszustands möglichst lange vermie-

---

5   Diese Aussage charakterisiert den 2. Hauptsatz der Thermodynamik.
6   Als günstigster Fall in diesem Sinne wäre als Beginn des statischen Zustands die Phase nach der Inflation zu betrachten.

den wird. Das Universum muss also ein offenes dynamisches System im dreidimensionalen Raum darstellen, denn in einem solchen System kann sich die Einstellung eines globalen Gleichgewichts stark hinauszögern. Dies gibt der Entropie einen gewissen Spielraum, und die Makrozeit bekommt ihre Chance.

Was bleibt, sind Fragen. Fragen, die sich nicht zuletzt auf den Anfangszustand des Universums beziehen – diesen Anfangszustand muss es gegeben haben, da das Universum ja nicht unendlich alt ist. Wie hat es das Universum geschafft, sich eine niedrige Entropie anzueignen und damit in den Besitz eines Zeitpfeils zu kommen? Ist das Universum aus einem makrozeitlosen Zustand gestartet? Wie konnte das sich daraus ergebende, scheinbar unüberwindliche Maximum der Anfangsentropie durch den Start eines „Anlassers" überwunden werden? Wie sieht der „nichtstatische" Vorgang konkret aus, der Spielraum für die Entropie geschaffen und der damit den Maximalwert der Entropie nach oben gesetzt hat – der also auf eine bestimmte Art Ordnung geschaffen hat und damit eine gerichtete Entwicklung erst ermöglichte? Wir werden uns den Antworten auf diese Fragen im weiteren Verlauf unserer Betrachtungen nähern – manchen mehr und manchen mangels eines fundierten Zugangs weniger.

Einer Antwort auf die letzte Frage wollen wir uns sogleich in einem ersten Schritt nähern, denn wir haben noch etwas Munition. Die Munition stellt das Gegenstück zur Makrozeit dar, die Mikrozeit. Das Ende der Makrozeit wurde in unserem gegenwärtigen Bild dadurch eingeläutet, dass im Gleichgewichtszustand alle Momentaufnahmen aus der Distanz ununterscheidbar werden und eine gerichtete Entwicklung nicht mehr stattfinden kann, da sich die Momentaufnahmen auf keine sinnvolle Art mehr ordnen lassen. Auf makroskopischer Ebene geschieht also nichts mehr. Schaut man sich das Geschehen jedoch aus der Nähe an – sozusagen mittendrin –, dann zeigen sich sehr wohl Unterschiede zwischen den Momentaufnahmen, und zwar auf mikroskopischer Ebene. Statistisch gesehen halten sich in jedem mikroskopischen Teilvolumen ungefähr gleich viele Teilchen auf, und deren Bewegung folgt völlig ungerichtet ungeordneten Willkürbahnen. Es gibt also noch eine an sich nutzlose Mikrozeit, die durch die individuellen Teilchenbewegungen entsteht und unaufhörlich im Kleinen herumrührt. Dieses Herumrühren hat zur Folge, dass durch Zufall auch große Fluktuationen – Schwankungen – auftreten können, die statistisch selbst im Gleichgewichtszustand möglich sind. Dadurch können sich prinzipiell lokal Strukturen bilden, die einen Zeitpfeil haben und die Makrozeit wieder in Schwung bringen. Von selbst passiert das natürlich nicht. Von selbst würden sich diese Strukturen sofort wieder auflösen und an verschiedenen Stellen nur kurz aufblitzen. Wenn allerdings zum Zeitpunkt dieser Strukturbildung das Volumen extrem vergrößert wird, kann diese Strukturbildung erhalten bleiben. Struktur ist Ordnung, und Ordnung erniedrigt die Entropie. Und damit ist eine gerichtete Entwicklung wieder möglich, die sowohl einen Zeitpfeil als auch eine Makrozeit hat – die Momentaufnahmen können in der richtigen Reihenfolge also wieder eine spannende Geschichte erzählen. Die Auferstehung der gerichteten Entwicklung ist letztendlich dem Zusammenwirken zweier Punkte zu verdanken: der zufälligen Strukturbildung gepaart mit einer extremen Expansion. Und dies führte zu der erforderlichen Entropieerniedrigung der Materie im Universum.

Mit diesen grundlegenden Überlegungen ist es uns fast mühelos gelungen, die Vorstellung von einem statischen, unveränderlichen Universum, das selbst von Albert Einstein noch im letzten Jahrhundert so vehement gefordert wurde, auszuheben. Unsere Überlegungen haben ferner offenbart, dass der Fahrplan für die Entwicklung des Universums wenig Spielraum hat. Es muss vielmehr alles präzise zusammenpassen, um zumindest das Elementarste zu gewährleisten, die Existenz der Zeit. Was vom Universum im Zuge seiner Entwicklung quasi per Dekret vermieden werden muss, ist das übergreifende, thermodynamische Gleichgewicht, denn in diesem Zustand vergeht keine Zeit mehr, da makroskopisch betrachtet alles gleich bleibt.

1.2.3 Und dann bleibt die Zeit stehen

Nachdem uns jetzt klar geworden ist, dass das Universum nicht statisch sein kann, sondern einer stetigen Veränderung unterworfen sein muss, wollen wir als Nächstes versuchen zu verstehen, welche Größen sich verändern. Grundsätzlich ist es so, dass mit Veränderungen auch eine Entwicklung einhergeht. Eine Entwicklung, die irgendwie begann und irgendwohin führt, wobei wir nicht wissen, ob das Universum, im Zuge dieser Entwicklung, seine beste Zeit nicht schon hinter sich hat. Um diese Entwicklung nachvollziehen zu können, brauchen wir jedenfalls ein Standbein, das uns die Grundlage für eine Beschreibung liefert. Gemeint ist damit ein Bezugssystem, das, wie der Name schon sagt, ein strukturiertes Muster beinhaltet, auf das wir die veränderlichen Größen beziehen können. Das einfachste aller möglichen Bezugssysteme stellt dabei ein Koordinatensystem dar.

Ein solches System basiert auf Orts- und Zeitkoordinaten, die zahlenmäßig angeben, zu welchem Zeitpunkt und an welcher Position Ereignisse stattfinden. Haben dabei verschiedene Ereignisse verschiedene Zeit- und Ortskoordinaten und gehören umgekehrt zu verschiedenen Koordinaten verschiedene mögliche Ereignisse, so stellt der betreffende Orts- und Zeitbereich das Bezugssystem dar.

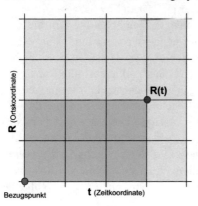

Bezugspunkt   t (Zeitkoordinate)

Diese Definition wirkt weniger abstrakt, wenn man an ein Schachbrett denkt, dessen Felder die Ortskoordinaten repräsentieren. Die Angabe dieser Koordinaten allein ist allerdings nur bedingt hilfreich, da über die Zeit hinweg verschiedene Figuren dieselben Koordinaten belegen können. Die zusätzliche Zeitkoordinate macht somit aus den Angaben erst ein Bezugssystem.

Auf der Grundlage dieser Idee müssen wir uns also als Nächstes auf die Suche begeben, auf die Suche nach einem absoluten Bezugssystem, auf das wir die Größen, die sich stetig verändern, beziehen können. Unter einem absoluten Bezugssystem verstehen wir dabei ein allumfassendes ruhendes System, das von sämtlichen Bewegungen, die sich irgendwo ereignen, selbst unberührt bleibt. Wir suchen also nach der absoluten Ruhe!

Bei der Suche nach einem solchen System erwies sich bereits Galileo Galilei 1632 als ausgesprochen findig. Er überlegte sich unter Deck eines gemächlich dahintreibenden Schiffs ein Experiment, das es ihm ermöglichte, herauszufinden, ob das Schiff sich bewegt oder ruht. Das Resultat war, dass alle Experimente, die ihm in den Sinn kamen, fehlschlugen. Anhand der Vorgänge um ihn herum konnte er nicht herausfinden, ob sich das Schiff in Bewegung befand oder nicht. Statt die absolute Ruhe zu finden, begründete er mit dieser Erkenntnis vielmehr eines der wichtigsten Prinzipien der Physik, das Relativitätsprinzip. Dieses Relativitätsprinzip widerstand auch allen Erkenntnissen der modernen Physik. Und dies führte zu Beginn des 20. Jahrhunderts zu einer klaren Begriffsdefinition, die auf Henri Poincaré aus dem Jahre 1904 zurückgeht: „Die Gesetze, nach denen sich die Zustände der physikalischen Systeme ändern, sind unabhängig davon, auf welches gleichförmig bewegte Koordinatensystem diese Zustandsänderungen bezogen werden. Die Physik bietet uns kein Mittel zu unterscheiden, ob wir in einer derartigen Bewegung begriffen sind oder nicht." Mit dieser Feststellung wurde das Relativitätsprinzip der unbeschleunigten Bewegung zu einem Grundpfeiler der modernen Physik.

Für uns beinhaltet diese Erkenntnis, dass unabhängig von der Geschwindigkeit eines geradlinigen Bewegungszustands die Naturgesetze dieselbe Form haben. Sie beinhaltet ferner, dass es keinen bevorzugten oder absoluten Bewegungszustand und damit keine absolute Ruhe gibt. Es können also nur relative Bewegungen, nicht aber Bewegungen relativ zu einem bevorzugten Bezugssystem festgestellt werden, da kein Bezugssystem auf eine solche Weise ausgezeichnet wurde und ein solches Bezugssystem letztlich auch nicht in unsere Welt passen würde. Nach diesen Aussagen sind Naturgesetze also Beziehungen, die sich in allen Inertialsystemen gleich verhalten, und nachdem diese völlig äquivalent sind, kann jedes beliebige Inertialsystem auch als das Ruhende betrachtet werden.

Können wir damit sämtliche veränderliche Größen auf jedes beliebige Inertialsystem beziehen? Global gesehen ist es nicht ganz so einfach (Kapitel 1.4.3 „Das Bremspedal der Expansion"), und auch lokal gesehen ist das prinzipielle Problem des Standbeins noch nicht gelöst. Denn wir müssen die Schar der gleichberechtigten Inertialsysteme, die sich alle relativ zueinander bewegen, natürlich miteinander verbinden können. Und dazu benötigen wir eine Absolutgröße, die in allen Bezugssystemen gleich ist, und diese Größe wäre dann unser Standbein. Man könnte nun meinen, dass die Zeit die gesuchte Absolutgröße darstellt. Die fließt doch immer und überall gleichmäßig dahin. Aber, wie wir gleich sehen werden, lässt das Relativitätsprinzip ein solches Verhalten nicht zu. Wir brauchen also ein anderes grundlegendes Prinzip, das das Koordinatensystem der absoluten Ruhe und die Zeit als Absolutgröße ersetzt. Fassen wir also kurz zusammen, was wir bereits herausgefunden haben: Wir haben das Prinzip der Relativität und die Endlichkeit der Lichtgeschwindigkeit erkannt. Was wir in diesem Zusammenhang allerdings noch nicht hinterfragt haben ist, ob die Lichtgeschwindigkeit selbst auch eine relative Größe darstellt. Ein Blick in den Himmel klärt das. Hier nehmen wir die Bewegung von Sternen und Galaxien wahr. Bei solchen Objekten, die sich auf uns zu bewegen, sollte man eigentlich eine höhere Geschwindigkeit des ankommenden Lichts erwarten, da sich Geschwindigkeiten ja einfach addieren. Allerdings könnten wir dann aus den unterschiedlichen Lichtgeschwindigkeiten Rückschlüsse auf unseren eigenen Bewegungszustand ziehen. Wir wären auf diesem Weg also dazu in der Lage, ein absolut ruhendes Bezugssystem zu bestimmen. Die Erkenntnis des Relativitätsprinzips hat aber gerade gezeigt, dass es kein physikalisches Gesetz gibt, das dies ermöglicht. Nachdem die Lichtgeschwindigkeit in die physikalischen Gesetze eingebettet ist, kann auch sie keine Rückschlüsse auf unseren Bewegungszustand zulassen. Es gibt nur einen Ausweg aus diesem Dilemma: Der Ausweg besteht darin, dass die Lichtgeschwindigkeit in allen Bezugssystemen gleich sein muss. Die Lichtgeschwindigkeit muss also stets einen festen, konstanten Wert haben. Und genau das wird durch die Beobachtung auch bestätigt. Die Lichtgeschwindigkeit ist also die gesuchte Absolutgröße und hat damit die Bedeutung eines Fundaments!

Dem Relativitätsprinzip und seinen bedeutsamen Konsequenzen hat Albert Einstein 1905 nun noch ein wichtiges Fakt hinzugefügt. Er hat festgestellt, dass die Lichtgeschwindigkeit auch eine unüberschreitbare Grenzgeschwindigkeit darstellt. Und auch das wird „nicht beobachtet". Das heißt, es wird keine Geschwindigkeit beobachtet, die größer als die Lichtgeschwindigkeit ist und die zugleich Energie oder Masse transportiert. Die Lichtgeschwindigkeit c ist also auch eine Grenzgeschwindigkeit für die Physik und stellt somit eine Absolutgröße von übergreifender Tragfähigkeit dar – die Tragfähigkeit dieses Konzepts hat Albert Einstein im Rahmen seiner Speziellen Relativitätstheorie überzeugend dargelegt.

Damit ist für gleichförmige Bewegungen das Relativitätsprinzip komplett. Und dieses Prinzip hat, wie wir sehen werden, drastische Folgen für unser gesamtes Weltbild. Das erkennen wir am einfachsten, wenn wir eine alltägliche Situation betrachten. Wir fahren auf der Autobahn und geben Gas. Je schneller wir fahren, umso schneller kommen uns die Fahrzeuge aus der anderen Richtung entgegen. Das gilt nicht für das Licht, das kommt uns immer mit der Grenzgeschwindigkeit c entgegen, egal, wie schnell wir fahren. Das ist in der Tat überraschend und gewöhnungsbedürftig, aber als welterschütternd würden es wohl nur die wenigsten bezeichnen. Und dennoch ist es das.

Zum Beispiel wird als Konsequenz dieses Verhaltens die Zeit zu einer relativen Größe. Dass die Zeit nicht absolut sein kann, haben wir bereits zur Kenntnis genommen, und das Gegenteil von absolut scheint relativ zu sein. Aber was genau ist damit gemeint? Damit ist gemeint, dass jedem Inertialsystem ein eigener Zeitablauf zugeordnet werden muss. Auch diese Aussage sollten wir etwas durchsichtiger gestalten, und das tun wir, indem wir zwei Inertialsysteme auf der Autobahn betrachten. Im ersten sitzen wir, und das zweite stellt einen Reisebus dar, der uns mit einer konstanten Relativgeschwindigkeit v überholt – der Bus fährt also um v schneller als wir. Wenn wir nun als ruhender Beobachter, als den wir uns betrachten können, die Zeit auf einer Uhr im Bus ablesen, ist bei uns die Zeit schneller vergangen, und wir lesen auf unserer eigenen Uhr ein größeres Zeitintervall ab, als eine baugleiche Uhr im Reisebus anzeigt. Diesen Effekt, der dazu führt, dass Geschwindigkeit Uhren langsamer gehen lässt, nennt man Zeitdilatation. Und die Zeit wird dabei umso stärker gedehnt, je größer die Relativgeschwindigkeit v ist (Einschub 2 „Die Zeitdilatation").

Noch überraschender ist, dass selbst die Masse vom Relativitätsprinzip erfasst wird. Auch sie stellt sich in einem Inertialsystem, das sich mit der Relativgeschwindigkeit v bewegt, als größer dar. Das geht sogar so weit, dass sie kurz vor Erreichen der Grenzgeschwindigkeit c auch nahezu unendlich große Massenwerte vermitteln kann (Einschub 3 „Die relativistische Masse"). Darüber hinaus führt die relativistische Masse auch zu einem relativistischen Impuls, der wiederum die Grundlage für die Äquivalenz von Masse und Energie darstellt. Wenn das nicht an unserem Weltbild rüttelt, was dann?

? **2. Die Zeitdilatation**

Es gibt also eine Grenzgeschwindigkeit, die nicht überschritten werden kann, die stets einen festen, konstanten Wert hat und die genau der Geschwindigkeit des Lichts entspricht. Nachdem Geschwindigkeiten das Verhältnis einer durchlaufenen Raumstrecke zur dafür benötigten Zeit darstellen, muss diese Aussage tief greifende Konsequenzen für die Größen des Raums und der Zeit selbst haben. Dies können wir unmittelbar einsehen, wenn wir ein wohlbekanntes Verhalten von Geschwindigkeiten betrachten. Dieses Verhalten besteht darin, dass sich Geschwindigkeiten einfach addieren. Mit diesem Prinzip könnten wir allerdings jede Grenzgeschwindigkeit grundsätzlich durchbrechen, was nicht zulässig wäre, und damit auch nicht richtig sein kann. Die Natur hat also vorgesorgt, um das zu verhindern. Und die Vorsorge besteht darin, dass die Raumstrecken und Zeitintervalle, die Geschwindigkeiten festlegen, nicht unabhängig von diesen Geschwindigkeiten sein können. In einem ersten Schritt werden wir die sich daraus ergebenden Zusammenhänge hinsichtlich der Zeit nun näher untersuchen.

Auf der Suche nach einem griffigen Beispiel tummeln wir uns auf der Autobahn. Und dort greifen wir den allseits beliebten Fall eines Reisebusses auf, der uns mit 82 km/h überholt. Wir fahren 80 km/h – natürlich auf der mittleren Spur –, und die 2 km/h, um die der Reisebus schneller ist als wir, stellen die Relativgeschwindigkeit v dar. Quer zu unserer Fahrtrichtung richtet nun jemand im Reisebus einen Laserpointer auf einen Spiegel. Der Laserstrahl, der sich mit der Grenzgeschwindigkeit c fortbewegt, durchquert also den Bus, der die Breite l hat, zweimal, und dafür wird die Zeit t benötigt (oberste Darstellung in der Skizze). Im überholenden Bus gilt also die einfache Beziehung:

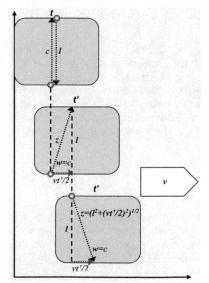

$$c = \frac{2l}{t}.$$

▶

▶ Wie stellt sich dieser Vorgang nun für uns dar?

Da der Bus uns überholt, bewegt er sich während der Laufzeit des Laserstrahls um die Strecke vt' nach rechts (t' stellt dabei die Zeit dar, die wir auf unserer Uhr ablesen; wir gehen objektiverweise nicht davon aus, dass diese gleich der Zeit t ist, die auf einer Uhr im Bus abgelesen wird). Durch diese zusätzliche Bewegung wird der Lichtweg des Laserstrahls zu den schräg verlaufenden Linien z aufgespreizt (mittlere und untere Darstellung in der Skizze). Für uns ändert sich also sowohl der Lichtweg, der $2z$ statt $2l$ lang ist, als auch die Geschwindigkeit, die w statt c beträgt (w setzt sich dabei, nach dem Satz von Pythagoras, aus c in vertikaler und v in horizontaler Richtung zusammen; gemäß der unteren Darstellung gilt für z Vergleichbares). Damit erhalten wir:

$$w = \frac{2z}{t'} = \frac{2\sqrt{l^2 + (vt'/2)^2}}{t'}$$

$$= \frac{\sqrt{c^2 t^2 + v^2 t'^2}}{t'} = \sqrt{c^2 + v^2} \Rightarrow t' = t$$

Wir sehen damit sofort, dass die letzte Gleichung nur dann zu erfüllen ist, wenn die Zeiten gleich sind. Obwohl wir dieses Ergebnis unserer Erfahrung nach erwartet haben, widerspricht es unserer qualitativen Erkenntnis, dass die Zeit wegen der Konstanz von c nicht absolut sein kann.

Die Konstanz von c, die haben wir auf der rechten Seite obiger Gleichung komplett ignoriert. Wir haben vielmehr, so wie wir es gewohnt sind, die Geschwindigkeiten einfach addiert. Wir haben nicht berücksichtigt, dass die Grenzgeschwindigkeit c nicht überschritten werden kann, und das war natürlich falsch! Nachdem die Grenzgeschwindigkeit c stets einen festen, konstanten Wert hat, muss also auch für uns $w = c$ sein. Obige Gleichung stellt sich also in korrekter Form folgendermaßen dar:

$$w = \frac{\sqrt{c^2 t^2 + v^2 t'^2}}{t'} = c.$$

Gegenüber der Ausgangsgleichung im Bus ist damit allerdings der Wert im Zähler größer, und somit muss sich auch die Zeit t' im Nenner von t unterscheiden. Die verstrichene Zeit t' auf unserer Uhr muss also, im Vergleich mit der Zeit t im überholenden Bus, ▶

► größer sein. Quantitativ sehen wir diesen Effekt der Zeitdilatation, wenn wir die letzte Gleichung nach t' auflösen:

$$\Rightarrow t' = \frac{1}{\sqrt{1 - \dfrac{v^2}{c^2}}} \cdot t.$$

Die von uns gemessene Zeit t' wird also gegenüber der Zeit t im relativ zu uns bewegten System gedehnt. Während diesem und jeglichem Vorgang im Bus vergeht bei uns also mehr Zeit. Und dieser Effekt der Zeitdilatation ist umso stärker, je größer die Relativgeschwindigkeit v ist.

？ 3. Die relativistische Masse

In obigem Beispiel gehen wir nun davon aus, dass der Laserpointer statt Photonen auszusenden kleine Kugeln mit geringer Geschwindigkeit verschießt, wobei der Impuls dieser Kugeln von einem Messgerät auf der gegenüberliegenden Seite vollständig aufgenommen wird. Der gemessene Impuls ist damit gleich:

$$p = m_0 \frac{l}{t}.$$

Dieser Wert des Impulses wird auch aus unserer Sicht gemessen, da wir uns ja lediglich senkrecht zur Flugrichtung der Kugeln bewegen. Allerdings stellt sich für uns, wegen der Zeitdilatation, die rechte Seite der Gleichung anders dar:

$$p = m \frac{l}{t'}.$$

Da sich die Zeiten im Nenner der Gleichungen unterscheiden, wohingegen der Impuls und die Länge in beiden Fällen gleich sind, müssen die Massen die Unterschiede in den Zeiten kompensieren. Aus unserer Sicht kann die Masse also nicht gleich der Ruhemasse m_0 sein, sie muss sich vielmehr wie folgt darstellen:

$$m = \frac{m_0 t'}{t}.$$

►

> ▶ Um das Verhalten der Masse konkret zu erkennen, müssen wir noch die Beziehung von t und t' gemäß der Zeitdilatation einsetzen:
>
> $$m(v) = \frac{m_0}{\sqrt{1 - \dfrac{v^2}{c^2}}}.$$
>
> Damit ist auch die Masse zu einer relativen Größe geworden. Sie stellt sich in einem Bezugssystem, das sich mit der Relativgeschwindigkeit v bewegt, als größer dar, wobei sie kurz vor Erreichen der Grenzgeschwindigkeit c auch nahezu unendlich große Werte erreichen kann. Als konstante, invariante Größe, die in allen Inertialsystemen denselben Wert hat, verbleibt lediglich die Ruhemasse m_0. Und die ist grundsätzlich von der geschwindigkeitsabhängigen Masse eines Teilchens zu unterscheiden, die eben nicht mehr als feste Größe angesehen werden kann. Nachdem dieses Verhalten das eigentliche Fundament für die Äquivalenz von Masse und Energie darstellt, mussten wir bereits bei der Beschreibung des relativistischen Impulses[7] darauf vorgreifen (Einschub 1 „Äquivalenz von Masse und Energie").

Die Masse nimmt also kurz vor Erreichen der Grenzgeschwindigkeit c nahezu unendlich große Werte an, und das gilt natürlich auch für den Impuls. Nachdem wir wissen, dass für die Veränderung des Impulses eine Kraft erforderlich ist, ist damit auch klar, dass materielle Teilchen – oder Materie an sich – die Grenzgeschwindigkeit c, wegen ihrer Ruhemasse m_0, niemals erreichen können. Denn wir bräuchten wegen dieser Zusammenhänge auch eine unendlich große Kraft, um den Impuls und damit die Masse zusammen mit der Geschwindigkeit weiter zu erhöhen. Das gilt allerdings nicht für Photonen, da diese Teilchen keine Ruhemasse besitzen ($m_0 = 0$). Für solche Teilchen ist es sogar der Normalzustand, sich mit der Grenzgeschwindigkeit c fortzubewegen.

Was sind eigentlich Photonen?

Die einfachste Antwort ist: Photonen repräsentieren das, was wir Licht nennen. Und sie repräsentieren Radiowellen, Mikrowellen, Infrarotstrahlen, Lichtstrahlen, Röntgenstrahlen und Gammastrahlen, sortiert nach der

---

7 Auf direktem Weg kann der relativistische Impuls zum Beispiel über den Stoß zweier Teilchen abgeleitet werden.

wachsenden Energie der Photonen. Eine korrektere Antwort ist: Photonen werden durch die Quantenfeldtheorie beschrieben, und durch ihren Austausch wird die elektromagnetische Wechselwirkung, eine der vier Naturkräfte, vermittelt. Nachdem wir die letztere Antwort als unangemessen kompliziert ansehen, sind für uns Photonen einfach rastlose energetische Teilchen, die sich grundsätzlich mit der Grenzgeschwindigkeit c durch den Raum bewegen und deren Energie gleich ihrer Frequenz (ν – die Frequenz spiegelt die Farbe des Lichts wider, die wir zum Beispiel in einem Regenbogen als rot (energiearm) bis blau (energiereich) wahrnehmen) multipliziert mit einer Konstanten (dem Planck'schen Wirkungsquantum h) ist: $E = h\nu$.

Wegen der maximal möglichen Relativgeschwindigkeit, die mit der Grenzgeschwindigkeit c identisch ist und die die übliche Reisegeschwindigkeit der Photonen darstellt, wird von diesen Teilchen jedoch auch der Extremfall der relativistischen Zeitdilatation realisiert. Denn bei $\nu = c$ würde für jeden Wert von t immer $t' = unendlich$ gemessen werden („würde" bringt dabei zum Ausdruck, dass wir das nicht abwarten wollen)! Das heißt, ein beliebig kleines Zeitintervall t, das für ein Photon aus dessen Sicht vergeht, stellt für uns ein so extrem großes Zeitintervall t' dar, dass wir es nur mit dem Begriff „unendlich" belegen können.

Aus unserer Sicht bleibt die Zeit für ein Photon also stehen!

1.2.4 Gibt es doch eine absolute Zeit?

Obwohl aus unserer Sicht die Zeit für ein Photon stehen bleibt, steht die Zeit aus Sicht eines Photons jedoch keineswegs still. Sie vergeht vielmehr – als dessen Eigenzeit – exakt auf die gleiche Art und Weise, wie die Eigenzeit in jedem anderen Inertialsystem vergeht. Ausgangspunkt für die Einsicht, dass die Eigenzeiten, die durch die eigene mitgeführte Uhr bestimmt werden, in allen Inertialsystemen gleich ablaufen, ist unser alltägliches Leben, in dem keine großen Geschwindigkeiten auftreten und dementsprechend auch nur ein als absolut anzusehendes Zeitmaß existiert. Würde man nun in unserer alltäglichen Welt die vorhandenen Relativgeschwindigkeiten gegen die Grenzgeschwindigkeit c erhöhen, so gäbe es keinen physikalischen Grund, weshalb die jeweiligen, bis dahin gleich ablaufenden Eigenzeiten, sich verschieden verhalten sollten. Obwohl es keinen physikalischen Grund dafür gibt, haben die misstrauischen Physiker, als gebrannte Kinder, dennoch auf Beobachtungsbefunde zurückgegriffen, um diese Einsicht zu manifestieren. Die Beobachtungsbefunde beruhen dabei auf der exakten Kenntnis der Lebensdauer verschiedener Elementarteilchen – mit einem dieser Teilchen, dem Myon, werden wir im Weiteren noch Freundschaft schließen. Diese Lebensdauer begrenzt die Bewegungsbahnen der Teilchen in Abhängigkeit ihrer Geschwindigkeit, zwar auf unterschiedliche Weise, die Analysen dieser Bewegungsbahnen zeigen aber, dass die Eigenzeit in allen Inertialsystemen gleich abläuft.

Präziser formuliert bedeutet diese Aussage, dass ein Eigenzeitintervall, das zum Beispiel durch die Lebensdauer eines Elementarteilchens vorgegeben ist, sich als beobachtungsunabhängige – invariante – Größe darstellt.

Um das einzusehen, verbinden wir eine Uhr mit dem Teilchen, die mit seiner Entstehung aus dem Nichts auftaucht, wobei der Zeiger dieser Uhr auf null steht. Das ist Ereignis eins, und dieses Ereignis kann von niemandem anders gesehen werden, da weder das Teilchen noch die Uhr vorher da waren. Nachdem seine Lebensdauer abgelaufen ist, wird das Elementarteilchen vernichtet, und der Zustand der Uhr wird genau in diesem Moment eingefroren. Das ist Ereignis zwei, und die Uhr zeigt als Eigenzeitintervall exakt die Lebensdauer des Teilchens an. Auch dieses Ereignis kann von keinem Beobachter anders gesehen werden. Beide Ereignisse, die Entstehung und die Vernichtung des Teilchens, sind unwiderruflich geschehene Raum-Zeit Koinzidenzen, und das dazugehörige Eigenzeitintervall stellt für alle Inertialbeobachter eine verbindliche Größe dar, die von keinem anders interpretiert werden kann.

Wo bleibt bei dieser Feststellung aber die Zeitdilatation? Haben wir viel Wind um nichts gemacht?

Keineswegs, die Zeitdilatation kommt beim Vergleich der Eigenzeit, die die eingefrorene Uhr anzeigt, mit anderen Uhren zum Tragen.

Wenn das Teilchen zum Beispiel flott unterwegs ist und wir als ruhender Beobachter die Eigenzeit auf der eingefrorenen Uhr ablesen, ist bei uns, wegen der Zeitdilatation, die Zeit schneller vergangen, und wir

lesen auf unserer eigenen Uhr ein größeres Zeitintervall ab, als die eingefrorene Uhr anzeigt. Zu einer falschen Schlussfolgerung kämen wir
also nur, wenn wir von der Relativitätstheorie nichts wüssten und unsere
eigene Uhr als Maßstab für die Lebensdauer des Teilchens verwenden
würden. Dann kämen wir zu dem trügerischen Schluss, dass die Lebensdauer des Teilchens erheblich größer ist, als sie in einem gänzlich
ruhenden System sein dürfte. Was in beiden Systemen, dem gänzlich
ruhenden System, in dem sowohl der Beobachter als auch das Teilchen
relativ zueinander ruhen, und dem System, in dem das Teilchen sich
relativ zum Beobachter schnell bewegt, jedoch absolut gleich ist, ist die
Eigenzeit, die stets exakt die Lebensdauer des Teilchens anzeigt.

Alles ist relativ. Diese Aussage ist falsch. Es ist vielmehr so, dass
alles absolut ist, bis auf das, was nach den Naturgesetzen nicht absolut
sein kann. Die Eigenzeit ist absolut, und sie ist eine wichtige und un-
verrückbare Größe!

1.2.5   Die Zeit und der Raum

Wie passt nun die Aussage der absoluten Eigenzeit mit dem Extremfall
der stehenden Photonenuhr zusammen?

Gemäß diesem Extremfall bleibt aus unserer Sicht die Zeit für ein
Photon doch stehen, wohingegen seine Eigenzeit auf die gleiche Art
weiterläuft wie unsere Eigenzeit. Aus unserer Sicht müsste das Photon
in einem beliebig kleinen Zeitintervall seiner Zeit, das für uns allerdings ein extrem großes Zeitintervall darstellt – es geht gegen unendlich
–, eine extrem große Strecke zurücklegen. Aus Sicht des Photons legt
es jedoch in einem kleinen Zeitintervall, trotzdem es sich mit Lichtgeschwindigkeit bewegt, eine vergleichsweise sehr kleine Strecke zurück,
die dem Produkt aus der Lichtgeschwindigkeit und dem kleinen Zeitintervall entspricht.

Für sich gesehen passen diese beiden Aussagen nicht zusammen!

Denn eine sehr kleine Strecke kann grundsätzlich nicht gleich einer
extrem großen Strecke sein. Wir haben also noch nicht alle Effekte durchschaut und gebührend berücksichtigt. Auch wenn wir auf den ersten
Blick die Zusammenhänge nicht gleich erkennen, sollten wir dennoch
zur Kenntnis nehmen, dass wir noch einen Trumpf im Ärmel haben, den

Raum. Und dessen Maßeinheit sollte nun mutmaßlich genauso wenig absolut sein wie die der Zeit, und das könnte der Rettungsanker sein, der uns aus dem geschilderten Dilemma führt.

Zunächst müssen wir aber feststellen, dass wir schlecht eingekauft haben. Bekommen haben wir den Absolutwert der Grenzgeschwindigkeit der Relativitätstheorie. Doch der war sehr teuer erkauft, denn wir müssen eine lieb gewonnene Absolutgröße nach der anderen dafür bezahlen, und der Zugang zum neuen Verständnis stellt sich mehr und mehr als Wucherzins dar. Wieso kann nun die Maßeinheit des Raums genauso wenig absolut sein wie die der Zeit?

Wie wir gesehen haben, muss, Photonen betreffend, das Verhältnis einer zurückgelegten räumlichen Wegstrecke, die zwei Ereignisse verbindet, zum entsprechend vergangenen Zeitintervall zwischen den beiden Ereignissen immer exakt gleich der absoluten Grenzgeschwindigkeit c sein, und zwar von jedem Inertialsystem aus betrachtet, so lange man in jedem System nur eine Uhr verwendet – diese Aussage stellt aus anderer Sicht den Grundpfeiler des Relativitätsprinzips dar. Nachdem sich nun das verstrichene Zeitintervall zwischen zwei Ereignissen als relativ erwiesen hat, relativ dahin gehend, dass es von verschiedenen Bezugssystemen mit verschiedenen Relativgeschwindigkeiten auch verschieden beurteilt wird, muss sich auch die Beurteilung der räumlichen Länge ändern. Andernfalls kann die Grenzgeschwindigkeit c nicht in allen Inertialsystemen die gleiche absolute Größe haben. Das heißt, eine Änderung im Nenner des Quotienten, der sich durch Division von Raum- und Zeiteinheiten ergibt und die Grenzgeschwindigkeit darstellt, muss auch eine Änderung im Zähler nach sich ziehen:

$$c = \frac{x}{t} \neq \frac{x}{t'}$$

Dementsprechend muss sich also auch die räumliche Maßeinheit, für Mitglieder verschiedener Bezugssysteme, die sich relativ zueinander bewegen und die Kontakt zueinander haben, verschieden darstellen[8]:

---

8   Die Relativität der Gleichzeitigkeit muss an dieser Stelle nicht berücksichtigt werden, da das Problem durch Hin- und Rücklauf von Photonen grundsätzlich vermieden werden kann (Einschub 4 „Längenkontraktion").

$$c = \frac{x}{t} = \frac{x'}{t'}$$

Analog zur gedanklichen Grundlage der relativen Zeit meinen wir mit „Kontakt zueinander haben", dass Längen zum Beispiel von uns in einem relativ zu uns bewegten Bezugssystem gemessen werden können. Unsere Aussage impliziert also, dass sich diese Längen als Ergebnis unserer Messung für uns anders darstellen, als sich Längen für uns in unserem eigenen Bezugssystem darstellen:

$$x' \neq x$$

Wie diese „neuen Längen" sich nun konkret darstellen, wird im folgenden Einschub 4 „Längenkontraktion" gezeigt.

? 4. Die Längenkontraktion

Als wir damit konfrontiert worden sind, dass sich in einem relativ zu uns bewegten Bezugssystem gemessene Längen l' für uns anders darstellen müssen, als sich gemessene Längen l für uns in unserem eigenen Bezugssystem darstellen, ist uns kein Gegenargument eingefallen. Aber bevor wir nicht gesehen haben, wie sich diese gemessenen Längen zueinander verhalten, sind wir von der Richtigkeit dieser Aussage nicht wirklich hundertprozentig überzeugt – irgendwo bleibt ein gewisser Restzweifel, da wir ja oft genug messen mussten, und das Bild hing schließlich nie schief. Um zu sehen, wie sich diese von uns in verschiedenen Systemen gemessenen Längen zueinander verhalten, betrachten wir erneut den Reisebus, der uns auf der Autobahn mit einer gewissen Relativgeschwindigkeit v überholt.

Am hinteren Ende des Reisebusses richtet nun jemand – zur Freude des Fahrers – einen Laserpointer auf den Rückspiegel, und zwar so ungeschickt, dass der Täter selbst, statt des Fahrers, durch den zurückkommenden Strahl geblendet wird. Die Strafe lässt nicht lange auf sich warten. Da der Bus nur eine geringe Länge l hat, wohingegen der Laserstrahl sich mit der Grenzgeschwindigkeit c fortbewegt, ist die Zeit t entsprechend kurz:

$$c = \frac{2l}{t}$$

So stellt sich das Geschehen also für den Betroffenen dar (oberste Darstellung in der Skizze). ▶

▶ Wie stellt es sich aber für uns dar?

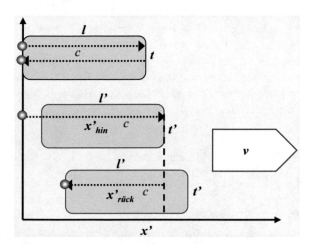

Was die Ausbreitungsgeschwindigkeit des Laserstrahls betrifft, ist diese auch für uns gleich der Grenzgeschwindigkeit c. Und wenn wir die verstrichene Zeit t′ auf unserer Uhr mit der des Täters vergleichen, so erkennen wir, dass hier die Zeitdilatation ihre Spuren hinterlassen hat. Bei uns ist also mehr Zeit vergangen. Dementsprechend müssen sich auch die räumlichen Wegstrecken x, wie sie im Bus wahrgenommen werden, von unserer Wahrnehmung x′ unterscheiden, da c ja in beiden Systemen exakt den gleichen Wert hat:

$$c = \frac{x}{t} = \frac{x'}{t'}$$

Konkret beinhaltet diese Aussage, dass:

$$c = \frac{2l}{t} = \frac{x'_{hin} + x'_{rück}}{t'}$$

Wobei wir anhand der mittleren Darstellung in der Skizze sofort erkennen, dass x'_{hin} nicht nur die neue Länge l′ des Busses beinhaltet, sondern auch die Strecke, die der Bus aus unserer Sicht mit der Relativgeschwindigkeit v während der Laufzeit des Laserstrahls bis zum Spiegel zurückgelegt hat: ▶

▶ $$x'_{hin} = t'_{hin} v + l' \quad \text{wobei}$$

$$t'_{hin} = \frac{x'_{hin}}{c} \quad \text{daraus folgt} \quad x'_{hin} = \frac{l'c}{c - v}$$

Anhand der unteren Darstellung in der Skizze erkennen wir hingegen, dass $x'_{rück}$ weniger als die neue Länge l' des Busses beinhaltet, da das Ende des Busses dem Laserstrahl entgegenkommt. Aus unserer Sicht muss die Strecke, die der Bus mit der Relativgeschwindigkeit v während der Laufzeit des Laserstrahls vom Spiegel bis zum Ziel zurückgelegt hat, abgezogen werden:

$$x'_{rück} = l'_{rück} v \quad \text{wobei}$$

$$t'_{rück} = \frac{x'_{rück}}{c} \quad \text{daraus folgt} \quad x'_{rück} = \frac{l'c}{c + v}$$

Einsetzen von x'_{hin} und $x'_{rück}$ in obige Gleichung ergibt:

$$c = \frac{2l}{t} = \frac{2l'}{t'} \frac{1}{1 - \dfrac{v^2}{c^2}}$$

Setzen wir nun noch die Beziehung von t und t' gemäß der Zeitdilatation ein und lösen nach l' auf, so sehen wir, wie die „neuen Längen" sich hinsichtlich der Längenkontraktion konkret darstellen:

$$l' = \sqrt{1 - \frac{v^2}{c^2}} \cdot l$$

Aus dem Blickwinkel eines Beobachters, der sich mit der Geschwindigkeit v gegenüber einem anderen Inertialsystem bewegt, sind also Strecken in Bewegungsrichtung im anderen Inertialsystem verkürzt beziehungsweise kontrahiert. Der Längenverkürzungsfaktor ist dabei der Kehrwert des Zeitdehnungsfaktors.

Wie dieses Verhalten die räumliche Wahrnehmung unserer Welt und damit das Erscheinungsbild des Raums verändern kann, werden wir noch sehen. Bereits jetzt ist allerdings festzuhalten, dass der Längenverkürzungsfaktor bei wachsender Geschwindigkeit relativ dazu ruhende Strecken und damit den umgebenden Raum kleiner und kleiner macht.

1.2.6   Und dann verschwindet der Raum

Strecken sind in einem relativ zum Beobachter bewegten System in
Flugrichtung verkürzt.
Diese Aussage, die das Phänomen der Raumkontraktion in knapper
Form beschreibt, konnten wir zwar im letzten Einschub 4 „Die Län-
genkontraktion" einsehen, dennoch würden wir einen handfesten Beob-
achtungsbefund, der diese Aussage untermauert, nachhaltig begrüßen.
Hier kann uns die exakte Kenntnis der Lebensdauer von bestimmten
Elementarteilchen weiterhelfen.

Konkret hilft uns das Myon weiter. Dieses Elementarteilchen entsteht
in der oberen Erdatmosphäre durch den Aufprall der kosmischen Strahlung auf die Moleküle der oberen Luftschichten in einer Höhe von
ungefähr 10 km. Als Sekundärteilchen der kosmischen Strahlung hat
es eine mittlere Lebensdauer von 2,2 Mikrosekunden ($2,2 \cdot 10^{-6}$ s) und
ist durchaus schnell unterwegs. Es erreicht eine Geschwindigkeit von
0,999 c. Das heißt, das Teilchen kann trotz seiner geringen Lebensdauer
mehr als 0,5 km – ausgehend von seinem Entstehungsort – in die Erdatmosphäre eindringen ($s = c \ t = 300\,000 \ km/s \ 2,2 \cdot 10^{-6} \ s = 0,66 \ km$).
Das Myon legt aber einen fast 20-mal so weiten Weg zurück. Denn das
Myon wird von Detektoren auf der Erdoberfläche nachgewiesen. Wie
ist das möglich?
Wenn wir von der Zeitdilatation und der Raumkontraktion nicht
überzeugt sind, ist das nicht möglich. Das heißt, die Tatsache, dass das
Myon die Erdoberfläche erreicht, stellt einen Nachweis für die Effekte
dar, die dieses Verhalten erklären können.
Wir sollten also unsere obige Rechnung, die rein auf der Newton'schen Mechanik basiert, schleunigst korrigieren, um dem Nachweis der Zeitdilatation und der Raumkontraktion nicht im Wege zu
stehen.
Verfolgen wir zunächst das Myon beim Flug durch unsere Erdatmosphäre. Wenn wir auf unsere Uhr sehen, so stellen wir fest, dass
das Myon problemlos den Boden erreichen kann. Denn aus seinen 2,2
Mikrosekunden mittlerer Lebensdauer sind wegen der Zeitdilatation 48
Mikrosekunden in unserem ruhenden System geworden. Für uns wird

das Myon also 22-mal so alt, und in 48 Mikrosekunden kommt ein solches Teilchen 14,5 km weit[9].

Und das Myon selbst, wie stellt sich die Welt aus seiner Sicht dar? Das Myon selbst sieht sich gelassen unsere Atmosphäre an und stellt fest, dass die Raumkontraktion auf seiner Seite steht. Aus der 10 km dicken Erdatmosphärenschicht, gemessen in unserem System, sind, nach dem Messvorgang des Myons, gerade mal 0,45 km geworden. Und diese Strecke überbrückt das Myon spielend während seiner Eigenzeit-Lebensspanne von 2,2 Mikrosekunden. Die Raumkontraktion und die Zeitdilatation sind also in der Tat reale, durch die Beobachtung bestätigte Effekte!

Jetzt sind wir gewappnet, und zwar für etwas Besonderes; und dieses Besondere stellt einen Extremfall der Raumkontraktion dar, und der tritt bei Erreichen der Grenzgeschwindigkeit c auf. Für Photonen, oder präziser masselose Teilchen, die sich mit $v = c$ bewegen, verschwinden in Flugrichtung die Strecken x' eines relativ zu ihnen ruhenden Systems. In diesem Fall ist also $x' = 0$, unabhängig davon, wie groß sich x im ruhenden System selbst darstellt.

Damit lösen sich die Widersprüche, die wir anhand der absoluten Eigenzeit und dem Extremfall der stehenden Photonenuhr aufgedeckt haben, in Wohlgefallen auf: Aus unserer Sicht legt das Photon in einem gegen null gehenden Zeitintervall seiner Eigenzeit, das für uns allerdings ein gegen unendlich gehendes Zeitintervall darstellt, eine gegen unendlich gehende Strecke zurück. Und aus Sicht des Photons ist das nun auch möglich. Es ist möglich, da die Strecke, die das Photon in diesem Zeitintervall zurücklegen muss, aus dessen Sicht unendlich klein wird. Zeitdilatation und Raumkontraktion sind im Zusammenspiel für dieses Verhalten verantwortlich.

Ein ruhendes Universum, das sich für uns nahezu unendlich groß darstellt, ist aus Sicht eines Photons also nur so groß wie ein sehr langer,

---

9   Rossi und Hall gelang im Jahre 1940 der erste quantitative Nachweis der Zeitdilatation anhand der Myonen. Sie verglichen mit einem Detektor die Myonenintensität in einer Höhe von 1910 Metern – auf dem Gipfel des Mt. Washington – mit der Myonenintensität auf Meereshöhe.

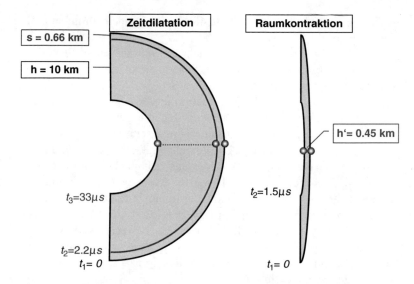

Abb. 1.6 Die Bilder zeigen die Erdatmosphäre bis zu einer Höhe von 10 km. Durch kosmische Strahlung entstehen am Rand der Erdatmosphäre Myonen – gekennzeichnet durch graue Kugeln. Myonen sind negativ geladene Teilchen, die eine mittlere Lebensdauer von 2,2 Mikrosekunden haben und nahezu mit Lichtgeschwindigkeit auf die Erde zu rasen. Wegen dieser fast nicht mehr zu überbietenden Geschwindigkeit können die Myonen von ihrem Entstehungsort 0,66 km in die Erdatmosphäre eindringen (dies wurde durch den roten Halbkreis im linken Bild gekennzeichnet). Die Beobachtung zeigt aber, dass die Myonen viel weiter kommen. Sie kommen fast 20-mal so weit, denn das Myon wird von Detektoren auf der Erdoberfläche nachgewiesen. Dazu müssten die Myonen allerdings ein Greisenalter von 33 Mikrosekunden erreichen. Das können die Myonen allerdings auch nach unserer Uhr. Unsere Uhr zeigt, wegen der Zeitdilatation, um den Faktor 22 mehr Zeiteinheiten an. Das heißt, für die Myonen sind gerade einmal 1,5 Mikrosekunden Eigenzeit vergangen, wenn unsere Uhr 33 Mikrosekunden anzeigt, und die erwähnte Eigenzeit wird ihnen gemäß ihrer mittleren Lebenserwartung auch zugebilligt (linkes Bild). Aber wie schaffen es die Myonen, in gerade einmal 1,5 Mikrosekunden Eigenzeit die Erdoberfläche zu erreichen? Einstein, oder präziser die Raumkontraktion, macht es möglich. Denn für die Myonen ist unsere 10 km dicke Erdatmosphärenschicht um eben diesen Faktor 22 gestaucht. Die Myonen messen also lediglich eine Dicke von 0,45 km für unsere Erdatmosphärenschicht. Und diese Strecke überbrücken sie mühelos in ihrer Eigenzeit-Lebensspanne von 2,2 Mikrosekunden (rechtes Bild). Die Raumkontraktion und die Zeitdilatation sind demzufolge messbare Effekte.

hauchdünner Strich. Die Frage nach der Größe eines solchen Universums hat also eine – im wahrsten Sinne des Wortes – relative Antwort: Es ist *relativ groß*. Das heißt, seine Größe ist von der Betrachtungsweise, der Blickrichtung und dem Bezugssystem abhängig. Was passiert eigentlich mit dem Raum aus der Sicht eines Photons? Er muss natürlich verschwinden, da auf der Reise eines Photons der Startpunkt, unabhängig davon, wo er liegt, gleich dem Zielpunkt ist, unabhängig davon, wo dieser liegt. Und für diese Reise benötigt das Photon selbstverständlich auch keine Zeit, selbst wenn es dabei ein komplettes, ruhendes Universum „durchquert". Für uns sieht das natürlich anders aus. Aus unserer Sicht benötigt das Photon für eine solche Reise ein unendlich großes Zeitintervall t', und das passt auch dazu, dass aus unserer Sicht das Photon dabei eine unendlich große Strecke zurücklegt. Diese Fakten sind so schwer nachzuvollziehen, dass die Frage, ob der Raum wirklich etwas Reales ist oder aber nur eine Illusion darstellt, eine gewisse Berechtigung hat.

Der Raum ist natürlich real, aber er lässt es offensichtlich nicht zu, dass man sich in ihm grenzwertig schnell bewegt. Bildlich gesprochen wird dem Photon, wegen des Vergehens, sich mit der Grenzgeschwindigkeit c zu bewegen, auf eine subtile Art der Raum entzogen. Diese Sicht ist durchaus gewöhnungsbedürftig. Verwirrend wird sie aber, wenn man weiterdenkt: Obwohl das Photon selbst keinen Raum mehr hat, verhält es sich dennoch in unserem realen Raum sehr zielgerichtet und nach den physikalischen Gesetzmäßigkeiten der Quantenmechanik berechenbar. Durch dieses Verhalten sorgt das Photon erst dafür, dass die Welt für uns sichtbar wird, denn Photonen sind Licht. Es ist ein fragiles Kartenhaus, auf dem unser Universum errichtet wurde. Zu dieser Einschätzung können wir an vielen Stellen kommen, so auch an dieser.

1.2.7 Das Verhalten von Zeit und Raum als Grundlage

Zusammenfassend müssen wir zur Kenntnis nehmen, dass sowohl der Raum als auch der zeitliche Ablauf in unserem Universum nicht so einfach und klar strukturiert sind, wie wir dies offenbar nur scheinbar wahrnehmen.

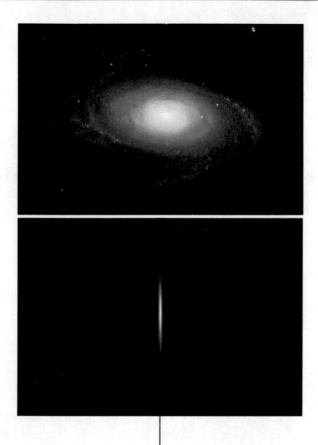

Wir haben gesehen, dass physikalische Prozesse nicht einfach so in der Zeit ablaufen. Es ist vielmehr so, dass Systemen erst dann ein **Zeitpfeil** zuzuordnen ist, wenn sie auch eine gerichtete Entwicklung durchlaufen. Dieser Zeitpfeil ist auf der makroskopischen Ebene nur dann beobachtbar, wenn das System seine maximale **Entropie** noch nicht erreicht hat. Das heißt, es muss grundsätzlich möglich sein, das System noch unordentlicher zu gestalten. Der Ablauf der **Makrozeit** bedingt also zwangsläufig eine Erhöhung der Entropie – der Unordnung –, und durch den Ablauf der darin verstrickten Prozesse wird die Zeit erst definiert. Die Zeit wird also erst dann zur beobachtbaren und damit bestimmbaren Größe, wenn auch eine Veränderung des Zustands erfolgt. Oder anders formuliert: wenn Vorgänge auch zu erkennbaren Veränderungen führen. Nur erkennbare Veränderungen haben damit auch einen zeitlichen Verlauf, den man durch einen Vergleich mit anderen Vorgängen, die sich nach einem bestimmten wiederkehrenden Muster verändern, wie dies beispielsweise bei einem Pendel der Fall ist, bestimmen kann. Diese Aussage definiert den möglichen Messvorgang der Zeit unter Zuhilfenahme einer Uhr, und sie definiert auch die mögliche Existenz einer Uhr.

←—————————————————————————————————

Abb. 1.7 Das obere Bild zeigt eine Galaxie und ihr Umfeld aus der Sicht eines ruhenden Beobachters. Das mittlere Bild zeigt die gleiche Galaxie aus der Sicht eines Teilchens der kosmischen Strahlung, das sich mit einer Geschwindigkeit knapp unter der Grenzgeschwindigkeit c horizontal bewegt. Wegen der Raumkontraktion schrumpfen die Galaxie sowie alle Strecken in Flugrichtung extrem stark zusammen. Auch ein komplettes ruhendes Universum, das sich für uns nahezu unendlich groß darstellt, schrumpft aus Sicht eines Photons, das sich exakt mit der Grenzgeschwindigkeit c horizontal bewegt, zu einem sehr langen, hauchdünnen Strich zusammen. Für das Photon verschwindet also der Raum! Die Durchquerung eines solchen Universums wäre also theoretisch möglich, wenn man eine Reisegeschwindigkeit knapp unter der Grenzgeschwindigkeit erreichen könnte. Sie wäre allerdings nicht wegen der hohen Geschwindigkeit möglich, sondern wegen der Raumkontraktion, die alle Strecken extrem stark verkürzt. Die Reise würde noch nicht einmal lange dauern, sie könnte in sehr kurzer Eigenzeit durchgeführt werden. Allerdings würde aus unserer relativ dazu ruhenden Sicht die Zeit im Raumschiff wegen der Zeitdilatation fast stillstehen. Bei uns würde um den gleichen Faktor mehr Zeit vergehen, wie für das Raumschiff die Strecken verkürzt sind.

Diese Einsicht impliziert nun als fundamentale Erkenntnis, dass unser Universum nicht grundsätzlich statisch sein kann. Ein statisches, gleichbleibendes Universum wäre keinen großräumigen Veränderungen unterworfen und würde somit nach verhältnismäßig kurzer Zeit sein Entropiemaximum erreichen – es hätte dies sogar weit vor der Entstehung der Galaxien erreichen müssen, und Planeten, Leben und wir hätten gar nicht entstehen dürfen. Denn Entropiemaximum, oder maximale Unordnung, bedeutet das Ende jeglicher Veränderung und damit das Ende des Ablaufs der Makrozeit. Nachdem wir, nicht zuletzt durch unseren eigenen Alterungsprozess – der ebenfalls mit einer Entropieerhöhung einhergeht, und diese zwangsläufige Erhöhung der Entropie ist grundlegend verantwortlich für unser Altern –, sehr wohl den Ablauf der Makrozeit zur Kenntnis nehmen, kann unser Universum somit nicht grundsätzlich statisch sein.

Dem folgend musste das Universum in einer sehr frühen Phase nach seiner Entstehung die Entropie, der in ihm enthaltenen Materie, deutlich erniedrigen – das Universum musste also für Ordnung sorgen und das vollständige Durcheinander, in dem sich seine Materie befand, strukturieren. Wie wir gesehen haben, war dies nur durch das Zusammenwirken zweier Punkte möglich: der zufälligen Strukturbildung, die sich auf der Grundlage der Mikrozeit einstellen kann, und einer in Tateinheit ablaufenden extremen Expansion, die die momentane Strukturbildung gewissermaßen einfriert. Das heißt, das Universum kann nicht nur grundsätzlich nicht statisch sein, sondern es musste, zumindest für eine gewisse Zeit, sogar extrem stark expandieren!

Aber auch der Ablauf der Makrozeit selbst zeigt sich in einem anderen Gewand, wenn man Relativgeschwindigkeiten betrachtet, die sich der Grenzgeschwindigkeit c der Speziellen Relativitätstheorie nähern. Wie wir gesehen haben, ist für uns der Zeitablauf der Photonen, die sich exakt mit c bewegen, eingefroren. Aus unserer Sicht steht die Zeit für die Photonen still. Und aus Sicht der Photonen ist, sozusagen als Kompensationseffekt für ihren eigenen, für sie durchaus vorhandenen, Zeitablauf, unser unendlich groß erscheinendes Universum strichförmig klein. Dies gilt zumindest für ein statisches Universum, das es, wie wir gerade gesehen haben, jedoch nicht geben kann.

Unter der Maßgabe, dass die Verarbeitung herausragender geistiger Leistungen in der Regel etwas schwer Verdauliches an sich hat, sind auch diese Ergebnisse einzuordnen. Die betrachteten Sachverhalte, die uns zu den erwähnten Ergebnissen führten, haben verdeutlicht, dass auch die Spezielle Relativitätstheorie Albert Einsteins keine leichte Kost darstellt. Was den abstrakten Charakter der Ergebnisse unserer Einsichten betrifft, war dies allerdings nur ein Zwischenschritt, denn es kommt noch schlimmer!

1.2.8 Und dann sind sie zu dritt

Man sollte meinen, dass uns eigentlich nichts mehr überraschen kann, nachdem wir gesehen haben, wie uns nahezu alle Absolutgrößen, die uns im alltäglichen Leben mit einer gewissen Selbstverständlichkeit begleiten, zwischen den Fingern zerronnen sind. Was wir aus unserer eigenen Erfahrung heraus nie und nimmer erwartet hätten, ist geschehen: Die Zeit und der Raum haben sich als relativ erwiesen und in deren Schlepptau auch die Masse und der Impuls. Die Erkenntnis, dass die Masse als passives Opfer des Relativitätsprinzips anzusehen ist, lag allerdings nicht wirklich auf der Hand. Nachdem wir aber einsehen mussten, dass Geschwindigkeit Uhren langsamer gehen lässt und die Zeit umso stärker gedehnt wird, je größer die Geschwindigkeit ist, hat sich das relativistische Verhalten der Masse notgedrungen offenbart. Wie wir im Weiteren sehen werden, ist die Masse aber nicht grundsätzlich nur als Opfer einzustufen, sie kann auch als Täter fungieren. Als Täter in dem Sinne, dass sie für Zeitdehnungseffekte auch selbst verantwortlich sein kann, und zwar sogar, ohne dass sich dabei etwas bewegen muss. Die, die in unserem Universum ihr Unwesen treiben, stellen sich also in Wirklichkeit als Dreigespann dar. Und dieses Ehrfurcht einflößende Dreigespann trägt den Namen: die Zeit und der Raum und die Masse!

Wenn sie jetzt zu dritt sind, dann sollte es uns nicht verwundern, wenn uns erneut der Boden unter den Füßen weggezogen wird, und zwar dahin gehend, dass das, was wir glauben, verstanden zu haben, sich erneut in einem anderen Licht präsentiert. Daran zu zweifeln, dass es genauso kommen wird, würde einem trügerischen Selbstbetrug gleichkommen. Bevor wir uns aber von den zu erwartenden, die Grundlagen verändernden Erkenntnissen erneut erschrecken lassen, sollten wir uns zunächst mit einer Erweiterung unserer bereits erfolgten Einsichten warmlaufen. Und diese Erweiterung betrifft das noch nicht gänzlich ausgeschöpfte Relativitätsprinzip.

Das Relativitätsprinzip besagt, dass die Naturgesetze unabhängig vom Bewegungszustand für alle Beobachter gleich ablaufen und dieselbe Form haben, wobei im Rahmen der Speziellen Relativitätstheorie dieses Prinzip ausschließlich für gleichförmige Bewegungen umgesetzt wurde. Mit dieser Einschränkung konnte ein Ästhet wie Albert Einstein natürlich nicht leben. Entsprechend hat er 1915 der Speziellen Relativitätstheorie die Allgemeine Relativitätstheorie folgen lassen, wobei in dieser erweiterten Fassung das Relativitätsprinzip auch auf beschleunigte Bewegungen ausgedehnt wurde.

Einsteins grundlegende Idee dabei war, dass die Gravitationskraft, vergleichbar zur Zentrifugalkraft bei einer Rotationsbewegung, nur eine Scheinkraft darstellt und somit lokal wegtransformiert werden kann.

Diese Idee ist derart befremdlich, dass wir bei dem, was gemeint ist, absolute Klarheit brauchen. Zunächst brauchen wir also Klarheit darüber, was eine Scheinkraft ist. Betrachten wir dazu einen im Ring stehenden Hammerwerfer kurz vor dem Loslassen seines Sportgeräts. Die Kugel hat in diesem Stadium eine hohe Bahngeschwindigkeit, die ihr der Werfer durch seinen Krafteinsatz vermittelt. Wir haben alle vor dem geistigen Auge, wie sich der Sportler nach hinten lehnen muss, um diese Kraft aufbringen zu können. Diese Kraft nennt man Zentripetalkraft, und sie führt zu einer tatsächlichen, realen Beschleunigung, was spätestens zum Zeitpunkt des Loslassens des Hammers offensichtlich wird. Wie weit die Kugel fliegt, hängt dann ausschließlich von der durch die Beschleunigung vermittelten Geschwindigkeit ab. Wie würden wir das Geschehen beurteilen, wenn wir anstelle des Hammers an dem Seil hängen würden? Wir würden in diesem beschleunigten Bezugssystem eine stark nach außen ziehende Kraft spüren, die sogenannte Zentrifugalkraft. Nachdem diese Kraft mit dem eigentlichen Beschleunigungsvorgang ursächlich nichts zu tun hat, stellt sie eine Scheinkraft dar – Scheinkräfte entstehen somit durch den Wechsel in ein beschleunigtes Koordinatensystem beziehungsweise die relative Bewegung zu einem Inertialsystem; Scheinkräfte werden also durch die Beschleunigung des Beobachters verursacht. Da alle Scheinkräfte die Eigenschaft haben, dass sie proportional zur trägen Masse des jeweiligen Körpers sind, muss somit auch die Gravitationskraft proportional zur trägen Masse sein. Das heißt aber, dass träge und schwere Masse keine unterschiedlichen, sondern identische Größen darstellen. Und das heißt wiederum, dass zwischen Gravitationsfeldern und sonstigen Beschleunigungsfeldern ebenfalls kein Unterschied besteht: Sie sind vielmehr vollkommen gleichwertig. Auf diesen Feststellungen beruht Albert Einsteins Allgemeine Relativitätstheorie, und schlagwortmäßig werden sie unter dem Begriff „Äquivalenzprinzip" zusammengefasst. Als wesentliche Konsequenz beinhaltet diese Äquivalenz, dass bei der Überprüfung sämtlicher Naturgesetze, sowohl in Beschleunigungsfeldern als auch in Gravitationsfeldern, stets dieselben Gesetzmäßigkeiten gefunden werden. Es gibt kein Experiment, bei dem man anhand der Ergebnisse beurteilen könnte, welchem der beiden Feldarten man ausgesetzt ist. Dieses Prinzip entspricht in analoger Weise demjenigen der Speziellen Relativitätstheorie; hier hatten wir festgestellt, dass alle Inertialsysteme vollkommen gleichberechtigt sind.

Dem zweiten Aspekt Einsteins grundlegender Idee zufolge kann die Wirkung der Gravitation im Prinzip aufgehoben werden. Physikalisch gesehen entspricht dies einem „Wegtransformieren" der Gravitation durch entsprechende Wahl des Bezugssystems. Wie sollte sich aber etwas wie die Gravitation, eine der wenigen Fundamentalkräfte, die die Natur aufzuweisen hat, einfach so wegtransformieren lassen? Das klingt etwas verwirrend, und dennoch stellt es genau genommen kein prinzipielles Problem dar. Um das einzusehen, müssen wir lediglich den freien Fall genauer betrachten; und diese Betrachtung zeigt uns, dass man in einem außerhalb der Erdatmosphäre frei fallenden Fluggerät auf die gleiche Art schwebt, wie dies im gänzlich materiefreien Raum der Fall wäre. Dieses Beispiel zeigt uns also, dass es tatsächlich möglich ist, die Gravitationswirkung aufzuheben. Wir müssen dazu lediglich das jeweilige Bezugssystem auswählen, in dem der freie Fall als ruhender Zustand betrachtet werden kann. Auf diesem Weg kann in einem Gravitationsfeld ein vollkommen kräftefreies Verhalten erreicht werden, was gleichbedeutend damit ist, dass die Gravitation wegtransformiert wurde. Die Tatsache, dass der kräftefreie Zustand im schwerkraftfreien Raum mit dem freien Fall in einem Gravitationsfeld äquivalent ist, ist ebenfalls Bestandteil des Äquivalenzprinzips. Auch bezüglich dieser beiden Zustände ergibt sich als Konsequenz, dass bei der Überprüfung sämtlicher Naturgesetze stets dieselben Gesetzmäßigkeiten gefunden werden. Es kann auch in diesem Fall kein Experiment durchgeführt werden, bei dem man durch Auswertung der Ergebnisse beurteilen könnte, in welchem der beiden Zustände man sich tatsächlich befindet[10]. Nachdem der kräftefreie Zustand nichts anderes als ein Inertialsystem darstellt, folgt aus dieser Erkenntnis, dass alle Gesetze der Speziellen Relativitätstheorie lokal auch auf frei fallende Systeme angewendet werden können. Und das bedeutet, dass die gesamte Physik der Speziellen Relativitätstheorie auch Bestandteil der Allgemeinen Relativitätstheorie ist.

Unsere Einsicht, dass das Ruhen in einem Gravitationsfeld mit einem dazu passenden Beschleunigungsvorgang äquivalent ist, ist von zentraler Bedeutung. Dennoch empfinden wir diese Äquivalenz als leicht befremdlich, da man in einem Gravitationsfeld ja ruht, wohingegen sich in einem Beschleunigungsfeld die Geschwindigkeit stetig vergrößert. Um in diesem Punkt mehr Klarheit zu bekommen, benötigen wir also ein weiteres griffiges Beispiel, und der Akteur in diesem Beispiel können wir sogar selbst sein: Die Kraft, die wir aufwenden müssen, um uns mit dem Rücken am Boden liegend nach oben zu ziehen, ist identisch mit derjenigen Kraft, die wir aufbringen müssen, um uns in einem Fahrzeug, das seine Geschwindigkeit exakt mit der Erdbeschleunigung erhöht, nach vorne zu ziehen. Wenn wir hingegen nichts unternehmen, ist in diesem speziellen Fall die uns auf die Rückenlehne pressende Beschleunigung gleich der Schwerkraft! Die Auswirkungen von Gravitationsfeldern und Beschleunigungsfeldern sind also vollkommen gleichwertig – und was den Geschwindigkeitszuwachs in einem Beschleunigungsfeld betrifft, so würden wir die Erhöhung dieser Größe in einem abgeschlossenen System gar nicht zur Kenntnis nehmen. Der Geschwindigkeitszuwachs ist für ein Beschleunigungsfeld also kein maßgeblicher Vorgang!

Die zwei grundlegenden Fakten, die wir uns erarbeitet haben, werden uns nun im Weiteren den Weg ebnen. Während uns das erste Fakt – der freie Fall ist ein vollkommen kräftefreier Zustand – verdeutlicht hat, dass die Erkenntnisse der Speziellen Relativitätstheorie komplett auf die Allge-

---

10 Aufgrund von Gezeitenkräften gilt diese Aussage nur mit der Einschränkung „lokal"; das heißt, die Aussage gilt nur für kleine Raum-Zeitbereiche.

meine Relativitätstheorie übertragen werden können, zeigt uns das zweite Fakt – Gravitationsfelder sind zu Beschleunigungsfeldern äquivalent –, dass der Raum gekrümmt sein muss! Obwohl der Mensch es gerne geradlinig hat, sollten wir uns das genauer ansehen.

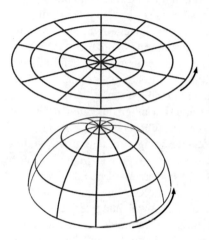

Das tun wir, indem wir eine langsam rotierende Scheibe, die eine zweidimensionale Welt darstellen soll, in einem an sich gravitationslosen Raum betrachten (obere Darstellung in der Skizze). Ein mitrotierender Körper auf dieser Scheibe nimmt nun eine Scheinkraft – die bereits erwähnte Zentrifugalkraft – wahr. Nachdem Gravitationsfelder zu Beschleunigungsfeldern äquivalent sind, ist die Drehbeschleunigung der Scheibe einer nach außen wirkenden Gravitations-beschleunigung gleichzusetzen. Das heißt, es gibt schlichtweg keinen merklichen Unterschied zwischen diesen beiden Be-schleunigungsformen, und dementsprechend darf ein Körper auf dem Scheibenrand die nach außen gerichtete Scheinkraft (Zentrifugalkraft) als Wirkung eines Gravitationsfeldes ansehen. In diesem so erzeugten Gravitationsfeld stellen wir uns nun die Aufgabe, das Verhältnis des Umfangs zum Radius der Scheibe zu bestimmen. Das theoretische Ergebnis kennen wir natürlich: Es ist 2π. Bei der praktischen Durchführung des Messvorgangs gehen wir so vor, dass wir einen blauen Meterstab nach dem anderen entlang des Radius legen und lauter aneinandergereihte rote Meterstäbe dem Umfang entsprechend auslegen. Die Zählung und die daraufhinfolgende Teilung der Längen, die sich aus den roten und blauen Meterstäben ergeben, führen zum erwarteten Ergebnis von 2π.

Im nächsten Schritt machen wir aus der rotierenden Scheibe ein Todesrad. Das heißt, wir lassen die Scheibe enorm schnell rotieren. Damit bewirken wir zweierlei: Zum einen erhöhen wir das Gravitationsfeld, und zum anderen müssen wir für unseren Messvorgang die Gesetze der

Speziellen Relativitätstheorie anwenden. Die müssen wir genau dann anwenden, wenn wir uns in nicht mitrotierender Weise über dem Scheibenmittelpunkt befinden. Im Hinblick auf unsere Meterstäbe erkennen wir aus dieser Sicht sofort, dass die Länge der blauen Meterstäbe gleich geblieben ist, denn die bewegen sich ja quer zu ihrer Ausrichtung. Dies gilt jedoch nicht für die roten Meterstäbe. Da diese sich längs zu ihrer Ausrichtung bewegen, schlägt für sie die Längenkontraktion zu, und zwar für jeden Einzelnen von ihnen. Für uns sind damit die roten Meterstäbe kürzer als die blauen (verglichen mit der ursprünglichen Situation sind jetzt mehr rote Meterstäbe nötig, um die Länge der blauen Meterstäbe wiederzugeben). Die dementsprechende Teilung der Längen, die sich bei gleich gebliebener Anzahl aus den unterschiedlichen Größen der roten und blauen Meterstäbe ergeben, führt zu einem Ergebnis, das kleiner als 2π ist, da sich für uns der Umfang verkleinert hat, wohingegen der Radius gleich geblieben ist. Je weiter wir uns bei unserer Messung vom Mittelpunkt der Scheibe entfernen, desto höher wird die Gravitationskraft, und umso größer wird die Geschwindigkeit und damit die Längenkontraktion und somit die Abweichung des Messergebnisses von 2π. Die nach außen hin stetig anwachsende Abweichung von 2π kann nur durch eine entsprechende Wölbung der Scheibenfläche erklärt werden (untere Darstellung in der Skizze). Einer Wölbung, die der der Erdoberfläche – allerdings auf einen fiktiven zweidimensionalen Raum bezogen – entspricht. Auch hier ergibt das Verhältnis des Äquatorumfangs zum Radius, der der Pol-Äquatorstrecke entspricht, einen Wert kleiner 2π!

Aus diesem Beispiel folgt die grundlegende Einsicht, dass sich die Raum-Zeit bei Anwesenheit von Gravitationsfeldern krümmt, und zwar umso mehr, je stärker die Felder sind. Das heißt, dass in der Umgebung von massereichen Körpern die Raum-Zeitkrümmung umso größer ist, je näher man dem Objekt kommt und je größer dessen Masse ist (siehe Bild). Masse und Raum-Zeit sind damit keine unabhängigen Größen mehr. Sie stellen vielmehr eine Einheit dar – sie sind ein Dreigespann! Und in diesem Dreigespann sagt die Masse der Raum-Zeit, wie sie sich zu krümmen hat, und diese Krümmung sagt der Masse, wie sie sich zu bewegen hat, und dieses Verhalten legt die Bewegungsbahnen fest. Die Raum-Zeitkrümmung ist Einsteins genialer Idee zufolge aber nicht nur eine Begleiterscheinung der Gravitation, sondern sie ist vielmehr die Gravitation, sie modelliert das Schwerefeld! Das ist der Keninhalt der Allgemeinen Relativitätstheorie.

Gravitation ist also keine wirkliche Kraft, sondern die Masse krümmt die Raum-Zeit in ihrer Umgebung, und die Körper folgen nur der Krümmung der Raum-Zeit, die für sie einen geraden Weg darstellt. In der gekrümmten Raum-Zeit ist die Bewegungslinie eines kräftefreien Körpers also eine Geodäte, das heißt eine Kurve, die alle ansteuerbaren Punkte durch den kürzesten aller möglichen Wege verbindet (siehe Bild). Dieser Weg stellt zum Beispiel für einen horizontal von einem Berg geworfenen Stein eine Parabel dar. Wenn wir ebenfalls vom Berg springen, sehen wir, dass der Stein exakt horizontal fliegt. Er folgt also einem für ihn geraden Weg und fliegt damit so gut geradeaus, wie es angesichts der Raum-Zeitkrümmung überhaupt möglich ist. Der Stein befindet sich dabei im freien Fall, und so lange der freie Fall anhält, schwebt er im Gravitationsfeld an seinem Platz. Damit entspricht ein frei fallendes System einem Inertialsystem der Speziellen Relativitätstheorie: Und nachdem in der Speziellen Relativitätstheorie keine Raum-Zeitkrümmung vorkommt, muss der Raumbereich hinsichtlich des frei fallenden Systems folglich flach sein!

Andererseits muss der Beobachter, der im Gravitationsfeld ruht, indem er auf der Erdoberfläche steht, den Weg des Steins gekrümmt sehen, da es letztlich der Beobachter ist, der beschleunigt wird. Es ist also in Wirklichkeit so, dass wir es sind, die sich auf krummen Wegen bewegen, da wir durch den Boden, auf dem wir stehen, gegen den freien Fall nach oben beschleunigt werden; und diese Beschleunigung bewirkt, dass wir nicht im freien Fall in die Tiefe stürzen. Nachdem die nach unten gerichtete Gravitationskraft als Scheinkraft entlarvt wurde, gibt es also kein wirkliches Kräftegleichgewicht, sondern wir werden de facto vom Boden nach oben beschleunigt! Wegen der Krümmung der Raum-Zeit kommen wir allerdings trotz dieser permanenten Kraft, der wir von unten ausgesetzt sind, gleichwohl nicht von der Stelle.

Obwohl wir trotz dieser stetig wirkenden Beschleunigung scheinbar ruhen, können wir dennoch unserer Position sowie jeder anderen Position in einem Gravitationsfeld einen Geschwindigkeitswert zuord-

Abb. 1.8   Das Bild soll einen Eindruck von der vierdimensionalen Raum-Zeit vermitteln, wobei der Raum die Fläche des gezeigten Koordinatengitters repräsentieren soll. Die Masse unserer Erde krümmt nun diesen Raum. Um dies zu verdeutlichen, wurde für die Darstellung der Krümmung des auf zwei Dimensionen dezimierten Raums die frei gewordene dritte Dimension verwendet – und jeder Körper, der auf gleiche Weise seine Spuren hinterlässt, muss in seiner Bewegung dieser Krümmung folgen. Diese spektakuläre Sicht des physikalischen Verhaltens der Masse wird uns durch die Allgemeine Relativitätstheorie Albert Einsteins vermittelt. Durch Präzisionsmessungen wird die Allgemeine Relativitätstheorie bis heute getestet. Der Satellit Gravity Probe B, der oben links im Bild zu sehen ist, soll uns in naher Zukunft durch solche Messungen mit noch tief greifenderen Bestätigungen dieser Theorie versorgen.

nen; und dieser Wert entspricht der Geschwindigkeit, die sich ausgehend von einer großen Entfernung von der Gravitationsquelle aus dem freien Fall, der bis zur betrachteten Position erfolgt, ergeben würde. Mit diesem Geschwindigkeitswert ist aus weit entfernter, gegenüber der Gravitationsquelle ruhender Position betrachtet – also vom flachen Raum-Zeitbereich aus gesehen – auch ein Zeitdilatationseffekt verbunden, der im folgenden Einschub 5 „Der Schwarzschild-Radius und die

Plancklänge" näher diskutiert wird. Ein interessanter Aspekt der Allgemeinen Relativitätstheorie besteht nun darin, dass diese nur von der Masse und dem Abstand zur Gravitationsquelle abhängige Zeitdilatation auch ohne Relativgeschwindigkeit gegenüber der Gravitationsquelle vorhanden ist. Sie gilt also auch für uns, während wir auf der Erdoberfläche stehen; und das liegt an der Raum-Zeitkrümmung und dem Äquivalenzprinzip.

Um dieses Verhalten zumindest im Grundsatz zu verstehen, benutzen wir erneut unser Teufelsrad. Wir legen jetzt allerdings keine Meterstäbe aus, sondern stellen in radialer Richtung Uhren auf, die wir aus nicht mitrotierender Position über dem Scheibenmittelpunkt beobachten. Dabei stellen wir fest, dass die Uhren umso langsamer gehen, je weiter sie vom Zentrum entfernt sind. Das liegt an der in radialer Richtung zunehmenden Tangentialgeschwindigkeit, die eine immer größer werdende Zeitdilatation einfordert. Nach dem Äquivalenzprinzip können wir die ebenfalls in radialer Richtung zunehmende Zentrifugalkraft mit der Wirkung eines Gravitationsfeldes gleichsetzen. Das bedeutet, dass die Zeitdilatation auch in einem Gravitationsfeld auftreten muss, und zwar ausschließlich in Abhängigkeit der zentralen Stärke des Feldes – also in Abhängigkeit der Masse – und der Entfernung zur Gravitationsquelle. Es gibt also neben der uns bereits bekannten Zeitdilatation der Speziellen Relativitätstheorie auch eine *gravitative Zeitdilatation* der Allgemeine Relativitätstheorie! Das Beispiel zeigt uns ferner, dass die Uhren umso langsamer gehen, je größer die Masse der Gravitationsquelle ist und desto näher sie sich an dessen Zentrum befinden. Die gravitative Zeitdilatation ist also proportional zum Verhältnis der Masse und der Entfernung zur Quelle. Als Beobachter würden wir, während wir auf der Erdoberfläche stehen, demgemäß eine im All positionierte Uhr schneller laufen sehen – und wir würden sie noch erheblich schneller laufen sehen, wenn unsere Erde bei gleichem Radius die Masse der Sonne hätte.

Erstaunlicherweise hat dieser Effekt sogar Konsequenzen für unser alltägliches Leben, zumindest dann, wenn man über ein GPS-Gerät verfügt. Der stolze Besitzer eines solchen Geräts, den in der Regel die eigene Orientierungslosigkeit zur Anschaffung getrieben hat, ist sich zumeist über die durchaus komplexe Funktionsweise seines Empfängers nicht im Klaren. Es ist also gut, dass das Gerät weiß, was es tut! Es registriert Funksignale von einigen Satelliten, die exakte Zeit- und Ortsangaben dieser künstlichen Planeten enthalten, und mit den sich daraus

ergebenden Lichtlaufzeiten der Signale kann der Ort des „Patienten"
präzise berechnet werden. Eine präzise Berechnung ist aber nur dann
möglich, wenn auch der schnellere Lauf der Satellitenuhren korrekt
berücksichtigt wird. Ohne eine entsprechende Korrektur der gravitativen Zeitdilatation würde sich tatsächlich ein Positionsfehler von über
10 Kilometern ergeben. Gut, dass es Einstein und seine grundlegenden
Überlegungen gab, denn ohne diese würden die Orientierungslosen in
der Großstadt im Nirwana landen.

Aus anderer, weit entfernter Richtung gesehen registriert ein Beobachter, mit Blick auf ein Gravitationszentrum, umgekehrt ineinander
übergehende Zeitzonen, wobei die dazugehörigen Uhren umso langsamer gehen, je näher die Zeitzonen am Zentrum liegen. Diese Aussage
stellt nun einen Weckruf dar, denn wenn die Uhren zum Zentrum hin
immer langsamer gehen, dann könnte die Zeit ja erneut stehen bleiben,
diesmal allerdings wegen der gravitativen Zeitdilatation. Genau das ist
auch der Fall, und zwar genau dann, wenn die einer räumlichen Position
zugeordnete Fallgeschwindigkeit die Grenzgeschwindigkeit c erreicht.
Dieses Verhalten setzt natürlich ein extrem großes Masse-Abstandsver-
hältnis voraus, das nur von beziehungsweise in Extremfällen realisiert
werden kann (Beispiele für derartige Extremfälle sind „**Schwarze Löcher**" und die Frühphase der Entwicklung des Universums – Kapitel
1.4.4 Der Bang des Big Bang). In solchen Fällen bleibt aus Sicht eines
entfernten Beobachters die Zeit an diesen Grenzpositionen stehen; den
verbleibenden Abstand – von einer solchen Position bis zum Zentrum
der jeweiligen Gravitationsquelle – nennt man „Schwarzschild-Radius"
(Einschub 5 „Der Schwarzschild-Radius und die Plancklänge").

Nachdem die Fallgeschwindigkeit eines Teilchens an diesem Radius
die Grenzgeschwindigkeit c erreicht und dieses theoretisch in Richtung
des Gravitationszentrums weiter beschleunigt würde, müsste im umge-
kehrten Fall die Fluchtgeschwindigkeit eines Teilchens ebenfalls größer
als c werden, um aus dem Gravitationsgebiet entweichen zu können. Die
Grenzgeschwindigkeit c kann jedoch von keinem Teilchen überschritten
werden, und dementsprechend kann aus dem Bereich dieser Extremfälle auch nichts entweichen, noch nicht einmal Licht. Der Schwarzschild-Radius stellt damit nicht nur eine Zeitgrenze, sondern auch einen
Ereignishorizont dar und beinhaltet in seinem Inneren eine so definierte
„Singularität".

? 5. Der Schwarzschild-Radius und die Plancklänge

Ausgangspunkt für die Berechnung der *gravitativen Zeitdilatation* der Allgemeinen Relativitätstheorie ist die zur betrachteten Position in einem Gravitationsfeld gehörige Fallgeschwindigkeit. Von großer Entfernung ausgehend wird diese Geschwindigkeit bei Annäherung an die Gravitationsquelle stetig zunehmen – und mit ihr der Effekt der Zeitdilatation.

Für die Berechnung des Fallgeschwindigkeitsgesetzes gehen wir vom Gravitationspotential *U* aus (Einschub 9 „Das flache Universum"). Diese Größe stellt die Arbeit dar, die durch den freien Fall eines Einheitskörpers aus unendlicher Entfernung bis zu einem bestimmten Ort *R* in einem Gravitationsfeld der Masse *M* aufgebracht wird:

$$U = -\frac{GM}{R}$$

Das negative Vorzeichen weist dabei darauf hin, dass diese Energie bei Annäherung freigesetzt wird –G ist die Gravitationskonstante. Die Gesamtenergie *E* stellt sich nun als Summe der Bewegungsenergie $T = \frac{1}{2}v^2$ und des Gravitationspotentials *U* dar, wobei diese Größe der Ausgangssituation entsprechend gleich null ist und dieser Zustand erhalten bleibt: $T + U = 0$. Damit ergibt sich:

$$\frac{1}{2}v^2 - \frac{GM}{R} = 0 \Rightarrow v = \sqrt{\frac{2G \cdot M}{R}}$$

Diese Geschwindigkeit stellt nun zugleich die Fluchtgeschwindigkeit dar, die nötig ist, um vom Ort *R* aus in die flache Raum-Zeit zu gelangen. Setzen wir diese Geschwindigkeit noch in die Beziehung der Zeitdilatation $t' = 1/\sqrt{1 - v^2/c^2} \cdot t$ ein, so erhalten wir die gesuchte *gravitative Zeitdilatation*:

$$t' = \frac{1}{\sqrt{1 - \dfrac{2GM}{Rc^2}}} \cdot t$$

Die von uns aus großer Entfernung beobachtete Zeit *t'* wird also gegenüber der Eigenzeit *t* gedehnt. Dieser Effekt der Zeitdilatation ist umso stärker, je größer die Masse *M* und je kleiner die Entfernung *R* ist. Im Falle einer sehr großen Masse und/oder eines sehr geringen Abstands (dies setzt allerdings ein sehr kompaktes Objekt ▶

▶ voraus, das seine Masse auch auf kleinstem Raum konzentrieren kann) kann die beobachtete Zeit sogar stehen bleiben! Dies ist dann der Fall, wenn die Fallgeschwindigkeit gleich der Grenzgeschwindigkeit c wird:

$$v = \sqrt{\frac{2G \cdot M}{R}} = c$$

Löst man diese Gleichung nach dem Abstand R auf, so erhält man den Schwarzschild-Radius[11]:

$$\Rightarrow R_S = \frac{2G \cdot M}{c^2}$$

Der Schwarzschild-Radius legt damit unter anderem eine Größenordnung der Entfernung fest, in deren Bereich die Anwendung der Allgemeinen Relativitätstheorie zwingend erforderlich ist. Andererseits haben wir gesehen, dass Photonen, obwohl sie Teilchen darstellen, eine Frequenz und damit eine Wellenlänge besitzen. Das trifft im Rahmen der Quantenmechanik auf alle Elementarteilchen zu. Allen Elementarteilchen kann somit eine Wellenlänge λ, die sogenannte Compton-Wellenlänge

$$\lambda_C = \frac{h}{mc} \qquad (\Leftarrow \quad h\frac{c}{\lambda} = h\nu = E = mc^2)$$

zugeordnet werden, und diese legt die Größenordnung fest, in deren Bereich die Regeln der Quantenmechanik angewendet werden müssen. Hat man nun eine physikalische Situation, in der diese beiden Bedingungen gleichzeitig erfüllt sind, also der Schwarzschild-Radius gleich der Compton-Wellenlänge ist, dann erhält man als kritische Größe die sogenannte Planck-Masse m_p,

$$\frac{2G \cdot M}{c^2} = R_S = \lambda_C = \frac{h}{mc} \Rightarrow m_P$$
$$= \sqrt{\frac{hc}{2G}} = 3,9 \cdot 10^{-5} \text{g} \ (\Leftarrow m_P = M = m),$$

die ein „Schwarzes Miniloch" repräsentiert (die Masse eines Schwarzen Lochs muss also wirklich nicht sehr groß sein, die extrem hohe ▶

---

11 Obwohl das Ergebnis richtig ist, erfolgte die Herleitung nicht im Sinne der Allgemeinen Relativitätstheorie.

▶ Dichte eines sehr kompakten Objekts zeigt die gleiche Wirkung). Setzt man nun die Planck-Masse in eine der beiden oberen Formeln ein, so erhält man die Planck-Länge l_P, und teilt man diese durch die Grenzgeschwindigkeit c, ergibt sich die Planck-Zeit t_P:

$$l_P = \frac{h}{m_P c} \Rightarrow l_P = \sqrt{\frac{2Gh}{c^3}} = 5,7 \cdot 10^{-33}\,\text{cm},$$

$$t_P = \frac{l_P}{c} \Rightarrow t_P = \sqrt{\frac{2Gh}{c^5}} = 1,9 \cdot 10^{-43}\,\text{s}$$

Wann immer Objekte oder physikalische Abläufe im Bereich dieser Größen liegen, muss eine einheitliche Quantengravitationstheorie – eine Kombination der beiden theoretischen Konzepte – zur Beschreibung der physikalischen Vorgänge verwendet werden!

Das Problem ist nur, eine solche Theorie gibt es nicht!

Die Allgemeine Relativitätstheorie ist im Bereich der Planck-Skala beziehungsweise bei extrem kleinen Raum-Zeitbereichen mit starker Krümmung nicht mit der Quantenphysik vereinbar. Man möchte meinen, dass zumindest diese beiden großen Theorien mit universellem Anspruch miteinander vereinbar sein sollten, aber diese Vorstellung hat sich bislang nicht bewahrheitet. Das Kleine der Quantentheorie und das Große der Gravitationstheorie scheinen nicht zusammenzupassen. Der offensichtliche Grund dafür ist die Geometrie von Raum und Zeit: Während die Gravitationstheorie zeigt, dass sich das Raum-Zeitgefüge als außerordentlich krumm darstellt, stützt sich das Vorgehen der Quantentheorie auf den ausgezeichneten Standard eines geraden und ebenen Raums. Speziell der Umgang mit extrem hohen Teilchenenergien zeigt uns aber, dass es eine umfassendere Theorie geben muss, in deren Rahmen die Allgemeine Relativitätstheorie nur einen Spezialfall darstellt. Es muss also grundsätzlich eine Quantenfeldtheorie der Gravitation geben, die das Kleine der Quantentheorie mit dem Großen der Gravitationstheorie verbindet. Wie es letztlich gelingen kann, diese beiden Theorien zu einer Quantengravitationstheorie zu vereinheitlichen, ist allerdings offen. Und deshalb werden viele Fragen, die sich speziell mit dem frühen Anfang des **Big Bang** befassen, derzeit nur durch Spekulation beantwortet (Kapitel 1.4.4 „Der Bang des Big Bang").

Die Allgemeine Relativitätstheorie beschreibt die Wechselwirkung zwischen der Materie, dem Raum und der Zeit. Nachdem die Gravitationskraft als Scheinkraft, die sich entsprechend wegtransformieren lässt, entlarvt wurde, konnte die Gravitation als eine Eigenschaft der vierdimensionalen Raum-Zeit interpretiert werden. Die Allgemeine Relativitätstheorie hat uns damit dazu gezwungen, etwas schwer Vorstellbares zu akzeptieren, und zwar die durch Beobachtungsbefunde gesicherte Tatsache, dass die Materie durch ihre pure Existenz die Raum-Zeit dazu nötigt, sich zu krümmen, und diese Raum-Zeitkrümmung im Wechselspiel der Materie sagt, wie sie sich zu bewegen hat. Aber nicht nur die Geometrie des Raums, sondern auch der Gang der Uhren wird von der Verteilung der Masse gesteuert. Für einen Körper, der sich von einem Gravitationszentrum entfernt, läuft die Zeit beim Blick zurück schneller. Übersteigt die Stärke des Gravitationsfeldes gar einen vorgegebenen Wert, kann grundsätzlich nichts mehr entweichen. Es bildet sich ein Ereignishorizont aus, an dem die Zeit stehen bleibt, und es entsteht eine Singularität im Raum-Zeitgefüge.

1.2.9 Das Universum expandiert

Das Universum expandiert oder der Tag, an dem das Universum entdeckt wurde!

Zu Beginn des 20. Jahrhunderts hielt man das Universum für etwas durchaus Überschaubares. Das Universum, das war unsere Milchstraße mit etwas darum herum. Gut, es gab einige merkwürdige Gebilde, neblig erscheinende Objekte, und genau genommen war der Himmel voll davon, aber bei genauerer Hinsicht würde sich schon zeigen, dass hinter diesen Gaswolken nichts Geheimnisvolles steckte; Hauptsache das Universum blieb überschaubar und wir mittendrin. Das war die Sicht, und die konnte sich vor allem deshalb manifestieren, weil es keine Möglichkeit gab, die Entfernungen zu diesen Gebilden zu bestimmen. Im Januar 1925 änderte sich diese Sicht schlagartig. Ein junger Mann namens Edwin Hubble machte zu dieser Zeit eine folgenschwere Entdeckung. Diese Entdeckung zeigte, dass das Universum Milliarden mal größer ist als unsere Milchstraße und dass es mit einer gewaltigen Zahl von Galaxien gefüllt ist, die unserer eigenen Milchstraße sehr ähnlich sind. Auf dramatischere Weise ist das Verständnis der Menschheit, wie sie die Welt und ihre eigene Rolle darin sieht, nie zuvor geändert worden. Die Idee, dass die Milchstraße das Universum ausmacht, musste zusammen mit der Vorstellung, dass die Sonne das Zentrum der Milchstraße ist, endgültig zu Grabe getragen werden. Damit war ein Paradigmenwechsel mit großem Nachhall fällig, denn man hatte endlich das wirkliche Universum entdeckt! Seine wahre Natur war erkannt worden, und der Streit um seine tatsächliche Größe war damit ebenfalls entbrannt.

Worin bestand nun die sagenhafte Entdeckung Edwin Hubbles, die 1925 diesen folgenschweren Umschwung herbeiführte? Sie bestand eigentlich in etwas Banalem: Mit einem Teleskop, der damals neuesten Generation, gelang es Edwin Hubble, in einem dieser nebelartigen Gebilde – dem Andromedanebel – Sterne zu identifizieren, die ihre Helligkeit periodisch verändern. Das klingt in der Tat recht banal, und dennoch hat diese Entdeckung einen bemerkenswerten Kern. Zunächst war wichtig, dass man diese Sterne und ihr Verhalten sehr genau kannte – bei diesen Sternen handelte es sich um sogenannte Cephciden. Die wichtigste Eigenschaft dieser Sterne besteht darin, dass die Periode ihrer Helligkeitsschwankungen proportional zur Gesamthelligkeit der Objekte ist. Damit weiß man durch eine einfache Messung der zeitlichen Periode im Vorhinein, wie viele Photonen diese Sterne in unsere Richtung abgeben. Die räumliche Dezimierung der Zahl dieser Photonen – die sogenannte Strahlungsverdünnung – hängt nun fast ausschließlich vom Abstand der Sterne ab. Das heißt, um die Entfernung zu den Cepheiden zu bestimmen, muss man lediglich die Zahl der bei uns tatsächlich ankommenden Photonen messen und mit der ursprünglichen Größe vergleichen. Der folgenschwere Umschwung bei der Interpretation des Blicks auf unser Universum wurde also dadurch eingeleitet, dass anhand der Cepheiden endlich die Entfernungen zu den nebelartigen Gebilden bestimmt werden konnten! Edwin Hubble konnte durch die Auswertung seiner Beobachtungen den eindeutigen Nachweis erbringen, dass der Andromedanebel weit außerhalb unserer Milchstraße liegt und selbst eine eigenständige Galaxie von vergleichbarer Größe darstellt. Dieser Nachweis konnte auch für all die anderen, unglaublich zahlreichen Nebel erbracht werden; es waren in Wirklichkeit weit entfernte Galaxien. Auf einen Schlag war damit das Erscheinungsbild des Universums in einem gewaltigen Maßstab gewachsen, und die wissenschaftlich basierte Kosmologie hatte auf diesem Weg endlich ihren Startschuss erhalten!

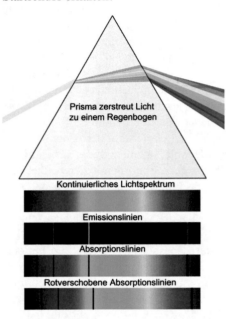

Prisma zerstreut Licht
zu einem Regenbogen

Kontinuierliches Lichtspektrum

Emissionslinien

Absorptionslinien

Rotverschobene Absorptionslinien

Was Edwin Hubble betrifft, war die Entdeckung des Universums noch nicht alles. Er hatte tatsächlich noch mehr zu bieten. Was er noch zu bieten hatte, war ein revolutionärer Beitrag, mit dem er vier Jahre später sogar den alles überragenden Albert Einstein dazu zwang, sein Weltbild eines statischen, gleichbleibenden Universums zu revidieren. Er fand heraus, dass das gesamte Universum einer gewaltigen Expansion unterworfen ist und sich damit unaufhörlich als Ganzes verändert.

Wie kam Edwin Hubble zu dieser Einsicht? Entfernungen hatte er ja bereits bestimmt, auch in großem Maßstab, aber die lassen für sich gesehen noch keine Rückschlüsse auf Bewegungen oder gar eine Expansion zu. Für eine derartige Einschätzung sind vielmehr weitergehende Informationen nötig. Die sind prinzipiell auch vorhanden, denn bislang wurde lediglich die Helligkeit der Sterne als Informationsträger verwendet. Das Licht astronomischer Objekte hat aber bei Weitem mehr zu bieten!

Zerlegt man das Licht, das von einem astronomischen Objekt ausgesendet wird, in seine einzelnen energetischen Bestandteile, zum Beispiel durch ein Prisma, dann ergibt sich ein kontinuierliches Lichtspektrum, in dem die Photonen – gemäß dem Wellenlängenbereich – vom energiearmen roten bis zum energiereichen violetten Bereich aufgespalten werden (siehe Skizze „Prisma"). Obwohl man dies vermuten könnte, ist der glatte Verlauf des kontinuierlich aufgespalten Lichts aber nicht

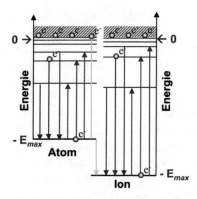

der einzige Bestandteil des Spektrums. Dem überlagert ist ein charakteristischer Fingerabdruck, der bei Betrachtung der wellenlängenabhängigen Helligkeit durch wohldefinierte Spitzen und Senken gekennzeichnet ist (Kapitel 2.3.5 „Die Spektraldiagnostik als Werkzeug und Experiment"). Diese Spitzen und Senken repräsentieren Spektrallinien.

Spektrallinien werden durch die Emission oder Absorption von Photonen bei bestimmten Wellenlängen gebildet, wobei die Entstehung oder Vernichtung der Photonen aus quantenmechanischen Übergängen von Elektronen (e$^-$), die zwischen den energetisch unterschiedlichen Zuständen eines Atoms oder Ions erfolgen, resultiert (siehe Skizze „Atom"). Die Energie des Photons entspricht dabei gerade dem Unterschied zwischen den Energien der quantenmechanischen Zustände und hat somit einen scharfen Wert. Eine Emissionslinie stellt folglich den Elektronenübergang von einem höheren auf ein tieferes Energieniveau dar (rote Linien in der Skizze „Atom") – dieses Verhalten ist analog zu einem Stein, der vom ersten Stock eines Hauses in das Erdgeschoss fällt, wobei der Stein ein Elektron darstellen soll und die einzelnen Stockwerke des Hauses den quantenmechanischen Energieniveaus des Atoms oder Ions entsprechen. Die bei diesem Prozess frei werdende Energie wird daraufhin auf ein ausgesandtes Photon übertragen, und die Summe all solcher Photonen zeigt im Spektrum eine der deutlich hellen Linien (siehe Skizze „Prisma"). Eine Absorptionslinie ergibt sich hingegen durch den Übergang von einem niedrigeren in ein höheres Energieniveau, wobei die dafür nötige Energie durch die Vernichtung – Absorption – eines energetisch passenden Photons aufgebracht wird (blaue Linien in der Skizze „Atom"). Die absorbierten Photonen fehlen dann natürlich im durchscheinenden Licht des kontinuierlichen Spektrums, das somit bei den entsprechenden Wellenlängen dunkle Streifen zeigt (siehe Skizze „Prisma"). Sowohl die Emission als auch die Absorption von Photonen führt also zu scharf definierten Energiebeträgen und Wellenlängen und dementsprechend schmalen Linien, deren Verhalten genau untersucht und gemessen werden kann. Da das beobachtete Spektrum charakteristisch für die Art, die Zusammensetzung und den physikalischen Zustand der Materie ist, stellt die Spektroskopie in allen Wellenlängenbereichen eine wichtige Methode der astrophysikalischen Analyse dar.

Als Werkzeug stupidester Art kann die Spektroskopie benutzt werden, wenn es darum geht, Geschwindigkeiten zu messen. In diesem Fall verändert sich die Struktur des Fingerabdrucks des beobachteten Objekts auf so einfach vorhersagbare Weise, dass man fast auf direktem Weg ermittelt kann, wie schnell sich die dem Spektrum zugeordnete Lichtquelle bewegt. Warum ist es nun aber so einfach, Geschwindigkeiten anhand eines Spektrums zu bestimmen? Das liegt daran, dass das von einem Objekt abgestrahlte Licht seine Wellenlänge (λ_{uv}) und damit seine Farbe je nach Geschwindigkeit und Richtung der Bewegung ändert. Das heißt, dass die schmalen Emissions- und Absorptionslinien lediglich spektral verschoben werden (siehe Skizze „Prisma"). Man muss also nur einige Spektrallinien identifizieren, die Wellenlängenverschiebung ($\lambda_v - \lambda_{uv}$) messen und den Zusammenhang zwischen dieser Verschiebung und der Geschwindigkeit kennen, um zum Ziel zu kommen. Dabei stoßen wir allerdings auf eine noch zu schließende Lücke: Wir benötigen vorab die Beziehung zwischen der relativen Wellenlängenverschiebung $z = (\lambda_v - \lambda_{uv})/\lambda_{uv}$ und der Geschwindigkeit v.

Um diese Beziehung einzusehen, betrachten wir einen Stern, der sich von uns als Beobachter entfernt. Da sich der Stern in der Zeit zwischen der Emission von zwei Wellenbergen weiterbewegt, vergrößert sich der Abstand zwischen diesen Wellenbergen, und damit vergrößert sich auch die Wellenlänge selbst, und zwar genau um den Weg, der der Ruhewellenlänge multipliziert mit dem Verhältnis der Relativgeschwindigkeit v und der Lichtgeschwindigkeit c entspricht – $\lambda_v - \lambda_{uv} = \lambda_{uv} v/c$. Dieses Ergebnis ist für die beiden Grenzfälle $v = 0$ – hier bleibt die Wellenlänge gleich – und $v = c$ – bei diesem Geschwindigkeitswert würde sich die Wellenlänge verdoppeln (dies entspricht $z = 1$), wenn wir von relativistischen Effekten absehen – unmittelbar einsichtig. Die relative Wellenlängenverschiebung gegenüber der ursprünglich emittierten Strahlung bezeichnet man als Rotverschiebung. Diese Rotverschiebung z kann durch eine einfache Analyse der Spektrallinien gemessen werden und liefert durch Multiplikation mit der Lichtgeschwindigkeit c auf direktem Weg die Relativgeschwindigkeit v zwischen Sender und Empfänger:

$$v = z c = \frac{\lambda_v - \lambda_{uv}}{\lambda_{uv}} c$$

Die Geschwindigkeit eines astronomischen Objekts stellt also eine weitere, einfach zu messende Größe dar. Man kann somit nicht nur feststellen, wie weit eine Galaxie entfernt ist, man kann auch bestimmen, wie schnell sie sich von uns fort oder aber auf uns zu bewegt!

Wir hatten bereits an anderer Stelle festgestellt, dass jede Entdeckung ihren eigenen zeitlichen Rahmen hat und dass dieser Rahmen vom technologischen Fortschritt der jeweiligen Epoche vorgegeben wird. Dementsprechend war es Ende der 20er-Jahre des letzten Jahrhunderts an der Zeit, neben den Entfernungen auch die Rotverschiebungen der neu entdeckten Galaxien zu bestimmen – die Leistungsfähigkeit der damaligen Teleskope ließ dies einfach zu. Und das war genau das, was Edwin Hubble getan hat. Er bestimmte zu den Entfernungen seiner Galaxien auch die Rotverschiebungen und stellte die beiden Größen in inem Diagramm dar; und dieses Diagramm zeigte etwas, das jeder sofort sehen kann: Die radiale Geschwindigkeit der Galaxien ist direkt proportional zu ihrer Entfernung!

Etwas präziser dargestellt, konnte Hubble mit seinem Diagramm zeigen, dass die Galaxien sich in alle Richtungen von uns und voneinander entfernen und dass sie dies umso schneller tun, je weiter sie von uns entfernt sind. Das heißt also, je größer der Abstand zwischen zwei Galaxien im Universum ist, umso weiter entfernen sie sich innerhalb eines bestimmten Zeitintervalls auch voneinander. Wir haben es also mit einer Galaxienflucht zu tun, bei der die Fluchtgeschwindigkeit mit zunehmendem Abstand wächst!

Als Resultat seiner Beobachtungen fand Hubble somit die Beziehung, *Geschwindigkeit = H_0 × Entfernung*. Er fand damit nicht mehr und nicht weniger als das Hubble-Gesetz:

$$v = H_0 r$$

Durch diese Beziehung, die einen linearen Verlauf zwischen den Entfernungen r der Galaxien und den als Geschwindigkeiten v interpre-

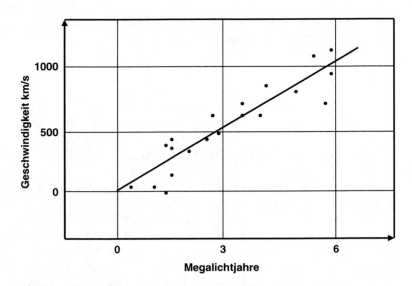

Abb. 1.9 Zu sehen ist Edwin Hubbles berühmtes Diagramm, das die offensichtlich lineare Beziehung zwischen der Geschwindigkeit und der Entfernung von extragalaktischen Objekten zeigt, wobei die Steigung der Geraden der Hubble-Konstanten H_0 entspricht. Die angegebenen Punkte stellen dabei die Originaldaten von Edwin Hubble aus dem Jahr 1929 dar. Nachdem es Edwin Hubble als Erstem gelungen war, Entfernungsbestimmung auch bei großem Abstand astronomischer Objekte durchzuführen, war die Entdeckung dieser Relation ein konsequenter Schritt. Dennoch war diese Relation zu Hubbles Zeit nicht so ohne Weiteres zu sehen, da wegen der Eigenbewegungen der Galaxien erhebliche Korrekturen nötig waren. Erst im Bereich des Virgo-Haufens, der circa 65 Millionen Lichtjahre entfernt ist, endet unserer lokale Umgebung, und erst in diesem Bereich werden die Einflüsse von Pekuliargeschwindigkeiten der Galaxien untereinander unerheblich. Das ist einer der Punkte, die große Entfernungen zu etwas Besonderem machen. Bei heutigen Darstellungen dieses Diagramms geht man natürlich weit über den Virgo-Haufen hinaus, wobei Hubbles fundamentale Entdeckung aus den 20er-Jahren – trotz quantitativer Korrekturen – qualitativ immer wieder bestätigt wird.

tierten Rotverschiebungen z zeigt, wird eine mittlerweile weltberühmte Konstante, die Hubble-Konstante H_0, festgelegt: deren aktueller Wert liegt bei 22 Kilometer/Sekunde/Megalichtjahr.

Was fangen wir mit dieser Beziehung nun an?

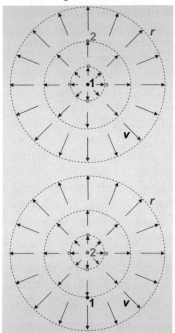

Das sollte eigentlich klar sein! Diese zwischen Entfernungen und Relativgeschwindigkeiten gebildete Relation hat Hubble weltberühmt gemacht, also sollte der Punkt, der die entscheidende Wendung im Verständnis des Universums brachte, doch ohne weitere Umschweife unmittelbar einsichtig sein. Das möchte man meinen, aber ist dem wirklich so? Um das zu sehen, müssen wir die gefundene Relation zunächst wissenschaftlich interpretieren; und die Interpretation lautet: Alles bewegt sich von uns weg (Punkt 1 in der Skizze)!

Wenn man sieht, wie wichtig sich so mancher Politiker oder Banker nimmt, scheint die Aussage, dass wir der Mittelpunkt der Welt sind, mehr als vernünftig zu sein; also worin besteht der Clou? Der Clou besteht darin, dass wir definitiv nicht der Mittelpunkt des Universums sind. Das heißt, von jedem anderen Punkt des Universums aus betrachtet ergibt sich exakt das gleiche Bild, gemäß dem die Galaxien sich in alle Richtungen auch von diesem Punkt entfernen (Punkt 2 in der Skizze).

Diese objektive Einsicht kann auch allgemeiner formuliert werden, und das wurde im sogenannten Weltpostulat auch getan: *Großräumig gesehen ist das Universum überall gleich. Ein relativ zu seiner Umgebung ruhender Beobachter hat an jedem Punkt des Universums denselben Anblick. Von jedem Ort aus stellt sich die Fluchtbewegung und Verteilung der Materie gleich dar. Das Universum ist großräumig homogen und isotrop. Jeder Beobachter stellt dieselben physikalischen Eigenschaften und Abläufe im Universum fest.*

Gemäß diesem kosmologischen Prinzip muss also das Hubble-Gesetz für jeden Beobachtungspunkt im Universum gelten! Aber, alles kann sich doch nicht von allem in gleicher Weise entfernen, das macht doch keinen Sinn! Wenn sich alles in alle Richtungen von uns entfernt, dann sollte sich für jeden anderen Beobachtungspunkt doch ein völlig anderes Bild ergeben. Nun, das stimmt nicht ganz, eine sinnvolle Möglichkeit, das Hubble-Gesetz für jeden Beobachtungspunkt gleichzuschalten, gibt es doch. Allerdings offenbart sich diese Möglichkeit in einem extrem gewöhnungsbedürftigen Verhalten: Der Raum selbst muss sich an allen Orten in gleicher Weise ausdehnen! Und genau das tut er! Es ist also nicht so, dass sich Galaxien aufgrund von Relativgeschwindigkeiten voneinander entfernen. Es ist vielmehr so, dass sich der Raum selbst ausdehnt und dabei die Galaxien quasi ortsfest mitbewegt. Die Galaxien surfen auf dem sich ausdehnenden Raum, so wie man mit einem Brett auf den Wellen des Ozeans surft. Die sich aus der kosmologischen Rotverschiebung ergebenden sogenannten „Fluchtgeschwindigkeiten der Galaxien" müssen somit als direkte Konsequenz der Ausdehnung des Raums beziehungsweise der Expansion des Universums interpretiert werden. Die „Flucht der Galaxien" ist also nicht als Bewegung in einem fixen Raum zu verstehen[12], wobei diese Bewegung speziell von uns weg erfolgt. Sie ist, im Sinn der Allgemeinen Relativitätstheorie, vielmehr als Expansion des Raums selbst zu verstehen.

Wenn nun alles von allem entfernt wird, dann muss alles zu einem früheren Zeitpunkt auch enger zusammen gewesen sein. Da sich das Licht zwar mit unvorstellbar großer, aber doch endlicher Geschwindigkeit durch den Raum bewegt, sehen wir die fernsten Sternsysteme so, wie sie vor Milliarden Jahren waren und wie sie sich damals bewegten. Und das heißt, dass wir uns dem Bereich nähern können, indem das Universum irgendwann damit angefangen hat, alles voneinander zu entfernen. Und diesem Anfang der Expansion hat man einen Namen gegeben, und der lautet „Big Bang".

---

12 Bei gravitativ gebundenen Objekten, wie Planeten, Sternen, Galaxien und Galaxienhaufen, ist keine Expansion feststellbar, da in diesen Fällen der dominierende Einfluss der Eigengravitation dieser Systeme eine Abkopplung von der allgemeinen Expansionsbewegung bewirkt.

Die kosmologische Rotverschiebung ist damit eine Begleiterscheinung der Expansion des Raums, und damit von grundsätzlich anderer Qualität, als die aus einer herkömmlichen dynamischen Geschwindigkeit resultierende Rotverschiebung. Obwohl die Zahlen der beiden Rotverschiebungsvorgänge numerisch einander entsprechen, ergibt sich die kosmologische Rotverschiebung aus der mit dem Raum expandierenden Wellenlänge, und nicht aus der dynamischen Geschwindigkeit der Emissionsquellen! Für ein sich frei durch den Raum bewegendes Photon bedeutet dies konkret: Der Faktor, um den sich der Raum während der Laufzeit des Photons vergrößert, wird auch der Wellenlänge des Photons aufgeprägt. Die Wellenlänge dehnt sich also mit der Raumexpansion sukzessive aus und wird nicht bereits bei der Emission instantan als dynamische Rotverschiebung, bedingt durch eine Relativgeschwindigkeit, festgelegt!

Das Maß für die mit der kosmologische **Rotverschiebung** z verbundene scheinbare Fluchtbewegung v ist also die mit dem Raum expandierende Wellenlänge, und die wird umso größer, je länger das Photon unterwegs ist. Da eine größere Wellenlänge auch eine geringere Energie bedeutet, verliert das Photon mit dem sich ausdehnenden Raum also stetig Energie auf seinem Weg. Wie wir im Kapitel 1.2.2 „Was ist Zeit?" gesehen haben, war die schnelle Expansion andererseits unbedingt erforderlich, um die Ordnung im Universum zu erhöhen beziehungsweise die **Entropie** im Universum zu erniedrigen; dafür mussten wir offensichtlich mit Energie bezahlen. Was aber ist mit der Energie passiert, wohin ist sie verschwunden? Die Energie ist natürlich nicht wirklich verschwunden, sie wurde vielmehr im Expansionsprozess gespeichert. Dieses Verhalten zeigt sich am einfachsten, wenn man den gegenteiligen Prozess betrachtet: Würde das Universum kontrahieren, dann würden wir die scheinbar verloren gegangene Energie wieder zurückbekommen, da die Wellenlänge sich dann mit dem Raum wieder zusammenziehen würde. Nachdem es ein Jenseits vom Universum nicht gibt, ist dieser Prozess also wieder umkehrbar – reversibel –, und damit wurde von allen in Betracht zu ziehenden Möglichkeiten die beste ausgewählt, denn die uns nicht mehr zur Verfügung stehende Energie wird ja zumindest gespeichert. Dass das das Beste ist, was passieren kann, erkennt man daran, dass in der uns bekannten Welt die meisten Prozessketten irreversibel sind; das heißt, ein Teil der bei den Vorgängen einbezogenen und umgeformten Energie geht grundsätzlich endgültig verloren. Dieser Teil muss stets aufgebracht werden, um die Unordnung an anderer Stelle zu vergrößern – in der Regel muss dabei das Umfeld unfreiwillig erwärmt werden, so wie beim laufenden Motor eines Fahrzeugs; hier muss die für den Antrieb nicht weiter nutzbare erzeugte Wärme sogar zügig über das Kühlwasser abgeführt werden, um eine Überhitzung des Motors zu vermeiden. Ein Umfeld zu unserem Universum gibt es nicht; und nicht zuletzt daran erkennen wir, dass der Vorgang des Energieverlusts der Photonen reversibel sein muss. Dennoch geht durch die mit dem Raum expandierende Wellenlänge für uns die Energie verloren, und wir nehmen auf diesem Weg einen wichtigen Grundsatz zur Kenntnis: Es muss Energie aufgewendet werden, um Ordnung zu schaffen. Wir mussten also bezahlen, mit viel Energie dafür bezahlen, Zeit zu bekommen. Denn ohne die gewaltig fortschreitende Expansion und den damit verbundenen Energieverlust der freien Teilchen im Universum hätte die **Makrozeit** niemals durchstarten können (Kapitel 1.2.2 „Was ist Zeit?")!

Aus der Tatsache, dass der Himmel in der Nacht dunkel ist, haben wir erfahren, dass das Universum nicht unendlich alt sein kann, also einen Anfang hatte. Zudem wissen wir aus der Betrachtung der Raum-Zeit, dass das Alter und die Größe des Universums nur mit einer gewissen Vorsicht zu ermitteln ist. Und wir wissen mittlerweile aus der Beantwortung der Frage, was Zeit ist, dass das Universum nicht statisch sein kann, also großräumigen Veränderungen unterworfen sein muss. Was wir bislang noch nicht wussten, ist, auf welche Weise sich das Universum verändert.

Dank Edwin Hubble hat sich das geändert! Dank Edwin Hubble ist das Universum jetzt kein langweiliger, statischer, auf die Milchstraße beschränkter Raum mehr, sondern es ist etwas gewaltiges Dynamisches geworden, das eine außergewöhnlich spannende Geschichte zu erzählen hat. Ausgangspunkt dafür waren die Daten des Hubble-Diagramms. Durch sie war klar geworden, dass wir in einem expandierenden Universum leben, und damit wurden erstmalig, wissenschaftlich fundierte Gedanken über die Entwicklung des Universums möglich.

1.3 Grundlegendes zur Explosion und Expansion

Den Big Bang betreffend liest man bisweilen: Am Anfang war das Nichts – und das ist dann explodiert!

Dazu ist zu sagen, dass am Anfang nicht Nichts war und dass das auch nicht explodiert ist!

Was am Anfang wirklich war und in welchem Zustand es sich befand, ist allerdings nicht so einfach zu greifen. Um dennoch ein gewisses Verständnis vom Anfang zu bekommen, müssen von unserer Seite zuerst noch einige vorbereitende Überlegungen angestellt werden; und selbst dann darf nicht übersehen werden, dass die Beschreibung des tatsächlichen Anfangs nach wie vor zu den großen Rätseln der Physik gehört.

Also gehen wir zunächst auf den zweiten Punkt ein, die Nicht-Explosion. Die Nicht-Explosion ist natürlich die dem Universum seit dem Big Bang zugrunde liegende Expansion, und die ist von grundlegend anderer physikalischer Qualität als diejenige, die man bei einer Explosion erwarten würde – durch das zuletzt genannte Ereignis werden zum Beispiel, wie wir sehen werden, die Vorgänge bei einer Supernova beschrieben (Kapitel 1.5.4 „Die thermonukleare Explosion eines Sterns").

Obwohl diese Aussage sehr bestimmt ist und allein von den gewählten Begriffen her bereits ein klärender Einblick erfolgen sollte, bedarf sie dennoch einer weitergehenden Erläuterung. Dazu stellen wir fest, dass das grundlegende Verhalten einer Explosion von einer plötzlich frei werdenden großen Energiemenge geprägt ist, die eine zerstörerische Kraft auf ihr Umfeld ausübt, die die darin befindliche Materie strukturell verändert und die die nicht mehr weiter veränderbaren Teile in alle Richtungen wegschleudert. Die Explosion selbst breitet sich dabei mit einer bestimmten Geschwindigkeit aus, die naturgemäß zur frei werdenden Energiemenge proportional ist (das heißt, je größer die frei werdende Energiemenge ist, desto größer ist auch die Ausbreitungsgeschwindigkeit). Sie ist aber auch indirekt proportional zur Dichte des die Explosion umgebenden Mediums (das heißt, je kleiner die äußere Dichte ist, desto größer ist die Ausbreitungsgeschwindigkeit – wie jeder weiß, unterscheidet sich eine Explosion in der Luft deutlich von einer Explosion gleicher Stärke im Wasser). Würde man den Big Bang nun tatsächlich als Explosion interpretieren, so wäre dessen Ausbreitungsgeschwindigkeit theoretisch unendlich groß – faktisch nahe bei der Grenzgeschwindigkeit c –, da ja alles in einen materiefreien Raum der Dichte null hinein explodieren würde. Ein solches Verhalten wird jedoch keinesfalls beobachtet. Die Vorstellung, dass nach dem Einsetzen des Big Bang die Materieteilchen durch den Raum fliegen – bildlich gesehen in Form von Galaxien –, wie nach einer gewaltigen Explosion, ist also vollkommen abwegig.

Richtig hingegen ist die deutlich abstraktere Vorstellung vom expandierenden Raum selbst, wobei die Materie sich vollkommen passiv verhält und in ihrem lokalen Raumbereich ruht. Einen etwas hinkenden, aber dennoch anschaulichen Vergleich in diese Richtung stellen steuerlose Boote dar, die sich aufgrund gegensätzlicher Strömungen stetig voneinander entfernen, ohne sich dabei selbst zu bewegen. Als Ausgangspunkt für eine derartige Expansion muss man sich also ein noch näher zu definierendes abgeschlossenes System vorstellen, das aufgrund seiner Ausdehnung Raum erschafft. Eine solche Vorstellung ist fraglos gewöhnungsbedürftig – auch für Physiker, die für diese neue Denkweise auch noch eine neue Beschreibungsform benötigen. Bis auf eine kleine – möglicherweise aber wesentliche – Einschränkung[13] ergibt sich diese neue Beschreibungsform aus der Lösung der Einstein'schen Feldgleichungen, die im Rahmen der Allgemeinen Relativitätstheorie aufgestellt wurden. Den kruzialsten Punkt bei dieser Beschreibung stellt ganz offensichtlich der Startpunkt der Expansion des Universums dar. Hier müssen sehr außergewöhnliche Veränderungen stattgefunden haben, da die Expansion ja bis heute anhält. Was das Verständnis der diesbezüglichen Vorgänge betrifft, stehen wir nun aber nicht mehr mit leeren Händen da, da wir mit der Expansionsgeschwindigkeit bereits einen wichtigen Puzzlestein erkannt haben. Der Verlauf der Expansionsgeschwindigkeit offenbart sich dabei durch die Hubble-Konstante,

---

13 Die Einschränkung betrifft das Kleine, den Quantenbereich; die Gravitationstheorie dient nur als klassische Verständnisgrundlage des geschilderten Sachverhalts, wohingegen noch keine Quanten-Gravitationstheorie für das grundlegende Verständnis zur Verfügung steht.

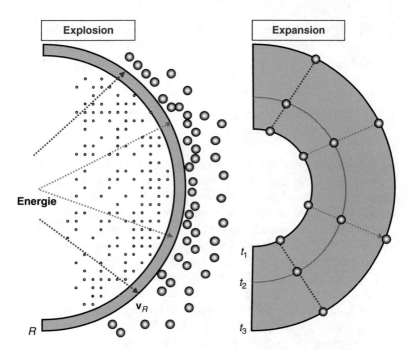

Abb. 1.10 *Explosion*: Diese Skizze zeigt den Querschnitt einer Explosion, die in den dreidimensionalen Raum hinein erfolgt. Als Ursache der Explosion ist eine große, plötzlich frei werdende Energiemenge anzusetzen. Diese zerstört – verändert – die Materie in ihrem Umfeld (dargestellt durch die feinen Punkte) und schleudert sie in alle Richtungen davon. Dies geschieht mit einer bestimmten Geschwindigkeit v_R, die zur frei werdenden Energiemenge direkt proportional ist (das heißt, je größer die frei werdende Energiemenge ist, desto größer ist auch die Ausbreitungsgeschwindigkeit). Zudem ist diese Geschwindigkeit zur Dichte des die Explosion umgebenden Mediums (dargestellt durch die gröberen Punkte) indirekt proportional (das heißt, je kleiner die umgebende Dichte ist, desto größer ist die Ausbreitungsgeschwindigkeit). *Expansion*: In dieser Skizze sollen die eindimensionalen Halbkreisbögen dem dreidimensionalen Raum unseres Universums zu verschiedenen Zeiten – t_1, t_2, t_3 – entsprechen. Bei dieser Darstellung wurden also zwei Dimensionen des Raums unterdrückt. Die mit den Zeitschritten erfolgende Vergrößerung der Bögen verdeutlicht dabei den Expansionsvorgang. Wie deutlich zu erkennen ist, vergrößert sich der Abstand der an den Koordinatenkreuzen gezeigten Punkte stetig, ohne dass diese eine eigenständige Bewegung vollziehen müssen. Dieses Verhalten unterscheidet sich grundlegend von dem einer Explosion.

und die ist, wie wir sehen werden, gar keine unabhängige Größe, sie wird vielmehr von dem im gesamten Universum vorhandenen Energieinhalt beeinflusst (Kapitel 1.4.3 „Das Bremspedal der Expansion").

1.3.1 Überlichtgeschwindigkeit – darf es ein bisschen mehr sein?

Nach der von Edwin Hubble gefundenen Gesetzmäßigkeit nimmt die Expansionsgeschwindigkeit des Raums direkt proportional mit der Entfernung zu. Nun gibt es so gewaltige Entfernungen, dass wir diese zwar mit Zahlen belegen können, aber vorstellen können wir sie uns nicht mehr; und jenseits unserer Vorstellung liegen auch die damit verbundenen extrem großen Expansionsgeschwindigkeiten. Dies führt uns beinahe zwangsläufig zu der Frage: Gibt es einen Grenzwert für die Expansionsgeschwindigkeit, oder kann diese beliebig groß werden? Letzteres scheint der Fall zu sein. Aus heutiger Sicht gibt es keinen nachhaltigen Grund für die Annahme einer Expansionsgrenzgeschwindigkeit. Auch die Grenzgeschwindigkeit für den Transport von Energie stellt in diesem Zusammenhang keine Hürde dar. Natürlich stellt die Grenzgeschwindigkeit der Speziellen Relativitätstheorie eine Hürde für die Bewegung der Materie in ihrem lokalen Raumgebiet dar, doch, wie wir bereits festgestellt haben, ruht diese ja oder bewegt sich selbst nur vergleichsweise langsam. Dies gilt nicht für die Photonen der Strahlung – das Licht –, und dementsprechend gilt die Grenzgeschwindigkeit natürlich auch für diese Teilchen. Sie gilt hingegen nicht für die Expansion des Raums selbst, da hier makroskopisch gesehen gar nichts bewegt wird. Dies wird auch bei der Beschreibung dieses Vorgangs, durch die Allgemeinen Relativitätstheorie, die als derzeit gültige und getestete Theorie bei der Expansion des Raums wohlwollend mitspielt, deutlich. Nachdem für die Expansion des Raums nun prinzipiell keine Grenzgeschwindigkeit vorliegt, sollten wir uns über entfernte Raumbereiche, die sich überlichtschnell von uns fortbewegen, nicht mehr weiter wundern.

Da der Raum an jedem Raumpunkt expandiert, ist es wichtig, sich klarzumachen, dass in der Tat nichts tatsächlich Greifbares überlichtschnell bewegt wird. Die überlichtschnelle Bewegung, die wir wahrzunehmen glauben, stellt sich vielmehr als kumulativer[14] Effekt dar. Als kumulativer Effekt von fortwährenden lokalen Miniexpansionen und von diesen jeweils lokalen Vorgängen gibt es umso mehr, je weiter der betrachtete Raumbereich entfernt liegt. Und das ist das wesentliche Verhalten, das letztlich durch das Hubble-Gesetz zum Ausdruck gebracht wird.

Bei einer möglichen überlichtschnellen Expansion gibt es eine Frage, die in besonderem Maße von Interesse ist, und diese Frage betrifft die Entfernung, bei der die Expansionsgeschwindigkeit die Grenzgeschwindigkeit der Speziellen Relativitätstheorie – c – erreicht.

Die Größe dieser Entfernung ergibt sich auf direktem Weg durch die Anwendung des Hubble-Gesetzes:

$$v = H_0 r = c$$

aufgelöst nach r ergibt sich:

$$r = c/H_0$$

Wie zu sehen ist, berechnet sich diese Entfernung, die man „Hubble-Länge" nennt, also aus dem Kehrwert der heutigen Hubble-Konstanten, die bei circa 22 km/s/MLyr liegt, multipliziert mit der Grenzgeschwindigkeit c (300 000 km/s). Der Wert der Hubble-Länge liegt somit bei 13,6 Milliarden Lichtjahren ($13,6 \cdot 10^9$ Lyr = $13,6 \cdot 10^3$ MLyr). Wenn wir uns nun eine Kugeloberfläche mit diesem Radius um uns herum vorstellen, so umfasst diese Fläche lediglich einen Ausschnitt des Universums, und diesen Ausschnitt nennt man „Hubble-Sphäre". Das Universum endet natürlich keineswegs mit dieser Sphäre, und auch das Hubble-Gesetz behält seine Gültigkeit außerhalb dieses Bereichs. Aus diesen beiden Tatsachen folgt aber sofort, dass alle Objekte jenseits unserer Hubble-Sphäre sich derzeit mit einer größeren Geschwindigkeit als der Grenzgeschwindigkeit c von uns weg entfernen. Sie entfernen sich also überlichtschnell!

Und diese Aussage kann sogar noch weiter verschärft werden: Die Expansionsgeschwindigkeit kann mit der Entfernung unlimitiert ansteigen; es gibt also keine Grenzfluchtgeschwindigkeit! Dies können wir auch unmittelbar einsehen, indem wir uns klarmachen, dass unsere

---

14 lat. *cumulus* „Anhäufung, Ansammlung"

Beobachtungsposition mitnichten privilegierter ist als diejenigen, die direkt auf unserer Hubble-Sphäre liegen. Bei einer Beobachtungsposition auf unserer Hubble-Sphäre, die wir als ebenso ruhend wie unsere eigene Beobachtungsposition betrachten würden, sieht man jedoch wiederum eine Hubble-Sphäre, eine zweite Hubble-Sphäre, die ebenfalls durch die Grenzgeschwindigkeit als Fluchtgeschwindigkeit gekennzeichnet ist. Unserer eigenen Beobachtungsposition gegenüber hat der entfernteste Punkt auf dieser zweiten Hubble-Sphäre allerdings eine deutlich größere Fluchtgeschwindigkeit. Diese Betrachtung könnten wir als Kettenbrief beliebig oft wiederholen, wobei sich eine beliebig große Fluchtgeschwindigkeit ergeben würde!

Überlichtgeschwindigkeiten sind in diesem Zusammenhang also kein Problem! Und es gibt noch zwei weitere, konkrete Beispiele, die das nachhaltig verdeutlichen: Gleich nach dem Start des Big Bang muss sich das Universum recht flott ausgedehnt haben. Wie wir sehen werden, gab es in einer kurzen zeitlichen Phase Überlichtgeschwindigkeiten quasi zum Ausverkaufspreis, und diese traten sogar im Hinblick auf extrem kurze räumliche Distanzen auf. Als zweites Beispiel dient die Tatsache, dass das Universum zurzeit beschleunigt expandiert. Dieses Verhalten wird dazu führen, dass Objekte, die sich gegenwärtig unterlichtschnell von uns weg entfernen, in naher Zukunft sich überlichtschnell von uns fortbewegen werden. Sie werden also zu einem bestimmten Zeitpunkt aus unserer Hubble-Sphäre hinausgleiten. Dieser zwangsläufig zu erfolgende Schritt unterstreicht unsere Einsicht, dass das Universum keineswegs mit der Hubble-Sphäre enden kann!

Zwei Punkte sind abschließend noch anzumerken:

Die Berechnung der Hubble-Länge haben wir auf die heutige Expansionsgeschwindigkeit bezogen. Das heißt, wir haben die Expansionsgeschwindigkeit zu einem bestimmten Zeitpunkt in Beziehung zur Entfernung gesetzt. Die Expansionsgeschwindigkeit zum Zeitpunkt der Emission des von uns empfangenen Lichts blieb dabei unberücksichtigt. Grundsätzlich sollte sich diese „Emissionsexpansionsgeschwindigkeit" aber von der heutigen Expansionsgeschwindigkeit unterscheiden. Das heißt, das Universum sollte zum Zeitpunkt der Emission des Lichts ein anderes gewesen sein, als es heute ist.

Wegen der Lichtlaufzeit der Photonen ist ein Blick zur Hubble-Sphäre auch immer ein Blick in die ferne Vergangenheit und nicht etwa ein Blick in die Weite des Raums zu einem bestimmten Zeitpunkt. Es ist also erheblich einfacher, den Zustand des Universums in der Vergangenheit zu betrachten, als den Zustand des heutigen Universums zu erfassen!

1.4   Der Baukasten der Entwicklung des Universums

Wir haben uns nun das Rüstzeug erarbeitet, um den Ursprung und die Entwicklung des Universums, dem anerkannten Stand des Wissens entsprechend, aufrollen zu können. Das soll natürlich nicht heißen, dass wir alle wesentlichen Punkte, auf denen das Universum physikalisch basiert, bereits verstanden haben, aber es soll heißen, dass wir eine Verständnisgrundlage geschaffen haben, die es uns ermöglicht, die wesentlichen Bausteine der Entwicklung näher betrachten zu können. Die Betrachtung dieser Bausteine wird dabei mit besonnener Gründlichkeit erfolgen. Das heißt, wir werden unser Ziel nicht an einer möglichst umfassenden Vorgehensweise orientieren, die das gegenwärtige Standardmodell in all seinen vielschichtigen Details darzulegen versucht; und wir werden auch gelassen bleiben, wenn wir einem auf unserem Weg etwas abseits liegenden Punkt nicht den ihm gebührenden Respekt erweisen. Wir werden also zum Missfallen von Teilen der Fachwelt einige durchaus wesentliche Aspekte einfach ignorieren. Wir werden unser Vorgehen somit ausschließlich danach ausrichten, den Rahmen des gegenwärtigen Verständnisses der Entwicklung des Universums pointiert aufzuziehen. Dabei werden wir auch neue Sichtweisen, die das anerkannte Standardmodell ergänzen, einfließen lassen. Das Wesentliche an unserer pointierten Sichtweise wird auf jeden Fall eine genauere Betrachtung der Eckpfeiler des Verständnisses der Entwicklung des Universums sein, denn diese sind letztlich entscheidend dafür, wie die **Dunkle Energie** in unser Weltbild eingeordnet werden kann; und das zu erkennen, ist nach wie vor unser primäres Ziel.

1.4.1 Die Ausdehnung des Raums und die kosmische Zeit

Die Tatsache, dass das Universum expandiert, hat zur Konsequenz, dass sich der Raum ausdehnt. Und wenn sich etwas ausdehnt, dann muss es damit irgendwann begonnen haben. Es muss also so etwas wie einen Anfangszustand gegeben haben. Diesem Anfangszustand können wir uns gedanklich nähern, wenn wir den Expansionsfilm rückwärts laufen lassen. Was wir dabei sehen, ist ein sich zusammenziehendes Universum. Das Universum wird kleiner und immer kleiner, bis es letztlich einen Punkt zum Zeitpunkt null darstellt.

Dieses Verhalten kennen wir! Es ist das Verhalten bei der Raumkontraktion, wenn man sich sukzessive der Grenzgeschwindigkeit c nähert. Obwohl diese Sicht irgendwie richtig scheint, gibt es doch mindestens zwei Punkte, die objektiv betrachtet stören. Der erste Punkt betrifft die Grenzgeschwindigkeit. Die können materielle Körper doch gar nicht erreichen, und eine merkliche Raumkontraktion tritt in diesem Fall doch auch erst auf, wenn die Geschwindigkeit sehr dicht an c liegt. Ein solches Verhalten entspricht keineswegs dem **Hubble-Gesetz**! Der zweite Punkt betrifft die Art der Raumkontraktion. Die erfolgt nach der Speziellen Relativitätstheorie doch nur in Flugrichtung und nicht gleichmäßig in alle Richtungen, wie wir dies beobachten. Das Verhalten eines in alle Richtungen sich stetig bis zu einem Punkt zusammenziehenden Universums kennen wir somit doch nicht!

Das Universum sah am Anfang also aus wie ein Punkt. Natürlich tat es das nicht. Mit einem einfachen Punkt lässt sich kein Universum beschreiben. Das Universum hat auch in diesem Zustand den Raum vollständig enthalten; es gab also auch in diesem Zustand kein Außerhalb. Lediglich die Abstände in einem Koordinatensystem, das wir mit verkleinert haben, haben sich in extremem Maße verkürzt, zu einer Winzigkeit verkürzt. Das muss aber nicht zwangsläufig heißen, dass das Universum mit einem Mindestvolumen begonnen hat. Alles, was wir aus objektiver Sicht sicher sagen können, ist, dass der heute von uns beobachtbare Teil des Universums in diesem Stadium zu einem winzig kleinen Volumen[15]

---

15 Es ist anzumerken, dass nach den Gesetzen der Quantenmechanik das räumliche Mindestmaß durch das Planckvolumen festgelegt ist.

zusammengepresst war. Dieses winzige Etwas expandierte durch einen uns bislang nur bedingt bekannten Auslöser (Kapitel 1.4.4 „Der Bang des Big Bang"), und das Danach bezeichnen wir als Big Bang; und der Ort des Big Bang ist somit überall, er ist das Universum. Und dieses, unser Universum hat weder einen Mittelpunkt noch einen Rand. Diese Aussage ist gewöhnungsbedürftig, und sie ist nicht ohne Weiteres einsehbar. Um sie dennoch einsehen zu können, müssen wir zunächst auf die schwer vorstellbare, durch Beobachtungsbefunde allerdings gesicherte Tatsache zurückgreifen, dass Materie die Raum-Zeit krümmt und die Materie dieser Raum-Zeitkrümmung folgt (Kapitel 1.2.8 „Und dann sind sie zu dritt"). Dieses aus der Allgemeinen Relativitätstheorie resultierende Verhalten hat zur Folge, dass die Raum-Zeit nicht nur in der unmittelbaren Umgebung der Materie gekrümmt wird, sondern das gesamte Universum kann, wegen der darin insgesamt enthaltenen Masse – oder genauer Energie –, eine Krümmung aufweisen. Vorstellen kann sich die Krümmung des dreidimensionalen Raums natürlich niemand, wohl aber die entsprechenden zweidimensionalen Analoga; und eines dieser Beispiele ist in untenstehender Abbildung dargestellt. Obwohl wir keinen Anspruch auf die Realitätsnähe dieses Beispiels erheben, ist die Schlussfolgerung, dass der Raum weder einen Mittelpunkt noch einen äußeren oder inneren Rand hat, offensichtlich.

Was ist eigentlich mit der Zeit? Gehen die Uhren im Universum trotz der Expansion wirklich alle gleich? Gibt es eine „kosmische Zeit"? Das Universum expandiert mit beträchtlicher Geschwindigkeit, selbst „Überlichtgeschwindigkeiten" stellen kein prinzipielles Problem dar. Das scheint die Stunde der Zeitdilatation zu sein. Von einem bestimmten Zeitpunkt zu reden, der für das ganze Universum Gültigkeit haben soll, scheint in diesem Zusammenhang nicht sehr sinnvoll zu sein. Aber wie so oft, trügt auch hier der Schein. Fraglos vergrößern sich die Entfernungen zwischen den Galaxien im Raum, und zwar umso mehr, je weiter die Galaxien voneinander entfernt sind. Dennoch bleiben die Galaxien bei dieser Expansion auf ihrem Platz. Sie ruhen also in ihrer Raumgegend und werden von der Raumexpansion lediglich mitgetragen – und dies gilt für die gesamte Materie im Universum. Wenn wir den Expansionsfilm wieder rückwärts laufen lassen, sehen wir, dass aus diesem Grund in jeder Entwicklungsstufe des Universums Zeitgleichheit geherrscht hat, ansonsten würden wir in dem Stadium,

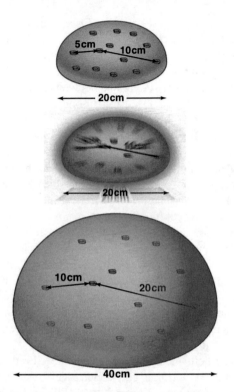

Abb. 1.11   In dieser Darstellung soll die zweidimensionale Oberfläche des sich stetig vergrößernden Luftballons den dreidimensionalen Raum unseres Universums repräsentieren. Wir erkennen zum einen, dass die Oberfläche – der Raum – weder einen Mittelpunkt noch einen Rand hat (dies gilt übrigens auch für den Grenzfall einer ebenen Fläche); und wir erkennen zum anderen, dass sich die Entfernungen zwischen den Strukturen auf der Oberfläche – den Galaxien im Raum – vergrößern, und zwar umso mehr, je weiter die Strukturen voneinander entfernt sind. Obwohl die Abstände der Galaxien sich stetig vergrößern, bleiben die Galaxien bei der Expansion auf ihrem Platz. Sie ruhen also in ihrer Raumgegend und werden von der Raumexpansion lediglich mit zum Teil hoher Geschwindigkeit mitgetragen. In diesem Verhalten spiegelt sich auch das Expansionsgesetz von Edwin Hubble wider: Je weiter die Galaxien voneinander entfernt sind, umso schneller bewegen sie sich auch. Oder präziser: Zu jedem Zeitpunkt ist die Entfernungszunahme pro Zeiteinheit proportional zum Abstand.

in dem der beobachtbare Teil des Universums zu einem winzig kleinen Volumen zusammengepresst war, widersprüchliche Aussagen hinsichtlich der aktuellen Zeit erhalten. Die Aussage, dass der Big Bang vor 13,7 Milliarden Jahren begann, bezieht sich somit in der Tat auf eine wohl definierte kosmische Zeit, die von der Historie gewaltiger Expansionsgeschwindigkeiten nicht beeinflusst wurde.

Der Raum dehnt sich aus! Können wir das wirklich wörtlich nehmen? Dehnt sich der Raum tatsächlich aus, so wie ein Gummiband sich ausdehnt? Wenn dem so wäre, dann würde der Raum permanent seine Eigenschaften verändern, und zwar in analoger Weise, wie es das Gummiband beim Dehnungsprozess tut. Mit „der Raum dehnt sich aus" ist ein solches Verhalten nicht gemeint, da es dafür keinerlei Beobachtungsbefunde gibt. Wir meinen damit viel mehr, dass überall dort, wo Raum ist, der Raum sich mehrt. Veranschaulichen können wir diese Vorstellung an einem Beispiel. Dazu betrachten wir einen Luftballon, auf dem sich eine dicke Wasserschicht befindct. Die zweidimensionale Oberfläche dieser Wasserschicht stelle dabei unseren dreidimensionalen Raum dar – das heißt, wie in vielen Beispielen dieser Art wird eine Dimension unterschlagen. Blasen wir den Luftballon nun auf, so wird die Wasseroberfläche stetig vergrößert, und demzufolge entfernen sich die Eckpunkte eines auf die Oberfläche gelegten Rasters permanent voneinander. Unser Analogon des Raums expandiert also, obwohl die Oberfläche nicht gedehnt wird. Die Vergrößerung der Oberfläche geht in diesem Beispiel vielmehr zulasten der Schichtdicke des Wassers, die sich stetig verringert. Wir haben also in diesem Beispiel ein Raumdepot angelegt, das eine Dimension mehr aufweist als der Raum selbst – dieser wird ja nur durch die Wasseroberfläche repräsentiert – und das den bestehenden Raum, die Oberfläche, in dem Maße mit zusätzlichem Raum versorgt, wie es die angelegten Kräfte, dargestellt durch das Aufblasen des Luftballons, vorgeben. Dieses Beispiel hilft, unsere Vorstellung von dem sich ausdehnenden Raum zu präzisieren. Inwieweit dieses Beispiel allerdings das reale Verhalten der Veränderung des Universums widerspiegelt, ist, zurückhaltend formuliert, offen. Es ist jedoch sicherlich nicht verkehrt, davon auszugehen, dass das Universum für die Realisierung seiner stetigen Veränderung einen komplizierteren Weg gewählt hat, dessen theoretische Beschreibung durch einfache Beispiele nicht ohne Weiteres nachzuvollziehen sein wird[16].

Nachdem in der realen Welt niemand stetig einen Luftballon aufbläst und sich daraus das Expansionsverhalten des Universums ergibt, sollten wir eine gewisse Vorstellung von den Kräften bekommen, die das Expansionsverhalten des Universums tatsächlich beeinflussen. Danach müssen wir uns auch noch einen Überblick verschaffen. Einen Überblick über die Entwicklung des Universums; und dazu ist es vorab nötig, die Möglichkeiten, die klären, was purer Raum wirklich ist, stärker auszuschöpfen.

1.4.2   Das Vakuum ist nicht Nichts!

Wir haben uns bereits damit angefreundet, dass der Raum nicht so leicht zu greifen ist, wie man sich das naiverweise vorstellen würde. Wir haben gesehen, dass der Raum seine Form verändert, wenn die Relativgeschwindigkeiten oder die Massen sehr groß werden. Der Raum wird dann verkürzt, verschwindet sogar oder wird gekrümmt. Wir haben ferner erkannt, dass es auch auf eine andere Art problematisch werden kann, und zwar dann, wenn die Dimensionen sehr klein werden. In diesem Fall müssen die Gesetzmäßigkeiten, wie wir sie wahrnehmen, durch die Gesetze der Quantenmechanik ersetzt werden. Und die sind nicht nur fürchterlich, sondern sie lassen auch keine präzisen Angaben mehr zu. Stattdessen sind nur noch Wahrscheinlichkeitsangaben über den Ort, die Geschwindigkeit oder die Energie von Teilchen möglich; und dieses Verhalten prägt den Raum in entscheidendem Maße.

---

16 Mit dieser Bemerkung wird angedeutet, dass uns noch keine ausgereifte Quanten-Gravitationstheorie als Verständnisgrundlage des geschilderten Sachverhalts zur Verfügung steht. Hinsichtlich der Allgemeinen Relativitätstheorie, die sich als klassische Gravitationstheorie darstellt, ist die Vorstellung eines Raumdepots abwegig. Im Rahmen dieser Theorie, in der der Raum allerdings in stark simplifizierter Form definiert ist – die physikalischen Eigenschaften des Raums werden nicht berücksichtigt –, kann der Raum einfach expandieren. Das heißt, die Allgemeine Relativitätstheorie spielt bei der Beschreibung dieses Verhaltens einfach mit, aber sie erklärt es nicht.

Im Kleinen ist der Raum angefüllt mit Teilchen und Kraftfeldern, deren Quanten (das sind zum Beispiel Photonen) sich wie Teilchen bewegen und die miteinander wechselwirken. Der reine Raum sollte aber eigentlich leer sein. Der reine Raum sollte durch die Abwesenheit von identifizierbaren Objekten, wie Teilchen und Quanten, zu verstehen sein. Dann wäre Raum also – abgesehen von seinen Dimensionen, deren Skalen noch nicht einmal absolut sind – eigentlich nichts; und dieses Nichts nennen wir präziser Vakuum.

Aber das Vakuum ist nicht Nichts!

Diese Tatsache hat ihren Ursprung im unpräzisen Verhalten der mikroskopischen Teilchen, und dieses Verhalten beschreiben wir durch die Quantenphysik. Eine der grundlegenden Aussagen der Quantenphysik geht auf Werner Heisenberg zurück, der im Jahre 1927 die Unschärferelation erkannte. Danach wird die Energie eines Teilchens und das Zeitintervall, in dem diese Energie auftritt, nicht gleichzeitig präzise festgelegt. Innerhalb eines sehr kurzen Zeitintervalls kann ein Teilchen sogar eine extrem hohe Energie besitzen. Die Ungenauigkeit in den beiden Größen wird dabei durch das Planck'sche Wirkungsquantum h festgelegt:

$$\Delta E \Delta t \geq h \, / \, 2\pi$$

Das heißt, an jedem Ort und zu jeder Zeit gibt es für das Auftreten eines Teilchens, selbst in einem perfekten Vakuum, eine Unbestimmtheit in der Energie ΔE und eine Unbestimmtheit in der Zeit Δt, und diese beiden komplementären Unbestimmtheiten können nicht gleichzeitig null werden. Je kleiner eine der beiden Größen wird, umso größer muss die andere werden. Das Vakuum ist also nicht von der Art, wie wir es uns klassisch vorstellen. Im klassischen Sinne wäre das Vakuum einfach ein Raumbereich, in dem keine Teilchen sind und dessen Energie somit gleich null ist. Dies lässt die Quantenphysik nicht zu. Im mikroskopisch Kleinen sind alle Größen von null verschieden, und dies betrifft auch die Null selbst. Die Null wird also durch das Planck'sche Wirkungsquantum ersetzt, und mit diesem Wirkungsquantum wird eine nicht unterschreitbare Mindestanforderung festgelegt.

Nachdem Masse gleich Energie ist, folgt aus der Unschärferelation, dass Teilchen innerhalb eines sehr kurzen Zeitintervalls quasi aus dem Nichts auftauchen müssen, wobei das Nichts das Vakuum darstellt. Das

Vakuum ist also dazu in der Lage, komplexe Dinge zu tun, und der Raumbereich, der diesem Gebilde zugeordnet ist, kann grundsätzlich nicht leer geräumt werden. Das Nichts wird damit als Vakuumfeld entlarvt, und das muss natürlich bestimmte Eigenschaften haben.

Um der Unschärferelation gerecht zu werden, müssen im Vakuum zum Beispiel zwangsläufig permanent Teilchen erzeugt und nach kurzer Zeit wieder vernichtet werden. Im Vakuum muss es also sogenannte Fluktuationen geben. Wobei diese Fluktuationen immer als Paare von Materie- und Antimaterieteilchen auftreten, da sie beispielsweise wegen der Ladungserhaltung entgegengesetzte Ladung tragen müssen (zum Beispiel Elektron und Positron). Aus diesem Grund können sie sich gegenseitig auch wieder vernichten. Zu jedem Zeitpunkt ist das Vakuum von solchen virtuellen Paaren erfüllt. Die Vakuumfluktuationen, oder auch Quantenfluktuationen, erzeugen somit ein permanentes Brodeln aller erdenklichen Teilchensorten, und das hinterlässt auch Spuren. So werden beispielsweise Energieniveaus von Atomen beeinflusst – durch Laborexperimente konnten feine Verschiebungen der Spektrallinien von tief liegenden Niveaus wasserstoffähnlicher Atome nachgewiesen werden[17].

Tatsächlich ist es so, dass die Fluktuationen als Paare „virtueller Teilchen", die sich nur kurzzeitig manifestieren und sich für diesen winzigen Augenblick vom Vakuumfeld Energie leihen, auftreten, um dann sofort wieder zu verschwinden, wobei sie die geliehene Energie an das Vakuumfeld zurückgeben[18]. Dem Vakuumfeld werden also Energieportionen entzogen, und aus diesen Energieportionen können sich die virtuellen Teilchenpaare bilden. Dies setzt allerdings voraus, dass das Vakuumfeld auch Energie besitzt, die man ihm entziehen kann. Nachdem das Vakuum ohne Quantenfluktuationen die Nullenergie hät-

---

17 Für diesen Nachweis erhielt Willis Eugene Lamb 1955 den Nobelpreis.

18 Die Paare virtueller Teilchen können auch zu reellen Teilchen werden. Dazu muss lediglich die vom Vakuumfeld entliehene Energieportion anderweitig zurückbezahlt werden. Dies geschieht zum Beispiel durch das Anlegen starker elektromagnetischer Felder. Um ein Teilchen-Paar zu erzeugen, ist allerdings ein elektromagnetisches Feld erforderlich, dessen Energiedichte die Energie, die für die Erzeugung der Masse der Teilchen nötig ist, übersteigt – die Energieportion zur Erzeugung eines Elektron-Positron-Paares liegt beispielsweise bei einem Mega-Elektronenvolt.

te und die Fluktuationen selbst eine positive Energie haben, muss das Vakuumfeld folglich eine entsprechende negative Energie aufweisen. Wie hat man sich das vorzustellen?

Man stellt es sich so vor, dass das Vakuumfeld einen Potentialtopf beinhaltet!

Demnach enthält das Vakuumfeld eine große Menge an Energie, wobei der Pegelstand der vorhandenen Energie die Nullenergie festlegt; und dieser Wert stellt einen stabilen Zustand des Vakuumfeldes dar (siehe Bild).

Diese Betrachtungsweise können wir mit dem Wasserpegel hinter einem Staudamm vergleichen. Auch hier kann eine Nulllinie markiert werden, und dennoch kann auf der anderen Seite des Staudamms an dessen Fuß ordentlich Energie entzogen werden, wobei der Pegelstand sinkt und damit negativ wird. Um den Pegelstand von der Stelle aus, wo wir die Energie entzogen haben, wieder auszugleichen, müssen wir das Wasser wieder in den Stausee pumpen und dadurch die gewonnene Energie wieder vollständig zurückgeben. Durch die Existenz der Quantenfluktuationen sinkt der Pegelstand des Vakuumfeldes in gleicher Weise in den negativen Bereich ab. Wobei die Summe der positiven Fluktuationsenergie und der negativen Energie des Vakuumfeldes ebenfalls exakt null ergibt.

Beim Beispiel des Stausees ist für uns unmittelbar ersichtlich, dass die potentielle Energie des aufgestauten Wassers von anderer Qualität ist als die auf der Gegenseite der Mauer mithilfe unseres Aufbaus erzeugte elektrische Energie. Auch diese Sichtweise können wir auf das Vakuum übertragen. Hier ist die positive Energie der fluktuierenden Teilchen von anderer Qualität als die negative Energie des Vakuumfeldes, und dementsprechend sind die Auswirkungen dieser beiden Energieformen auf ihr Umfeld auch unterschiedlich.

Das können wir leicht durch eine einfache thermodynamische Betrachtung einsehen. Als Beispiel dazu wählen wir den Zylinder eines Motors. Dieser verrichtet Arbeit, indem der nach der Explosion aufgebaute **Druck** p den Kolben nach unten drückt und dabei das Volumen um $\triangle V$ erhöht. Die verrichtete Arbeit ist dabei:

$$\triangle W = p \triangle V$$

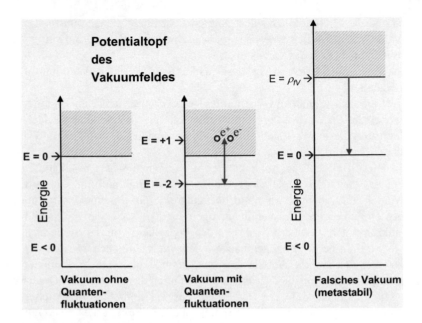

Abb. 1.12 Diese Darstellung veranschaulicht den Potentialtopf des Vakuumfeldes. Demnach stellt das Vakuumfeld ein Energiereservoir dar – es ist also mit viel Energie angefüllt –, wobei der Pegelstand der Energieauffüllung die Nullenergie festlegt und dieser Wert einen stabilen Zustand des Vakuums darstellt (linkes Bild). Durch die Quantenfluktuationen, die im mittleren Bild durch ein Elektron-Positron-Paar mit jeweils der fiktiven Energie +1 repräsentiert werden, sinkt der Pegelstand des Vakuumfeldes, wegen der an die Fluktuationen entliehenen Energie, in den negativen Bereich ab, und zwar so, dass die Summe der positiven Fluktuationsenergie und der negativen Energie des Vakuumfeldes wieder exakt null ergibt – das Vakuumfeld sinkt also dem gewählten Beispiel entsprechend auf den fiktive Energiewert –2 ab. Nachdem der Pegelstand der Nullenergie einen stabilen Zustand des Vakuumfeldes darstellt, wird die an die fluktuierenden Teilchen entliehene Energie augenblicklich zurückgefordert, um das Konto wieder auszugleichen. Dies gelingt zwar im Einzelfall, nicht aber aus globaler Sicht, da die Fluktuationen stets vorhanden sind. Vergleichbar zu einer Bank muss das Vakuumfeld also permanent das immer wieder neu Entliehene zurückfordern. Das Bild auf der rechten Seite zeigt, dass es für das Vakuumfeld, neben dem stabilen Zustand der Nullenergie, auch noch sogenannte metastabile Zustände geben kann. Metastabil bedeutet dabei, dass das

Diese verrichtete Arbeit geht zulasten der inneren Energie im Zylinder, die sich um den gleichen Betrag

$$\triangle E = \rho \triangle V$$

reduziert, wobei die Energiedichte ρ, wie ein Vergleich der beiden Gleichungen zeigt, entsprechend mit dem Druck p fällt.

Im Vakuum kann sich jedoch bei einer Volumenvergrößerung die Energiedichte nicht reduzieren. Deren Wert ist vielmehr durch die Quantenfluktuationen vorgegeben, und damit stellt die Vakuumenergiedichte auch eine konstante Größe dar. Das heißt aber, dass die Vakuumenergie, anstatt sich zu verringern, genau um den Betrag der Volumenvergrößerung ansteigt – $\triangle E$ ist also nicht, wie im Falle des Zylinders, negativ, sondern jetzt positiv. Und dieses Verhalten kann, obigen beiden Gleichungen entsprechend, nur durch einen **negativen Druck** des Vakuums kompensiert werden (zu beachten ist dabei, dass Druck und Energiedichte die gleichen Einheiten haben). Das Vakuum hat also einen konstanten negativen Druck, der betragsmäßig gleich seiner Energiedichte ist:

$$p_{Vac} = -\rho_{Vac} = konstant$$

Nachdem die positive Energie der fluktuierenden Teilchen die Energiedichte im Vakuum darstellt, muss die negative Energie des Vakuumfeldes dem negativen Druck entsprechen. Das Vakuumfeld erzeugt also so etwas wie einen Sog. Es versucht wie ein Staubsauger, die ihm verloren gegangene Energie sich aus seinem Umfeld zurückzuholen; und damit ist die positive Energie der Quantenfluktuationen in der Tat von anderer Qualität als die negative Energie des Vakuumfeldes (Kapitel 2 „Astronomie reloaded – das Universum hat uns in die Irre geführt"). Nicht zuletzt dieses Verhalten macht den Pegelstand der Nullenergie zu einem stabilen Zustand des Vakuumfeldes. Stabiler Zustand bedeutet dabei, dass die an die fluktuierenden Teilchen entliehene Energie augenblicklich zurück-

Vakuumfeld für eine bestimmte Zeit auch diesen Zustand als stabilen Pegelstand ansehen kann. Man bezeichnet diesen Zustand auch als falsches Vakuum, da das Vakuumfeld zur Einstellung des wahren Vakuums eine gewaltige Energiedichte ρ_{fV} freisetzen muss.

gefordert wird, um das negative Konto wieder auszugleichen. Da die Fluktuationen unaufhörlich vor sich hin brodeln, gelingt dies zwar im Einzelfall, nicht jedoch aus globaler Sicht. Wie eine in die Krise geratene Bank muss das Vakuumfeld permanent das Entliehene zurückfordern, und dieses Verhalten äußert sich in einem Sog, einem negativen Druck.

Neben diesem stabilen Zustand der Nullenergie kann es für das Vakuumfeld aber auch sogenannte metastabile Zustände geben (siehe Bild). Metastabil bedeutet in diesem Zusammenhang, dass das Vakuumfeld für eine bestimmte Zeit auch diesen Zustand als stabilen Pegelstand betrachten kann. Man bezeichnet solche Zustände auch als falsches Vakuum. Dieses falsche Vakuum beinhaltet nun, im wahrsten Sinne des Wortes, ein erhebliches „Gefahrenpotential". Denn, um den Zustand des wahren Vakuums zu erreichen, der hinsichtlich des Pegelstands der Nullenergie den endgültig stabilen Zustand darstellt, muss das Vakuumfeld eine gewaltige Energiedichte ρ_{fv} freisetzen. Diesem Prozess werden wir in Kürze wieder begegnen, da er aus heutiger Sicht entscheidend für die Entwicklung des frühen Universums war (Kapitel 1.4.4 „Der Bang des Big Bang").

Das Vakuum enthält also fraglos Energie, auch wenn diese, wie wir noch sehen werden, nicht in allen Fällen ohne Weiteres korrekt berechnet werden kann. Die Frage, wie viel wiegt das Nichts, hat also eine von null abweichende Antwort.

Was nun den Ablauf der Geschehnisse im frühen Universum betrifft, sind vier der von uns hier erworbenen Erkenntnisse von entscheidender Bedeutung:

1.   Quantenfluktuationen sind im Vakuum allgegenwärtig.

2.   Das Vakuum hat eine konstante Energiedichte, und es hat einen konstanten negativen Druck, der betragsmäßig exakt von gleicher Größe wie die Energiedichte ist.

3.   Das Vakuumfeld besitzt einen Potentialtopf, der ein Energiereservoir darstellt. Dabei wird durch den Pegelstand der Energieauffüllung die Nullenergie festlegt, und dieser Wert stellt einen stabilen Zustand des Vakuums dar.

4.   Das Vakuumfeld kann auch über sogenannte metastabile Zustände verfügen. Metastabil bedeutet dabei, dass das Vakuumfeld für eine

bestimmte Zeit auch einen dieser Zustände als stabilen Pegelstand ansehen kann. Man bezeichnet einen solchen Zustand auch als falsches Vakuum, da das Vakuumfeld zur Einstellung des wahren Vakuums – dem stabilen Zustand der Nullenergie – eine gewaltige Energiedichte ρ_{fV} freisetzen muss.

Wir werden bald erfahren, dass diese vier Punkte für die Entwicklung des Universums Eckpfeiler darstellten. Ohne diese vier Punkte gäbe es weder Galaxien, noch gäbe es ein Universum, das die geringste Ähnlichkeit mit dem Universum hätte, das wir kennen.

1.4.3 Das Bremspedal der Expansion

Es ist an der Zeit, dass wir eine gewisse Vorstellung von den Kräften bekommen, die das Expansionsverhalten des Universums beeinflussen können. Grundsätzlich kommen dafür alle bekannten fundamentalen Kräfte in Frage, da sich alle physikalischen Vorgänge und Veränderungen, ob im makroskopischen oder mikroskopischen Maßstab, auch auf diese zurückführen lassen. Allerdings unterscheiden sich die vier fundamentalen Kräfte, die sich konkret als starke, elektromagnetische, schwache und gravitative Wechselwirkung darstellen, hinsichtlich ihrer Stärke, Reichweite und Wirkungsweise so grundlegend voneinander, dass die Anwendung des Ausschließungsprinzips schnell zur richtigen Einschätzung der möglichen Einflüsse führen sollte. Zunächst brauchen wir also Klarheit, nach welchen Gesichtspunkten die Auswahl eigentlich erfolgen soll: Wir suchen die Kraft, die auch im kosmischen Maßstab eine weitreichende, möglichst alles umfassende Wirkung hat und dabei eine angemessene Stärke zeigt.

Wir suchen also die dominierende Kraft im Universum!

Die stärkste Kraft ist die starke Wechselwirkung, die die Teilchen in den Atomkernen zusammenhält. Die schwächste Kraft ist die Gravitationskraft, deren Stärke um fast 40 Größenordnungen unter der Kernkraft liegt. Damit scheidet die Gravitationskraft also als Erste aus. Gleiches gilt für die schwache Wechselwirkung, die für die Umwandlung eines Protons in ein Neutron und damit für die Radioaktivität verantwortlich ist. Auch sie ist um viele Größenordnungen schwächer als die Kernkraft. Der einzige ernst zu nehmende Konkurrent ist also die um lediglich 1/137 schwächere elektromagnetische Kraft, die Elektronen an den Atomkern bindet, Moleküle formt und Photonen generiert. Kommen wir also zum zweiten Kriterium, der weitreichenden Wirkung. Und da wird die starke Kraft schwach, da ihr Wirkungsbereich nur bei 10^{-15} Metern liegt. Nicht so die elektromagnetische Kraft, die hat eine weitreichende Wirkung, die sich lediglich mit dem Quadrat der Entfernung abschwächt. Der Sieger steht also fest, denn auch das dritte Kriterium – die möglichst alles umfassende Wirkung – sollte zu erfüllen sein oder präziser könnte doch ein Problem sein. Im Universum haben wir exakt die gleiche Anzahl an positiver und negativer Ladung, und das bedeutet Neutralität, und das bedeutet, dass die elektromagnetische Kraft in großer Entfernung ohne Belang ist. Wir sind also in eine Falle getappt; und die Falle bestand darin, die Stärke der Kraft als erstes Kriterium zu wählen. Wenn wir mit dem letzten Kriterium beginnen, so stellen wir fest, dass die Gravitation als einzige Kraft eine alles umfassende Wirkung hat. Sie wirkt auf alle Massen immer anziehend, und sie schwächt sich ebenfalls nur mit dem Quadrat der Entfernung ab; und mit diesen Eigenschaften kann sie sogar die 40 Größenordnungen, um die ihre Stärke unter der Kernkraft liegt, aufwiegen.

Ein einfaches Beispiel kann uns dies verdeutlichen.

Betrachtet man beispielsweise zwei Protonen – Wasserstoffkerne –, so kann die Gravitation, obwohl sie von jedem Teilchen ausgeht, in den Dimensionen der Teilchen selbst getrost vernachlässigt werden, da ihre Wirkung lächerlich gering ist. Betrachtet man die zwei selben Protonen allerdings im Inneren der Sonne, so ändert sich dieses Bild auf drastische Weise. Jetzt zeigt sich die Macht der Gravitation, denn jetzt müssen all diese winzigen Gravitationsbeiträge der einzelnen Teilchen aufaddiert werden, und diese Summe wächst zu einer ungeheuren Stärke heran. Bei einer Masse der Sonne von circa 10^{33} Gramm und der Masse eines Protons von circa 10^{-24} Gramm kommt man auf Gravitationsbeiträge von 10^{57} Protonen. Beinahe mühelos kann diese gewaltige Anzahl von Gravitationsbeiträgen den Faktor 10^{40}, um den die Kernkraft stärker als die Gravitationskraft ist, aushebeln. Die Menge und der Wirkungsbereich sind somit die entscheidenden Kriterien.

Das Universum wird also von der Gravitationskraft dominiert!

Darüber hinaus zeigt uns der Himmelsanblick, dass es eine Ordnung gibt, die nichts mit Willkür zu tun hat, sondern auf verlässlichen Regeln basiert; und durch das Verständnis dieser Regeln sind wir dazu in der Lage, verlässliche Prognosen abzugeben, die auch die ferne Vergangenheit und die ferne Zukunft betreffen. Im Einschub 6 „Die Bewegungsgleichung der ART" benutzen wir diese Regeln – die Regeln der Gravitationstheorie –, um eine Prognose über das Expansionsverhalten des Universums abzugeben. Grundlage für diese Regeln ist die von Albert Einstein 1915 entwickelte Allgemeine Relativitätstheorie (ART), die, wie wir schon gesehen haben, den Zusammenhang zwischen der Geometrie der Raum-Zeit und der Masse beschreibt. Mit dieser Gravitationstheorie wird zum Beispiel festgelegt, wie Körper sich unter dem gegenseitigen Gravitationseinfluss bewegen – der Physiker spricht dabei von einer Bewegungsgleichung, und mit dieser kann der Gravitationseinfluss der gesamten Materie im Universum auf die Raum-Zeit berechnet werden. Dass dies mit dieser Theorie grundsätzlich möglich ist, ist allerdings mehr als erstaunlich, da von all den Fakten, von denen wir heute Kenntnis haben, 1915 nur eins auf dem Tisch lag, und das betrifft den Himmel, der in der Nacht dunkel ist. Und dieses damals einzig bekannte Fakt wurde von Einstein auch noch ignoriert. Einstein hat seine Theorie also aus der hohlen Hand entwickelt!

Einsteins Gravitationstheorie unterscheidet sich deutlich von der Newton'schen Beschreibung der Gravitation, auf die wir in unterem Einschub 6 „Die Bewegungsgleichung der ART" dennoch nicht verzichten werden. Der markanteste Unterschied betrifft die Verzerrung von Raum und Zeit, die sich als direkte Konsequenz der Gravitation ergibt, und damit dem Kraftbegriff eine andere Bedeutung verleiht (Kapitel 1.2.8 „Und dann sind sie zu dritt"). Ein weiterer wichtiger Unterschied betrifft die Gravitationsquellen, die eine Gravitationswirkung auslösen können. In der Newton'schen Beschreibung ist dies eindeutig die Masse[19]. Das heißt, die Stärke der Kraft, die ein Körper auf ande-

---

19 Das Vakuum ist erfüllt von fluktuierenden Teilchen. So auch dem Higgs-Teilchen, das dem Raum eine gewisse Zähigkeit vermittelt, die allerdings nicht von allen Teilchen wahrgenommen wird. Photonen laufen ungestört hindurch. Doch andere Teilchen werden in ihrer Bewegung behindert, wenn sie versuchen, ihre Geschwindigkeit zu ändern. Die Teilchen werden dann träge, und das ist es, was wir „Masse" nennen.

re im Wechselspiel ausübt, ist proportional zu dessen Masse. Die ART beschränkt sich bei den möglichen Gravitationsquellen nicht nur auf die Masse. Da Masse gleich Energie ist, sind alle Arten von Energie gleichermaßen Quellen der Gravitation. Das heißt, nicht nur die Masse der Elementarteilchen eines Systems trägt zur Gravitation bei, sondern auch dessen Bewegungsenergie, Wärmeenergie und Strahlungsenergie. Was zählt, ist die Gesamtenergie, die gleich der Energiedichte ρ, multipliziert mit dem betrachteten Volumen, ist.

? 6. Die Bewegungsgleichung der ART

Eine der grundlegendsten Fragen der Kosmologie lautet: Wird sich die durch den Big Bang ausgelöste Expansion des Universums für immer fortsetzen, oder kann das Universum als gravitationsgebundenes System durch die in ihm enthaltene Masse/Energie die Expansion beeinflussen?

$$M = \frac{4\pi}{3} r^3 \sigma$$

Masse =
Volumen x
mittlerer Massendichte

r = Abstand

$$\ddot{r} = -\frac{GM}{r^2} = -\frac{4\pi G}{3} r\sigma$$

Beschleunigung
= Gravitationsanziehung

Die Grundlage zur Beantwortung dieser Frage stellt eine theoretische Betrachtung dar, die in einem ersten Schritt auf der Newton'schen Gravitationstheorie beruht. Gravitation ist seit Isaac Newton eine Massenanziehung, die von jeglicher Materie ausgeht. Eine Masse M beschleunigt ein Objekt auf sich zu, wobei die Beschleunigung proportional zur Masse M und umgekehrt proportional zum Quadrat des Abstands r ist.

Die Gravitationskonstante $G = 6{,}673 \cdot 10^{-8}$ $(cm/s^2)cm^2/g$ legt dabei die Stärke der Wechselwirkung fest. Im Rahmen dieser Theorie sieht man sofort, dass die Gravitationsanziehung, die ein beliebiger kugelsymmetrischer Körper auf Objekte in seiner Nachbarschaft ausübt, die gleiche ist, als wäre die gesamte anziehende Masse des Körpers in einem punktförmigen Teilchen im Mittelpunkt der Kugel ▶

▶ konzentriert (siehe Skizze). Die Beschleunigung der Objekte ist damit gleich der Gravitationsanziehung der Massendichte σ multipliziert mit dem Volumen, das die Massendichte einnimmt:

$$\ddot{r} = -\frac{4\pi G}{3}\sigma r$$

Da die Gravitationsanziehung der Bewegungsrichtung entgegenwirkt, ist die Beschleunigung negativ. Ein anfänglicher Bewegungsimpuls, der von den Gravitationsquellen wegführt, wird grundsätzlich abgebremst. Die Gravitationsanziehung wirkt also wie ein Bremspedal!

Wie es in der Newton'schen Gravitationstheorie üblich ist, haben wir in dieser Betrachtung stillschweigend eine Hintergrundstruktur, bestehend aus Raum und Zeit, vorausgesetzt. Im Rahmen der Newton'schen Gravitationstheorie expandiert der Raum natürlich nicht selbst, vielmehr expandiert ein gebundenes System in den bestehenden Raum hinein.

Diese Sicht wird von der Allgemeinen Relativitätstheorie nicht übernommen. Hier hängt die Geometrie von Raum und Zeit direkt von den darin befindlichen Gravitationsquellen ab. Das heißt, der Raum verändert sich mit der Bewegung der Gravitationsquellen. Damit ist jede Beschreibung der Gravitationsquellen immer auch die Beschreibung eines vollständigen Moduluniversums; und die Geometrie des Raums des Universums wird durch die pure Existenz und die Struktur der Gravitationsquellen festgelegt. Dem tragen wir Rechnung, indem wir die Abstandsgröße r im Newton'schen Bild durch den Ausdehnungsfaktor R in der Gravitationstheorie der ART ersetzen.

Rein formal erfährt obige Gleichung, aus Sicht der ART, nur zwei kleine Änderungen. Nach Einsteins Erkenntnis muss die Massendichte σ – wegen $E = mc^2$ – durch eine generelle Energiedichte ρ_m der Materie ersetzt werden:

$$\rho_m = \sigma c^2$$

Nachdem sich die ART bei den möglichen Gravitationsquellen nicht nur auf die Masse beschränkt, sondern alle Arten von Energie gleichermaßen Quellen der Gravitation sind, muss auch der Druck als Gravitationsquelle betrachtet werden, denn *Druck* X *Volumen* = *Energie*. Nach Einstein und Friedmann erhält man damit die Bewegungsgleichung für das Universum: ▶

> $$\ddot{R} = -\frac{4\pi G}{3}\frac{1}{c^2}(\rho_m + 3p)R$$
>
> Die Beschleunigung bezüglich des Ausdehnungsfaktors R, der durch
> die linke Seite der Gleichung beschrieben wird, stellt das Maß für
> die Veränderung der Expansion dar; und diese Beschleunigung hat,
> wie die rechte Seite der Gleichung zeigt, ein negatives Vorzeichen;
> und dieses Verhalten hat eine abbremsende Expansion zur Folge.
> Die Gravitationsanziehung wirkt also, aus Sicht der ART, wie ein
> Bremspedal auf die Expansion des Universums!

Der Wert der **Hubble-Konstante** hat uns gezeigt, dass die Expansion
des Universums bis heute anhält; und die Bewegungsgleichung der
Allgemeinen Relativitätstheorie zeigt uns jetzt, dass die ursprüngliche
Expansion des Universums mit gewaltiger Kraft stattgefunden haben
muss. Denn seitdem das Universum mit dem Start des Big Bang in eine
fortwährende Expansionsphase eingetaucht ist, wirkt die gesamte Energie, die im Universum zu finden ist, wie ein Bremspedal dagegen.
Und dennoch expandiert das Universum bis heute, auch wenn die Expansion sich dabei stetig verlangsamt. Das Verhalten, das wir mit dem
Hubble-Gesetz beobachten – je weiter wir in der Zeit zurückschauen,
umso entfernter sind die Objekte, und desto größer ist ihre Relativgeschwindigkeit –, muss sich damit auch quantitativ mit der Zeit ändern;
und das bedeutet, dass sich auch der Wert der Hubble-Konstante stetig
verändern muss. Der von uns bestimmte Wert gilt also nur für eine beschränkte zeitliche Epoche (die Hubble-Konstante H_0 ist somit keine
Konstante, sondern eine zeitabhängige Funktion $H(t)$, und dem haben
wir durch den Index 0, der den derzeitigen Wert $H(t_0)$ kennzeichnet,
Rechnung getragen).

Im Hinblick auf die Bewegungsgleichung stellen wir also resümierend fest, dass die Expansionsgeschwindigkeit lediglich von ihrem
Anfangswert und der im Kosmos insgesamt vorhandenen Masse und
Energie abhängt. Ist diese groß genug, wird zu einem bestimmten Zeitpunkt die Expansion durch die Gravitationswirkung zum Stillstand
kommen und sich eventuell sogar umkehren. Dann würde das Gegenteil
zu einer Expansion einsetzen – eine Kontraktion. Und die würde sämtliche Energie letztendlich wieder zu einem punktförmigen Gebilde,
einer **Singularität** zusammenziehen. Sollte es so einfach sein? Sollte

ein derartiges Universum, das nur bis zu einer durch die Gravitation der Gesamtenergie erlaubten Größe expandieren kann, um anschließend wieder zu kontrahieren, das unsere sein? Um das einschätzen zu können, wissen wir noch nicht genug!

Die Expansion des Universums verlangsamt sich also stetig. Andererseits wissen wir, wo ein Bremspedal ist, findet man auch ein Gaspedal, das dem entgegenwirkt. Beim Start des Big Bang wurde gehörig Gas gegeben, also muss das Universum auch grundsätzlich über ein Gaspedal verfügen. Aber wo finden wir es, und wie funktioniert es, und unter welchen Voraussetzungen wird es betätigt?

1.4.4 Der Bang des Big Bang

Der Bang des Big Bang oder die Suche nach dem Gaspedal des Universums!

Beim Start des Big Bang wurde dem Universum der entscheidende Expansionsimpuls gegeben, also ist das die Phase in der Entwicklung des Universums, auf die wir unser Augenmerk richten müssen bei unserer Suche nach dem Gaspedal des Universums. Wir wollen dieses Gaspedal aber nicht nur finden, wir wollen auch seine Wirkungsweise verstehen. Wir wollen verstehen, wodurch dem Universum der entscheidende Expansionsimpuls gegeben wurde.

Der Sage nach entstand der Kosmos aus einer **Singularität** und expandiert seitdem. Ist die Energiedichte im Universum groß genug, wird aufgrund der Eigengravitation die Expansion irgendwann gestoppt und umgedreht. Das ist der Stand der Dinge – zumindest war das der Stand der Dinge, bis vor wenigen Jahrzehnten neue, beziehungsweise neu interpretierte, Erkenntnisse dieses Bild erweiterten und veränderten. Wie das Universum aus einer Singularität, die das ultimative Endlager für jede Energieform darstellt (Kapitel 1.2.8 „Und dann sind sie zu dritt"), entstanden sein soll, lassen wir einmal offen. Was die fundamentalen Kräfte betrifft, geht man jedenfalls davon aus, dass im Sinne einer Großen Vereinheitlichten Theorie die vier Kräfte aus einer einzigen Urkraft entstanden sein müssen. Dabei hat sich die „Gravitationskraft" von den anderen drei vereinigten Kräften bereits zur **Planck-Zeit** – also nach 10^{-43} Sekunden (Einschub 5 „Der Schwarzschild-Radius und die

Plancklänge") – abgespalten. Naiverweise möchte man nun meinen, dass die verbliebene vereinheitlichte Kraft, die natürlich nicht schwächer als die starke Wechselwirkung war, in den Dimensionen einer Singularität dazu in der Lage gewesen sein sollte, die Expansion des Universums in Schwung zu bringen. Schließlich ist diese Kraft um 40 Größenordnungen stärker als die Gravitationskraft, und in dieser Phase der Entwicklung liegen die Abstände der Energiezentren genau in deren Wirkungsbereich. Und nachdem die deutlich schwächere Gravitationskraft immerhin dazu in der Lage ist, das Universum abzubremsen, sollte es dieser starken Kraft doch möglich gewesen sein, dagegenzuhalten. Das möchte man meinen, aber Kräfte haben etwas mit positiver Energie zu tun, und die hat nun mal eine ausschließlich bremsende Wirkung auf die Expansion, wie wir gesehen haben. Durch die verbliebene Kraft beeinflussen sich die Teilchen lediglich untereinander – je stärker die Kraft ist, umso mehr interne Veränderungen finden statt –, aber auf das Universum als Ganzes hat dieses Verhalten keinen ausdehnenden Einfluss. Egal, wie klein die Abstände im Universum auch sind, die im Zusammenhang mit diesen Kräften stehende positive Energie versucht, die Abstände durch deren Gravitationswirkung immer weiter zu verkleinern – es ist genau dieses Verhalten, das letztlich auch zu **Schwarzen Löchern** führt; auch hier zeigt die Gravitation in kleinerem Maßstab, dass sie der wahre Meister ist!

Gravitation ist damit nicht nur eine der vier fundamentalen Kräfte. Gravitation bezieht die gesamte Energie mit ein; und die Energie sagt der Raum-Zeit, wie sie sich zu krümmen hat, und diese Krümmung sagt der Masse, wie sie sich zu bewegen hat. Gravitation ist also die Stärke der Raum-Zeitkrümmung und damit von anderer Natur als die drei übrigen fundamentalen Kräfte (Kapitel 1.2.8 „Und dann sind sie zu dritt"). Die physikalische Theorie, die unser Universum als Ganzes beschreibt, bleibt also bis auf Weiteres der Allgemeinen Relativitätstheorie vorbehalten. Dies gilt jedenfalls diesseits der **Planck-Größen**, da nur hier die Gravitation einen eigenständigen Charakter hat. Jenseits der Planckgrößen, als das Universum also jünger als 10^{-43} Sekunden beziehungsweise der beobachtbare Teil des heutigen Universums kleiner als 10^{-35} Meter war, haben wir derzeit keine grundlegende Theorie, um den Zustand des Universums zu beschreiben (Kapitel 1.2.8 „Und dann sind sie zu dritt"). Wie sich das Universum letztlich aus den Planckgrößen und seiner Singularität befreien konnte, wissen wir also nicht! Wir wissen nur, dass die Planck-Zeit den frühesten Zeitpunkt darstellt, zu dem wir eine vernünftige Aussage über das Universum machen können: Das Universum stand zu diesem Zeitpunkt an der Grenze zu einem Schwarzen Loch: Es kollabierte aber nicht in die Singularität zurück, sondern expandiert seitdem! Es sei jedem freigestellt, einzuschätzen, ob an dieser Aussage etwas Vernünftiges ist. Gleichwohl ist genau das passiert: Wir verstehen es nur nicht. Man könnte dagegenhalten, dass die ursprüngliche Energie auf einen so winzig kleinen Raumbereich konzentriert war – auf der Skala der **Planck-Länge** –, dass die daraus resultierende enorm hohe Energiedichte einfach zu einem explosionsartigen Ausbruch führen musste. Wie wir aber eben gesehen haben, verschlimmert das die Situation nur, denn je höher die Energiedichte war, desto stärker war auch die Raum-Zeitkrümmung; und die hatte die Tendenz, alles noch weiter zu verkleinern. Nachdem wir über keine ausgereifte Quantengravitationstheorie verfügen, die es uns gestatten würde, einen Blick auf das Jenseits der Planck-Größen zu werfen, müssen wir an dieser Stelle ein klein wenig spekulieren – und die Spekulation sieht so aus, dass wir das, was wir im Diesseits der Planck-Größen an Beschleunigungsmechanismen für eine Expansion des Universums finden, auch als ursächliche Mechanismen der Expansion auf das Jenseits übertragen. Das heißt, finden wir einen Beschleunigungsmechanismus im sehr frühen, von einer gewaltig hohen Energiedichte geprägten Universum, dann gehen wir davon aus, dass dieser Mechanismus auch grundsätzlich der ursächliche Mechanismus für die Entstehung des Universums war. Wir haben also vor, uns wirklich weit aus dem Fenster zu lehnen. Das macht aber nur Sinn, wenn wir verstanden haben, wie das Gaspedal des Universums funktioniert – und dazu müssen wir es erst einmal finden!

Um es finden zu können, brauchen wir aber Indizien. Das heißt, wir brauchen vorab eine klare Vorstellung von dem, was am Anfang passiert ist. Da fehlt uns aber noch etwas! Wir haben uns zwar mit dem Begriff des Big Bang vertraut gemacht, aber das, was unserem Verständnis nach am Anfang passiert ist, hat mit einem „Bang" nicht viel zu tun. Es hat bestenfalls mit dem Geschehen nach einem Bang etwas zu tun. Was wir wissen, ist, dass das Universum expandiert, und damit aus einem Zustand extrem hoher Energiedichte heraus angefangen hat. Von dem, was ganz am Anfang passiert sein muss, wissen wir allerdings noch nichts. Also sollten wir versuchen, herauszufinden, wie sich das Universum in der Anfangsphase verhalten hat.

Wir müssen also ein Experiment durchführen, und dafür brauchen wir ein Teleskop, ein erstklassiges Teleskop – also keines aus dem Supermarkt. Mit diesem Teleskop müssen wir weit in der Zeit zurückschauen, so weit es geht, und das tun wir in zwei entgegengesetzte Himmelsrichtungen. Man stellt dabei zweierlei fest: Man stellt zum einen fest, dass diese beiden Bereiche voneinander isoliert sind, da das Licht seit dem Start des Big Bang nicht genug Zeit hatte, die Distanz zwischen diesen Bereichen zu überbrücken; und damit konnten sie bislang keinerlei Information austauschen. Sie müssen sich also unabhängig voneinander auf ganz verschiedene Art entwickelt haben – so wie sich Aliens irgendwo im Universum anders entwickelt haben müssen als wir. Das haben diese Bereiche aber nicht! Wir stellen somit als zweiten und äußerst überraschenden Punkt fest, dass sich diese Bereiche gleich entwickelt haben, so als wären es Nachbarregionen. Dieses als Horizontproblem bekannte Rätsel lässt nur einen Schluss zu: Die beiden Regionen müssen zu einer früheren Zeit Kontakt miteinander gehabt haben[20]; und wegen dieses Kontakts sind sie im physikalischen Gleichschritt geblieben, und haben sich demzufolge auch nahezu identisch entwickelt. Damit sie aber in frühen Zeiten diesen Kontakt gehabt haben konnten, muss das Universum eine Phase der überlichtschnellen, exponentiellen Expansion durchlebt haben. Diese Phase der Expansion muss viel schneller als mit Lichtgeschwindigkeit erfolgt sein, da nur auf diese Weise die Bereiche so voneinander zu trennen waren, dass bereits zu frühen Zeiten eine Region jeweils jenseits des Horizonts der anderen Region zu liegen kam.

Eine weitere Beobachtung zeigt, dass das Universum flach ist, und zwar mit großer Präzision flach ist. Dieser Umstand ist in hohem Maße erstaunlich, da wir ja wissen, dass Masse und Energie den Raum krüm-

---

20 Ein in diesem Zusammenhang konkreter Punkt bezieht sich zum Beispiel auf die kosmische **Mikrowellenhintergrundstrahlung**, deren Temperaturschwankungen grundsätzlich einen Wert von 10^{-5} Kelvin zeigen, und zwar auch in komplett voneinander isolierten Bereichen, die von uns aus gesehen in vollkommen entgegengesetzten Richtungen liegen. Da eine solche Feinabstimmung der Temperatur die Einstellung eines Gleichgewichts erfordert, müssen diese heute voneinander isolierten Bereiche zu einem früheren Zeitpunkt Kontakt miteinander gehabt haben. Heute sind diese Bereiche voneinander isoliert, da das Licht bislang nicht genug Zeit hatte, um von einem Bereich zum anderen zu gelangen. Die Information über den jeweiligen Wert der Temperatur konnte also noch nicht einmal übertragen werden.

men; und nachdem diese Zustandsformen in nicht verschwindendem Maße in unserem Universum vorhanden sind, sollte auch eine globale Krümmung im Universum feststellbar sein. Aber dem ist nicht so. Das Universum hat vielmehr den unwahrscheinlichsten Fall für sich entdeckt. Es gibt genau einen Wert, den Masse und Energie haben dürfen, um ein flaches Universum zu gewährleisten, und exakt diesen Wert hat das Universum für sich gewählt. Die präzise Einstellung dieses Wertes ist ohne eine exponentielle Expansion des frühen Universums jedoch nicht zu erklären (siehe Abb. 1.13).

Es gab also eine überlichtschnelle, exponentielle Expansion im frühen Universum, und das heißt, dass hinter dem Gaspedal, das wir suchen, ein wirklich leistungsfähiger Motor stecken muss. Der war auch nötig, denn es ging immerhin darum, so etwas wie ein „Schwarzes Loch" dazu zu bewegen, aus seiner Singularität heraus zu expandieren. Dass dies eines Bangs bedurfte, der sich nun als exponentielle Expansion erweist, sollte uns in diesem Zusammenhang nicht wirklich überraschen. Versuchen wir also nun herauszufinden, wie es zu dieser exponentiellen Expansion kommen konnte; und dazu sollten wir uns die Startphase des Big Bang etwas genauer ansehen.

Nachdem sich die „Gravitationskraft" von den anderen drei noch vereinigten Kräften abgespalten hat, beginnt das Mini-Universum aus noch zu klärenden Gründen zu wachsen. Dabei verringert sich gleichzeitig seine Energiedichte – das Universum kühlt sich also etwas ab und wird in dieser Phase von den bereits beschriebenen **Quantenfluktua-tionen**, die einem sogenannten **Higgsfeld** zuzuordnen sind, dominiert. Was die Kräfte in dieser Phase betrifft, blieb nichts übrig, das auch nur im Entferntesten mit einem Bang in Verbindung gebracht werden könnte. Diesen Punkt betreffend sollten wir unsere Suche konsequenterweise also an anderer Stelle fortsetzen. Wie wäre es da mit dem Nichts? Vielleicht sollten wir unsere Suche nach dem Gaspedal des Universums im Nichts fortsetzen. Das Nichts wäre das Higgsfeld, das sich mit seinen Quantenfluktuationen wie ein **Vakuum** verhält – nachdem sich das Higgsfeld-Vakuum jedoch in einem metastabilen Zustand mit extrem hoher Energiedichte befindet, stellt es einen klassischen Vertreter des falschen Vakuums dar (Kapitel 1.4.2 „Das Vakuum ist nicht Nichts!"). Über dieses falsche Vakuum haben wir nun nicht nur Zugriff auf eine extrem hohe Energiedichte, sondern auch auf einen konstanten negativen Druck, der betragsmäßig exakt von gleicher Größe wie die Energiedichte im Universum ist. In der Frühphase der Entwicklung des Universums hat nun dieser negative Druck die Kontrolle übernommen. Er hat die Kontrolle übernommen, weil seine Wirkung einer anti-gravitativen – also abstoßenden – Kraft entspricht; und diese Wirkung führte zur exponentiellen Expansion des frühen Universums (Einschub 7 „Die inflationäre Expansion"). Hier – im Vakuum – werden wir also fündig. Das Higgsfeld war der Täter, der die exponentielle Expansion ausgelöst hat und damit für den Bang verantwortlich war! Das Higgsfeld-Vakuum stellt mit seinem negativen Druck also das gesuchte Gaspedal dar.

Im Verlauf der ersten Abkühlung des Universums, bedingt durch die Anfangsexpansion, hat das Higgsfeld dann einen folgenschweren Phasenübergang vollzogen. Bei diesem Phasenübergang, der sich 10^{-32} Sekunden nach dem Start des Bang ereignete, wurde dann schlagartig die Energie des falschen Vakuums freigesetzt, wodurch die Phase der exponentiellen Expansion abgeklungen ist, und nahezu alle Teilchen, auf deren Grundlage sich das Universum dann weiterentwickelt hat, erzeugt worden sind (Einschub 8 „Der Phasenübergang des Higgsfeldes – oder woher kommt die Masse im Universum?"). Die exponentielle Expansion beziehungsweise der Bang wurde letztendlich also durch einen Phasenübergang stabilisiert – den Phasenübergang des Higgsfeld-Vakuums. Energetisch gesprochen besaß das Higgsfeld kurz vor dem Phasenübergang eine gewaltige potentielle Energie, die es in das Universum einbringen konnte, und durch die Erniedrigung dieser potentiellen Energie ist der Inhalt des Universums entstanden (Einschub 8 „Der Phasenübergang des Higgsfeldes – oder woher kommt die Masse im Universum?"). Die exponentielle Expansion selbst wurde hingegen durch die Vakuumeigenschaft des Higgsfeldes vorangetrieben.

? 7. Die inflationäre Expansion

Wir schreiben das Jahr 0 + 10^{-35} Sekunden. Wir befinden uns in der Startphase des Big Bang, aber bis jetzt ist noch nichts passiert, was die Bezeichnung Bang auch nur im Entferntesten verdienen würde. Der in 14 Milliarden Jahren beobachtbare Teil des Universums ist so winzig klein, dass im Vergleich dazu ein einziges Proton mit einer Größe von 10^{-15} Metern gigantisch aussehen würde, ▶

▶   und dieser Teil des Universums hat eine Masse von nur 10 Kilogramm.

Der eigentliche, das Universum stabilisierende Bang steht also noch aus. Und wenn der sich nicht bald ereignet, besteht die Gefahr, dass das Universum wieder in sich zusammenfällt (Einschub 9 „Das flache Universum"). Das wird jedoch nicht passieren, zumindest dieses Mal nicht. Aber was wird passieren, dass den Bang nun wirklich auslöst?

Gerade eben hat sich ein Feld ausgebildet, das jetzt das Universum dominiert. Es ist das **Higgsfeld**; und in diesem Higgsfeld gibt es nicht nur bereits Quantenfluktuationen, sondern es verhält sich in allem wie ein Vakuum, allerdings wie ein falsches Vakuum mit extrem hoher Energiedichte (Kapitel 1.4.2 „Das Vakuum ist nicht Nichts!"); und das Vakuum – egal ob falsch oder wahr – hat einen konstanten negativen Druck, und der ist betragsmäßig gleich seiner Energiedichte:

$$p_H = -\rho_H = konstant$$

Und jetzt passiert etwas, denn damit kann die Bewegungsgleichung des Universums (Einschub 6 „Die Bewegungsgleichung der ART")

$$\ddot{R} = -\frac{4\pi G}{3}\frac{1}{c^2}(\rho + 3p)R \Rightarrow \ddot{R} = +\frac{8\pi G}{3}\frac{1}{c^2}\rho_H \cdot R$$

etwas anfangen. Sie wird ihr negatives Vorzeichen auf der rechten Seite los! Und damit hat die Beschleunigung keine abbremsende Wirkung mehr. Sie kann nun endlich ihrem Namen gerecht werden und wirklich beschleunigen. *Wir haben endlich das Gaspedal des Universums gefunden: Es ist der Vakuumszustand des Higgsfeldes mit seinem negativen Druck!*

Jetzt muss diese Gleichung $\ddot{R} = konst. \cdot R$, die auch in dieser frühen Phase der Entwicklung das Geschehen maßgeblich bestimmt, gelöst werden. Die Lösung dieser Differentialgleichung ist mit dem Ansatz einer Exponentialfunktion aber einfach, da die Ableitung einer Exponentialfunktion gleich dem Faktor des Exponenten der Exponentialfunktion multipliziert mit der Exponentialfunktion selbst ist. Also folgt:

$$R(t) = e^{t\sqrt{konst.}}$$

$$da \; \dot{R}(t) = \sqrt{konst.} \, e^{t\sqrt{konst.}}$$

$$und \; \ddot{R}(t) = \sqrt{konst.}\sqrt{konst.} \, e^{t\sqrt{konst.}} = konst. \cdot R(t) \qquad ▶$$

▶ Diese harmlos erscheinende Gleichung, die die zeitliche Entwicklung des Ausdehnungsfaktors R während der Inflationsphase beschreibt, ist der ultimative Wolf im Schafspelz. *Auf unspektakuläre Weise beschreibt diese Gleichung den Bang*, die exponentielle Expansionsphase des Universums. Und der Bang findet jetzt statt, zwischen den Jahren $0 + 10^{-35}$ Sekunden und $0 + 10^{-32}$ Sekunden.

Das Universum wird Dinge erleben, die länger dauern, aber das Universum wird nichts erleben, das gewaltiger wäre als der Bang ist. Was wird in dieser kurzen Zeitspanne geschehen? In der Tat, die Zeitspanne ist kurz. Aber die obere Grenze dieser Spanne ist um drei Dekaden größer als die untere, und das gibt dem exponentiellen Gesetz viel Spielraum zu handeln. Und dieser Spielraum wird voll ausgeschöpft. Alle $5 \cdot 10^{-35}$ Sekunden wird sich die Größe des Universums verdoppeln. Das heißt, das Universum wird sich 165-mal verdoppeln. Bezogen auf die ursprüngliche Größe wird das Universum um den Faktor 2^{165} wachsen, und das entspricht einem Faktor von 10^{50}.

Das Universum wird sich in dieser Zeitspanne um den gewaltigen Faktor 10^{50} aufblähen, und das wird der eigentliche Bang sein! Die unscheinbare exponentielle Gleichung wird dafür sorgen, dass sich dieses Universum zu einem bewohnbaren Ort entwickeln wird.

? 8. Der Phasenübergang des Higgsfeldes – oder woher kommt die Materie im Universum?

Der in 14 Milliarden Jahren beobachtbare Teil des Universums, der jetzt im Jahr $0 + 10^{-35}$ Sekunden nur eine Masse von 10 Kilogramm hat, wird 10^{90} Teilchen beinhalten – auch hier wird der Faktor 10^{50} also seine Spuren hinterlassen! Was wird aber geschehen, dass diese Masse entstehen lässt? Im Jahr $0 + 10^{-32}$ Sekunden wird das falsche Vakuum des **Higgsfeldes** seinen längst überfälligen Phasenübergang vollziehen, und damit den vorübergehend besetzten metastabilen Zustand verlassen. Es wird in den stabilen Zustand der Nullenergie übergehen. Dabei wird die gewaltige Energiedichte ρ_{fV} aus dem Energiereservoir des metastabilen Zustands freigesetzt werden (Kapitel 1.4.2 „Das Vakuum ist nicht Nichts!"), und daraus werden die Teilchen entstehen, die das Universum bei seiner weiteren Entwicklung prägen werden. Wegen der geringen Energiedichte des echten Vakuums – verglichen mit der Energiedichte der erzeugten Teilchen – wird das Higgsfeld schlagartig seine dominierende Rolle verlieren, und die Inflationsphase wird damit sofort beendet werden. Um die Lebenserwartung des Bang ist ▶

> ▶ es also nicht gut bestellt, aber er wird dann auch seine Aufgabe
> erfüllt haben. Das Universum wird von stattlicher Größe sein, und
> *die Materie wird aus der Energiedifferenz des falschen zum echten*
> *Vakuum entstehen.*
>
> Es wird aber ein gewaltiges Problem geben, denn die Gesamten-
> ergie muss gleich null bleiben, so wie es auch jetzt ist; durch die
> Energie der 10^{90} Teilchen wird sie aber positiv werden, *woher wird*
> *also die negative Energie kommen, die die Gesamtenergie wie-*
> *der gleich null werden lässt?* Der negative Druck des Higgsfeldes
> wird es nicht richten können, denn der wird zusammen mit dem
> falschen Vakuum des Higgsfeldes verschwinden! So lange das
> falsche Vakuum Bestand hat, gibt es kein Problem, da der negative
> Druck die betragsmäßig gleich große Energiedichte des falschen
> Vakuums ausgleicht. Und dieser Zustand wird auch im Verlauf der
> inflationären Expansion erhalten bleiben – unabhängig davon, wie
> schnell die Expansion erfolgen und wie lange sie andauern wird.
> *Aber nach der Inflation gibt es nur noch die 10^{90} Teilchen, und die*
> *haben eine positive Energiedichte – was aber wird die negative*
> *Gegenkomponente sein?* Wenn sie nicht gefunden wird, wird *die*
> **Unschärferelation**, *wegen der drohenden Energieverletzung, au-*
> *genblicklich alle 10^{90} Teilchen wieder ins Nichts zurückschicken* und
> damit den Versuch, ein Universum entstehen zu lassen, für geschei-
> tert erklären!
>
> *Die Einbeziehung des Gravitationspotentials*, das auch in der Allge-
> meinen Relativitätstheorie definiert ist, *wird das Problem lösen!* In
> gleichem Maße, wie die positive Energiekomponente der Teilchen
> wachsen und der negative Druck des Higgsfeldes fallen wird, wird
> die negative Energie des Gravitationsfeldes der Teilchen anstei-
> gen (Kapitel 1.5.2 „Die Gravitationsenergie – Motor der Sternent-
> wicklung"), und damit wird der fehlende negative Energiebeitrag
> exakt ausgeglichen werden. *Es wird also gewissermaßen Energie*
> *vom Gravitationsfeld geborgt werden*, und das wird der große Trick
> des Bang sein, erst dadurch wird sich das neugeborene Universum
> stabilisieren können!

Die Theorie des Higgsfeldes verdient nachhaltig großen Zuspruch, da
sie viel erklärt, was andernfalls auf sehr unbefriedigende Weise postuliert werden müsste – dies betrifft beispielsweise die Ruhemasse
der Teilchen. Aber diese Theorie steht in gewisser Hinsicht noch auf
tönernen Füßen. Das Problem ist, dass man dieser Theorie noch kein
Fundament geben konnte. Da das Fundament einer Theorie sich aus

Beobachtungsbefunden zusammensetzt, die die Theorie erklärt, besteht offensichtlich ein Mangel an solchen Befunden. Als wesentlichsten Mangel müssen wir die Existenz des Higgsteilchens selbst betrachten, denn das konnte bislang nicht nachgewiesen werden. Die berechtigte Hoffnung, das Teilchen in naher Zukunft zu finden, sollte aber nicht darüber hinwegtäuschen, dass eine Theorie ohne Fundament nur eine theoretische Vorstellung ist. Dies gilt allerdings nicht für die exponentielle Expansionsphase des Universums. Diese muss auch unabhängig von dieser Vorstellung stattgefunden haben, da die diesbezüglich diskutierten Beobachtungsbefunde unstrittig sind.

Die Inflationsphase, wie die exponentielle Expansion des Universums genannt wird, fand also statt, und zwar im frühen Zeitraum von 10^{-35} Sekunden bis 10^{-32} Sekunden nach dem Start des Big Bang; und sie blähte das Universum so gewaltig auf, dass die Expansion bis heute anhält. Die Inflationsphase vergrößerte dabei eine für niemanden erkennbare, minimale embryonale Struktur, die man nur schwerlich als respektablen Teil des Universums begreifen kann, um den gewaltigen Faktor von 10^{50}. Und ein Faktor von dieser Größenordnung war auch nötig, um aus den ursprünglichen Quantenfluktuationen, die um den Faktor 10^{20} kleiner als ein Proton waren – die Größe eines Protons liegt bei 10^{-15} Metern –, etwas so Ansehnliches werden zu lassen, dass es als makroskopische Dichtefluktuation später seine Spuren hinterlassen konnte. Der Faktor 10^{50} vergrößerte die ursprünglich winzigen Quantenfluktuation immerhin zu Strukturen von der Größe 1 Million Sonnenradien (der Sonnenradius liegt bei circa $7 \cdot 10^{5}$ km). Für die weitere Entwicklung des Universums ist diese Abschätzung von entscheidender Bedeutung, und dennoch können wir sie nicht wirklich nachvollziehen, denn die Zahlen, die wir soeben benutzt haben, entziehen sich unserer Vorstellung. Der Begriff „unvorstellbar" trifft dabei den Punkt sehr genau, denn es gibt kein einfaches Beispiel, das für uns den Faktor 10^{50} verständlich macht.

Um eine Vorstellung von der Leistungsfähigkeit dieses Faktors zu erhalten, sollten wir etwas betrachten, zu dem wir noch einen Bezug herstellen können, und das muss fraglos deutlich größer als eine Quantenfluktuation sein. Einen gewissen Bezug können wir prinzipiell noch zur Nanophysik herstellen. Dementsprechend liegt die Größe eines Atoms, mit circa 10^{-10} Metern, was $0,1$ Nanometern entspricht, noch grenzwertig in unserem Vorstellungsbereich. Der Durchmesser eines Atoms würde nun bei der Vergrößerung um den Faktor 10^{50} auf 10^{40} Meter anwachsen. Wie groß ist das? Uns fehlen die Worte! Vielleicht sollten wir versuchen, uns diese Größe in Form von Lichtjahren begreiflich zu machen. Fragen wir uns also, wie viel Zeit vergehen würde, bis ein Lichtstrahl an diesem Atom vorbeigeflogen wäre. Ein Photon legt in der Sekunde 300 000 km zurück; das sind $3 \cdot 10^8$ Meter pro Sekunde; und das sind circa 10^{16} Meter pro Jahr. Das Photon würde also, aus Sicht des ruhenden Atoms, 10^{24} Jahre brauchen, um an dem Atom vorbeizufliegen. Diese Größe hat sogar einen Namen: Yotta. Wir müssten uns also ein Yottajahr gedulden, und das sind 1 000 Milliarden Terajahre, bis das Photon an unserem leicht veränderten Atom vorbeigezogen wäre. Können wir uns nun unter einem Yottajahr etwas vorstellen? Nicht wirklich! Also betrachten wir als Nächstes eine sportliche Schnecke mit unbegrenzter Lebenszeit und schicken sie auf die Reise. Nachdem unser Speedy sportlich ist, bringt er es auf circa 60 Zentimeter pro Minute, das sind 300 km pro Jahr. Das heißt, er legt in einem Yottajahr $3 \cdot 10^{26}$ km zurück. Die Entfernung zu Andromeda liegt bei ungefähr $3 \cdot 10^{19}$ km. Demzufolge könnte Speedy in einem Yottajahr zehn Millionen Mal zur Andromedagalaxie reisen; und in dieser Zeit ist unser Photon gerade mal an dem aufgeblähten Atom vorbeigeflogen! Durch diesen Vergleich relativiert sich auch die Größe der Lichtgeschwindigkeit. Uns erscheint der Wert der Lichtgeschwindigkeit nahezu unendlich groß; in diesem Beispiel schneidet der Wert aber ziemlich schlecht ab. Er muss sogar den Vergleich mit einem gemächlichen Schneckentempo über sich ergehen lassen. Langsam wird uns klar, was dieser Faktor 10^{50} vermag. Dieser Faktor verändert alles bis zur Unkenntlichkeit.

Der Faktor 10^{50} hat auch das Universum mühelos flach gemacht! Wie gekrümmt das Universum in seiner Anfangsphase vor der Inflation auch gewesen sein mag, die Inflation hat die Krümmung um den Faktor 10^{50} geglättet, und damit so platt gebügelt, dass wir uns nichts Flacheres mehr vorstellen können. Das Universum hat also den unwahrscheinlichsten Fall, den ein flaches Universum darstellt, gar nicht für sich entdeckt, sondern die Inflation hat das flache Universum erzwungen. Und auf diesem Weg hat die Inflation genau den einen Wert, den Masse und

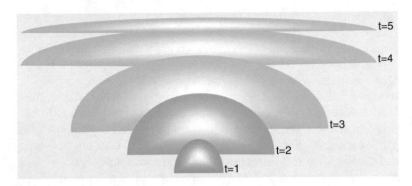

Abb. 1.13 Beobachtungen zeigen, dass eine Phase der exponentiellen Expansion das frühe Universum begleitet haben muss. Diese Beobachtungen beziehen sich auf das Horizontproblem, das nur dadurch zu lösen ist, dass das Universum eine Phase durchlebt hat, in der die Expansion viel schneller als mit Lichtgeschwindigkeit erfolgt ist (dies wird im Textteil näher erklärt). Eine weitere Beobachtung zeigt, dass das Universum extrem flach ist. Dieser Umstand ist in hohem Maße erstaunlich, da Masse und Energie den Raum krümmen. Nachdem diese Ingredienzien durchaus in unserem Universum vorhanden sind, sollte auch eine globale Krümmung im Universum feststellbar sein. Aber dem ist nicht so. Das Universum hat vielmehr den unwahrscheinlichsten Fall für sich entdeckt. Es gibt genau einen Wert, den Masse und Energie haben dürfen, um ein flaches Universum zu gewährleisten, und exakt diesen Wert hat das Universum gewählt. Die Einstellung dieses Wertes ist allerdings ohne eine exponentielle Expansion des frühen Universums nicht zu erklären. Die Inflationsphase – wie die exponentielle Expansion des Universums auch genannt wird –, die sich im frühen Zeitraum zwischen 10^{-35} s und 10^{-32} s des Big Bang abspielte, blähte das Universum um den gewaltigen Faktor von 10^{50} auf. Wie gekrümmt das Universum in seiner Anfangsphase vor der Inflation auch gewesen sein mag, die Inflation hat die Krümmung um den Faktor 10^{50} geglättet und auf diesem Weg genau den einen Wert, den Masse und Energie im Falle eines flachen Universums haben dürfen, eingestellt. Seitdem – seit der Inflation – ist das Universum im Großen also flach! Das gezeigte Bild soll dies verdeutlichen, indem wir uns erneut vorstellen, dass das Universum durch die Oberfläche der Kugeln – gezeigt sind allerdings nur Kugelsegmente – repräsentiert wird. Der Radius der Kugel vergrößert sich im Zuge der Inflation sukzessive mit jedem Zeitschritt und lässt damit die Oberfläche immer flacher werden. Hier ist noch nicht einmal die Auswirkung eines Faktors 10 gezeigt, was also vermag ein Faktor 10^{50} erst zu bewirken?

Energie im Falle eines flachen Universums als Dichtewert annehmen können, eingestellt. Wie groß dieser Wert ist, wird im Einschub 9 „Das flache Universum" gezeigt.

? 9. Das flache Universum

Für ein flaches Universum gilt

$$E = T + U = 0$$

Gesamtenergie =
kinetische Energie +
Gravitationspotential

$$T_1 = \frac{1}{2}v_1^2 > T_2 = \frac{1}{2}v_2^2$$

$$U_1 = \frac{-GM}{r_1} < U_2 = \frac{-GM}{r_2}$$

$$E = \frac{1}{2}H_0^2 r^2 - \frac{4\pi G}{3}\sigma r^2 = 0$$

Durch die exponentielle Expansion wurde das Universum flach; und für ein flaches Universum existiert eine weitere wichtige Beziehung, die die Geschwindigkeit der Expansion mit der Energiedichte verbindet. Um diese Beziehung einzusehen, betrachten wir im Rahmen der Newton'schen Mechanik erneut die Gravitationsanziehung, die ein beliebiger kugelsymmetrischer Körper auf Objekte in seiner Nachbarschaft ausübt (Einschub 6 „Die Bewegungsgleichung der ART"). Unser Augenmerk werden wir jetzt allerdings auf die energetischen Verhältnisse des Systems richten, wobei wir zur Durchführung unserer Betrachtung, als weitere wichtige Größe der Gravitation, das Gravitationspotential U, benötigen. Diese Größe stellt die Arbeit dar, die von der Gravitationsanziehung der Masse M aufgebracht wird, um ein Einheitsobjekt aus unendlicher Entfernung bis zu einem bestimmten Ort r zu transportieren

$$U = -\frac{GM}{r} = -\frac{4\pi G}{3}\sigma r^2.$$

Das negative Vorzeichen weist dabei darauf hin, dass diese Energie bei Annäherung freigesetzt wird. Bei Entfernung vom Ort r ins Unendliche muss hingegen die Energie $-U$ tatsächlich aufgewendet werden (multipliziert man das Gravitationspotential mit der transportierten Masse, so erhält man die *Gravitationsenergie*). Wie in der Skizze dargestellt, entfernt sich das Einheitsobjekt aufgrund der ▶

▶ Expansion von der Gravitationsquelle, wobei die Geschwindigkeit im Term seiner Bewegungsenergie T auch über das Hubble-Gesetz interpretiert werden kann

$$T = \frac{1}{2}(v)^2 = \frac{1}{2}(H_0 r)^2.$$

Die Gesamtenergie E stellt sich nun als Summe der Bewegungsenergie T und des Gravitationspotentials U dar, wobei diese konstante Größe im Falle eines flachen Universums exakt null ist.

$$E = T + U = 0$$

Damit ergibt sich:

$$\frac{1}{2}H_0^2 r^2 - \frac{4\pi G}{3}\sigma r^2 = 0$$

$$\Rightarrow \frac{8\pi G}{3}\sigma = H_0^2 \Rightarrow \frac{8\pi G}{3H_0^2}\sigma = 1$$

Mit der Definition der kritischen Massendichte

$$\sigma_{krit} = \frac{3H_0^2}{8\pi G} \approx 10^{-29}\,\frac{g}{cm^3}$$

erhalten wir die wichtige Beziehung:

$$\Omega_m := \frac{\sigma}{\sigma_{krit}} = 1$$

In einem flachen Universum muss also die Massendichte gleich der kritischen Massendichte sein!

Diese Beziehung gilt für ein flaches Universum auch im Rahmen der Allgemeinen Relativitätstheorie!

Die Frage, ob sich ein flaches Universum auch ohne die Inflation ergeben hätte können, ist mit einem klaren Nein zu beantworten. Denn wäre die gesamte Massendichte direkt nach dem Start des Big Bang auch nur um einen minimalen Bruchteil größer als die kritische Dichte gewesen, wäre das Universum sofort wieder kollabiert. Wäre sie andererseits auch nur minimal kleiner gewesen, hätte sich das Universum viel zu schnell ausgedehnt. In diesem Fall hätten sich keine Strukturen und damit keine Galaxien ausbilden können. Also muss es eine Feinabstimmung gegeben haben, die dafür gesorgt hat, dass das Universum mit hoher Präzision abgeflacht wurde. Der einzige Kandidat, der mit einem Faktor 10^{50} in der Tasche das Feingefühl für solch eine präzise Abstimmung hatte, war die Inflation.

Und auch das Horizontproblem wird von der Inflation aus dem Handgelenk heraus locker gelöst. Dass vor der Inflation alle Bereiche in Hörweite zueinander waren und sich im Gleichgewicht befanden, stellt wegen der minimalen Abstände und extrem hohen Temperaturen in dieser Phase keine physikalische Hürde dar. Und dieses Gleichgewichtsbewusstsein konnten sich die Bereiche, die während der Inflation bis zur Isolation getrennt wurden, problemlos bewahren – es gab einfach keine vom räumlichen Bereich abhängigen Störungen; und dementsprechend mussten sie sich auch in gleicher Form weiterentwickeln. Entscheidend war also die überlichtschnelle Expansion während der Inflation, und die musste für ein sich abflachendes Universum zu einer nahezu unbegrenzten Kette von Hubble-Sphären führen, wie wir im Kapitel 1.3.1 „Überlichtgeschwindigkeit – darf es ein bisschen mehr sein?" gesehen haben. Letztlich führte uns ja gerade der relative Vergleich von zweien der damit existierenden Unzahl von Hubble-Sphären zum nunmehr gelösten Horizontproblem. Aus diesem Ablauf ergibt sich als weitere wichtige Schlussfolgerung, dass die Beobachtungen innerhalb unseres Horizonts das gesamte Universum gleichermaßen charakterisieren müssen. Damit wird unsere grundlegende Annahme, dass das Universum an allen Orten gleich beschaffen ist und auch die Naturgesetze überall gleichermaßen gelten, nachhaltig abgesichert. Das **kosmologische Prinzip** (**Weltpostulat**) erhält dadurch auch eine beobachtungsunabhängige Rechtfertigung.

Die Inflationsphase war es also, sie war der Bang beim Big Bang, sie hat dem Universum seinen Anfangsimpuls gegeben und es damit auf den Weg gebracht. Ohne sie wäre alles sicherlich sehr übersichtlich und überschaubar geblieben; ohne sie wäre das Universum nach dem Start des Big Bang fraglos sofort wieder kollabiert; vorausgesetzt das Universum wäre ohne sie überhaupt aus seiner Singularität herausgekommen. Und *das Gaspedal der Inflation war das Higgsfeld*, das als falsches Vakuum auftrat und dadurch einen negativen Druck und einen gewaltigen Energiedichteüberschuss besaß. Während der negative Druck für die inflationäre Expansion sorgte, hat der nach dem Phasenübergang des Higgsfeldes frei gewordene Energiedichteüberschuss die Teilchen erzeugt, die heute unser Universum bevölkern. Es war die Inflation, die unter Einbeziehung des Gravitationspotentials der Allgemeinen Relativitätstheorie aus einer dem Wirkungsbereich der Singularität zugeordneten möglichen Startmasse von gerade einmal zehn Kilogramm die 10^{90} Teilchen werden ließ, die wir in unserem heute sichtbaren Teil des Universums beobachten. *Damit wäre das Universum zwar nicht aus dem Nichts entstanden, aber es wäre zumindest aus fast nichts entstanden!*

Dass der Begriff „Big Bang" das Anfangsverhalten unseres Universums auf so treffende Weise widerspiegelt, hätte Fred Hoyle, der große Gegner der Theorie der Entstehung des Universums, sich sicher nicht träumen lassen. Er prägte zwar den Begriff des Big Bang, allerdings auf sarkastische Weise. Er wollte damit den aus seiner Sicht absurden Charakter der Vorstellung, dass das Universum aus einem winzigen Etwas entstanden sein sollte, ins Lächerliche ziehen. Der Kreis derer, die lachen, ist mittlerweile allerdings sehr überschaubar geworden.

1.4.5   Die Entwicklung des Universums im Schnelldurchlauf

Die Geschichte der Entwicklung des Universums oder alles, was existiert, ist auf dem Weg irgendwohin!

In der Astrophysik geht es primär darum, dieses „irgendwohin" zu präzisieren, und das ist es, was uns letztendlich keine Ruhe lässt. Wir wollen nicht nur staunend und verzückt in den Himmel schauen und beobachten, was da ist, sondern wir wollen vor allem verstehen, wie unsere Erkenntnisse zusammenpassen. Und das lässt uns keine Ruhe, selbst wenn die Komplexität, den die immer weitergehende Präzisierung erfordert, uns unsere Grenzen aufzeigt. Unsere Vorstellungen und Einsichten sind zwar begrenzt, aber dennoch flexibel genug, um Zusammenhänge einzusehen. Wie passen nun unsere über viele Generationen gewonnenen Erkenntnisse hinsichtlich der Entwicklung des Universums zusammen?

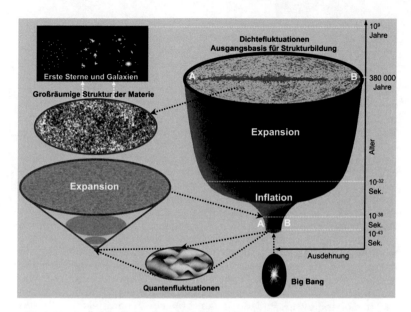

Abb. 1.14 Dargestellt ist die Entwicklung des Universums im groben, aber auch pointierten Schnelldurchlauf: Die Geschichte beginnt 10^{-43} s nach dem Start des Big Bang. Zu diesem Zeitpunkt hatte der heute beobachtbare Teil des Universums eine Größe von 10^{-35} m und eine Temperatur von 10^{32} Kelvin. Zu Beginn waren alle 4 – oder 5? – Naturkräfte miteinander vereint, und es dominierten noch die **Quantenfluktuationen**, nicht zuletzt wegen der unvorstellbar winzigen Ausdehnung des Universums. Das Danach, bis zum Zeitpunkt 10^{-35} s, bezeichnet man als Ursuppe, die aus Photonen sowie diversen skurrilen Bosonen besteht, allerdings hatten diese Teilchen zu diesem Zeitpunkt noch keine Masse. Wegen der fortschreitenden Expansion des Raums kühlte sich das Universum immer weiter ab, und eine andere Form von Teilchen betrat die Bühne. Das **Higgs-Boson**, ein Teilchen, nach dem gegenwärtig mit ungeheurem Aufwand und unter Zuhilfenahme der modernsten Teilchenbeschleuniger hartnäckig gesucht wird. Der Hauptgrund ist die theoretische Vorhersage, dass der Materie erst durch dieses Teilchen die Eigenschaft Masse vermittelt wird – zu verstehen, was Masse wirklich ist, ist mehr denn je ein aktueller Forschungsschwerpunkt. Im Verlauf der weiteren Expansion hat das Higgs-Boson unserem Verständnis nach dann einen Phasenübergang durchmacht – bedingt vergleichbar zu dem des Wassers am Gefrierpunkt –, und im Zuge dessen sind die fundamentalen Wechselwirkungen eigenständig geworden. Bei diesem Phasenübergang, der nach 10^{-32} s stattfand, ist dann

◄──

schlagartig die Energie des falschen Vakuums freigesetzt worden (Kapitel 1.4.2 „Das Vakuum ist nicht Nichts!"), wobei die Verzögerung bei der Energieabgabe im Vorfeld eine exponentielle Expansion des Universums bewirkte. Diese Phase stellte den eigentlichen Bang des Big Bang dar (Kapitel 1.4.4 „Der Bang des Big Bang"), und der blähte das Universum um den gewaltigen Faktor 10^{50} auf – und das galt auch für die Quantenfluktuationen, die auseinandergezerrt wurden und eine erste, sehr feine Strukturbildung darstellten. Die Inflationsphase bewirkte also auch eine erhebliche **Entropieerniedrigung**, und damit wurde die Grundlage für den wirklichen Beginn der **Makrozeit** erst geschaffen (Kapitel 1.2.2 „Was ist Zeit?"). Dieses Verhalten wird durch die Skizzen im linken unteren Bereich des Bildes illustriert. Nach 10^{-32} s war der Spuk vorbei, und die Energie des Phasenübergangs erzeugte eine gewaltige Zahl von neuen Teilchen: Quarks und Antiquarks (Bausteine der Elemente), die nun, durch die Wechselwirkung mit dem „neuen Higgs-Boson", Masse besitzen – man sollte das Higgs-Teilchen wirklich finden, um dieser ausgefeilten Theorie auch eine physikalische Grundlage zu geben. Jetzt wurde der Teilchenzug in Bewegung gesetzt, und gemäß diesem vernichteten sich Teilchen und Antiteilchen und erzeugten Photonen und umgekehrt. Dies geschah am laufenden Band – es ging also, im Cowboyjargon gesprochen, durch den Saal und über die Theke[21]. Jedoch gab es um ein Milliardstel mehr Quarks als Antiquarks, und dieses Milliardstel blieb stets erhalten. Und aus diesem Milliardstel Vorsprung der Quarks besteht die gesamte Materie im Universum, und dieser winzige Vorsprung setzte sich nach Ablauf der ersten Sekunde durch. Jetzt wurden bei einer Temperatur von lauwarmen 10 Milliarden Kelvin Protonen, Neutronen und Elektronen gebildet, wobei die Photonen immer noch milliardenfach überlegen waren. In den nächsten circa 10 Sekunden liefen Kernreaktionen ab, die ungefähr 25 % der Materie in Heliumkerne umwandelten und einen kleinen Anteil an Lithium produzierten. Der Rest waren Wasserstoffkerne. Für mehr reichte es nicht. Die Dichte war mittlerweile zu gering geworden, um schwerere Elemente zu erzeugen – der Expansion sei Dank; denn was täten wir mit einem Universum, das nur aus Eisen besteht (Kapitel 1.5.1 „Der Massendefekt – Energiequelle des Lebens"); Eisen wäre sicherlich preiswert, aber? Nun hatte die Hektik ein Ende, für einen längeren Zeitraum von 380 000 Jahren wurde nur noch gekühlt und expandiert. Dann, bei einer Temperatur von 5 000 Kelvin, bildeten sich Atome. Elektronen verbanden sich mit Protonen und Heliumkernen zu Wasserstoff und Helium. Für die Photonen waren die Elektronen nun kein Hindernis mehr, und sie konnten sich nun auch über große Strecken frei bewegen. Damit wurde das Universum erstmalig durchsichtig – bis zu diesem Zeitpunkt können wir heute in ►

──────────────

21   Das Durcheinander war also nur schwerlich zu überbieten.

←──

die Vergangenheit sehen. Nun kehrte wirklich Ruhe ein, in den nächsten 100 Millionen Jahren durchlebte das Universum dunkle Zeiten, expandierte und kühlte sich auf 200 Kelvin ab – jetzt wurde es sogar schattig. Aber das war natürlich nicht alles, denn es gab ja die feine Strukturbildung, die sich inzwischen zu Dichtefluktuationen hochgearbeitet hatte und jetzt eine großräumige Struktur der Materie darstellte, wie dies in der Mitte des Bildes illustriert wird. Wir waren nun meilenweit vom Entropiemaximum entfernt, und das war das Salz in der Universum-Suppe! Die Fluktuationen, deren Wurzeln in der Mikrozeit liegen, betrafen aber nicht nur die sichtbare Materie, die nahezu ausschließlich aus Wasserstoff und Helium bestand, sondern auch die **Dunkle Materie**, für die es noch keine Schublade gibt, auf die wir schreiben könnten, was darin ist. Und um diese Knollen aus Dunkler Materie herum begannen die Wolken aus Wasserstoff und Helium, sich unter der Schwerkraft der Dunklen Materie zusammenzuziehen. Auch wenn wir noch nicht wissen, was die Dunkle Materie eigentlich ist, so wissen wir doch, dass sie eine unverzichtbare Zutat in unserem Universum darstellt; denn ohne sie hätten sich keine Sterne und keine Galaxien bilden können. Dabei erwärmten sich die Wolken auf circa 1 000 Kelvin. Im vergleichsweise jungen Alter von einigen Millionen Jahren führte dies bereits zur Vorstufe der Ausbildung der ersten Sterngeneration und Protogalaxien, wie dies links oben im Bild verdeutlicht wird. Für die Bildung der Sterne und Galaxien stellte die Erwärmung allerdings ein großes Problem dar. Die damit verbundene Energie musste abgeführt werden, um die notwendige weitere Kontraktion zu ermöglichen – wenn man einen Schnellkochtopf immer weiter aufheizt, wird es ihn irgendwann zerreißen, besser ist es, ihn abzukühlen, bevor man den Inhalt weiterverarbeitet. Dies geschah maßgeblich durch Infrarotabstrahlung, die durch Kollision sich bildender Wasserstoffmoleküle mit Wasserstoffatomen entstand. Die frei gewordene Gravitationsenergie wurde also einfach abgestrahlt (Kapitel 1.5.2 „Die Gravitationsenergie – Motor der Sternentwicklung"). Dadurch kühlten sich die Wolken bis auf 200 Kelvin ab, wodurch sich erste Klumpen bildeten, die sich nun durch Eigengravitation zu großen Gebilden zusammenschlossen. Wegen einer fehlenden effizienteren Kühlung waren große Gebilde damals unvermeidbar. Im heutigen Universum erfolgt die Kühlung über schwerere Elemente, die es damals noch nicht gab. Auf diese Weise können heute auch kleine Objekte wie die Sonne entstehen. Damals, im primordialen Zeitalter, konnten sich, wegen der höheren Temperatur, nur **Megasonnen** mit einigen 1 000 Sonnenmassen ausbilden. Die Lebenserwartung solcher Sterne ist nicht groß. Sie werden nur wenige Millionen Jahre alt und verbrennen regelrecht im Eiltempo ihren Wasserstoffvorrat zu schwereren Elementen und geben diese durch gewaltige Supernovaexplosionen an ihr Umfeld frei. Auf diese Weise veränderte sich die Zusammensetzung des Interstella- ▶

Einen grundlegenden Überblick darüber gibt uns das zentral dargestellte Bild.

Die Darstellung des zentralen Bildes zeigt uns die Eckpfeiler, die die Struktur und Entwicklung des Universums in entscheidendem Maße bestimmt haben. Dabei wurden vor allem die wesentlichen Wechselwirkungen der Teile des Systems untereinander betont. Wobei aus den vielen dargelegten Details, die für die Entwicklung unseres Universums von Bedeutung waren, bei ungetrübtem Blick eines in besonderem Maße hervorsticht, und das betrifft das Phänomen der **Quantenfluktuationen**. Dieses Phänomen stellt bei der Geschichte der Entwicklung des Universums einen so bedeutenden Dreh- und Angelpunkt dar, dass diese fast schon mit dem Untertitel „Die Geschichte der Raum-Zeit-Entwicklung der Quantenfluktuationen" versehen werden könnte.

Mit den Quantenfluktuationen – möglicherweise sogar aus ihnen heraus – ist das Universum bereits geboren worden; sie waren also von Beginn an eine prägende und zum Teil sogar die einzige materiebezogene Erscheinung. Dass Formen, die aus einer Laune der Natur heraus nur auf virtuelle Weise existieren können, eine derart grundlegende Bedeutung für die Entstehung und Entwicklung des Universums erlangen konnten, stellt eine Einsicht dar, um deren Zugang man wirklich hart-

---

ren Mediums, und Molekülwolken der nächsten Generation konnten, wegen der deutlich verbesserten Kühlung, kleinere langlebigere Sterne, deren Lebenserwartung bei Milliarden von Jahren liegt, und auch Planeten produzieren. Bei den Supernovaexplosionen wurden die Megasonnen jedoch nicht vollständig zerstört. Der Explosion geht ein Kollaps, also eine Implosion voraus, und das Restprodukt ist ein **Schwarzes Loch**. Da eine solche Explosion kein singuläres Ereignis ist, sondern mit einem Starburst[22] einhergeht, befand sich nach kürzester Zeit eine Vielzahl von derartigen Schwarzen Löchern auf engstem Raum. Stand der aktuellen Forschung ist es, die Verschmelzung dieser Schwarzen Löcher zu simulieren, um auf diesem Weg nachzuweisen, dass sie die Keimzellen der Supermassiven Schwarzen Löcher darstellen, die man jüngst in den Galaxienkernen unauffälliger Spiralgalaxien, wie unserer eigenen, gefunden hat. Ein Zwischenstadium auf diesem Weg stellen vermutlich die Quasare dar, die als pubertierende Galaxien eine gewaltige Aktivität zeigen.

---

22 Gebiete mit extrem hoher Sternentstehungsrate; Starburstgalaxien weisen eine Vielzahl solcher Gebiete auf.

näckig ringen muss. Das beginnt bereits beim Grundverständnis dieses Phänomens, das nicht so ohne Weiteres zu verdauen ist: Gemäß den Gesetzen der Quantenmechanik, wird in der mikroskopischen Welt das für uns gewohnte präzise Verhalten durch ein unpräzises ersetzt, das nur mit einer gewissen Wahrscheinlichkeitsaussage verknüpft ist. Und dieses Verhalten drückt selbst dem leeren Raum – dem Vakuum – in entscheidendem Maße seinen Stempel auf, indem Quantenfluktuationen zum allgegenwärtigen Erscheinungsbild werden. Das, was nach unserer Erfahrung eigentlich nicht da sein sollte, kann nicht null werden und beeinflusst dadurch das Geschehen (Kapitel 1.4.2 „Das Vakuum ist nicht Nichts!").

Folgende Punkte sind hinsichtlich der Beeinflussung beziehungsweise sogar der Steuerung des Geschehens im frühen Universum dabei hervorzuheben:

1. Der negative Druck – den hätte es ohne die Quantenfluktuationen nicht gegeben.

2. Die inflationäre Expansion beziehungsweise der Bang – beides hätte es ohne den negativen Druck nicht gegeben.

3. Die **Entropieerniedrigung**, die die Grundlage für den Beginn der **Makrozeit** war – beides hätte es ohne die inflationäre Expansion nicht gegeben.

4. Die Dichtefluktuationen, die die Grundlage für die Strukturbildung darstellten – die sind aus den Quantenfluktuationen während der Inflationsphase, die sie um den Faktor 10^{50} auseinandergezerrt hat, entstanden.

Den letzten Punkt betreffend, besteht ein sehr interessanter Aspekt darin, dass die Quantenfluktuationen sich letztlich selbst auseinandergezerrt haben, da sie ja auch für die Inflationsphase verantwortlich waren! Wenn wir jetzt noch vergegenwärtigen, dass Quantenfluktuationen eigentlich das sind, was wir als Nichts bezeichnen würden, dann dürfte es für manchen nicht einfach sein, Haltung zu bewahren.

So gesehen, entstand das Universum eventuell aus einem sehr speziellen Nichts! Und dieses sehr spezielle Nichts hat einiges zu bieten, wie

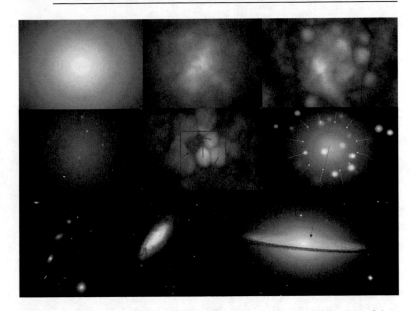

Abb. 1.15 Die Entwicklung des Universums im Schnelldurchlauf hat unter anderem verdeutlicht, wie sich die ursprünglichen und stets vorhandenen Quantenfluktuationen als Ausgangspunkt für die makroskopische Strukturbildung im Universum darstellen. Quantenfluktuationen sind stets vorhanden, da das Wesen der Quantenphysik darin besteht, unpräzise zu sein; die Quantenphysik lässt keine konkreten Aussagen zu; sie begnügt sich vielmehr mit Wahrscheinlichkeitsangaben. Im Rahmen dieser Wahrscheinlichkeitsangaben gibt es keine null; und das, was nach unserer Erfahrung eigentlich nicht da sein sollte, aber dennoch ungleich null ist, sind die Fluktuationen (Kapitel 1.4.2 „Das Vakuum ist nicht Nichts!"). Die Fluktuationen selbst laufen im Bereich der Mikrozeit ab (Kapitel 1.2.2 „Was ist Zeit?"), und selbst große Fluktuationen, die sich durch Zufall ergeben, lösen sich sofort wieder auf. Dies kann nur durch eine extreme Expansion des Raums verhindert werden, die auch im Bereich der Mikrozeit spürbar ist, wie dies in der Inflationsphase der Fall war. Ohne diese Inflationsphase wäre das Universum bei Bild eins (links oben) stehen geblieben. Es wäre ein makrozeitloses, strukturloses und insgesamt nutzloses Universum geworden. Durch die Inflationsphase konnten die großen Fluktuationen jedoch eingefroren werden und sich zu Dichtefluktuationen hocharbeiten, wie dies durch die nächsten beiden Bilder in der ersten Zeile illustriert wird. Auch diese hätten sich, nun im Bereich der Makrozeit, wieder aufgelöst, wenn es keine oder zu wenig Dunkle Materie im Universum gäbe. Es wurde jedoch daran

wir gesehen haben – daran sollten wir das nächste Mal denken, wenn wir sagen „Ich habe nichts".

Gemäß dem vierten Punkt konnten die großen Fluktuationen also eingefroren werden und sich zu Dichtefluktuationen hocharbeiten, die die Grundlage für die spätere Strukturbildung darstellten.

Aus obiger Darstellung, die uns die Strukturbildung im frühen Universum näher verdeutlicht, geht nun klar hervor, dass neben den Quantenfluktuationen die Dunkle Materie bei diesen Entstehungsprozessen eine essentiell wichtige Rolle gespielt hat.

Die Fluktuationen, deren Wurzeln in der Mikrozeit liegen, betrafen also nicht nur die herkömmliche sichtbare Materie, sondern auch die Dunkle Materie, die wir noch nicht so richtig einordnen können. Und es war zuerst die unbekannte Teilchensorte dieser Dunklen Materie, die das grundlegende Materieraster ausgebildet hat; um diese Substruktur herum haben sich dann erst die Wolken aus Wasserstoff und Helium gruppiert. Ohne die Dunkle Materie wäre also der Versuch, Sterne und Galaxien aus den Dichtefluktuationen der sichtbaren Materie allein ent-

←───────────────────────────────

gedacht, diese für uns nur durch ihre Gravitationsanziehung wahrnehmbare Materie in hinreichendem Maße beizumischen. Es waren primär die großen Fluktuationen der Dunklen Materie, die eingefroren wurden, lokale Strukturen gebildet haben, durch ihre Gravitationsanziehung diese Strukturen weiter verdichtet haben und damit die sichtbare Materie an sich binden konnten. Dieses Verhalten wird durch das linke Bild in der zweiten Zeile illustriert. Das mittlere Bild in der zweiten Zeile zoomt eine der sich großräumig strukturierten Materieansammlungen heran und illustriert damit die Substrukturen eines entstehenden Superhaufens. Das rechte Bild in der zweiten Zeile zoomt wiederum ein Element der Substrukturen heran und illustriert damit die Entstehung einer Galaxie. Diese wird in ihrem fertigen Zustand in der letzten Zeile auf der rechten Seite gezeigt. In der letzten Zeile auf der linken Seite sehen wir hingegen einen entstandenen Superhaufen von Galaxien. Ohne Argwohn stellen wir somit fest, dass die Dunkle Materie eine unverzichtbare Zutat in unserem Universum ist. Ohne sie hätten sich keine Sterne und keine Galaxien bilden können! Und auch die Makrozeit wäre nie in die Gänge gekommen, es gäbe also keinen **Zeitpfeil**. Die gerichtete Entwicklung des Universums ist somit dem Zusammentreffen von mindestens drei Phänomenen zu verdanken: den Quantenfluktuationen, der inflationären Expansionsphase der Raum-Zeit und der Existenz der Dunklen Materie.

stehen zu lassen, gescheitert. Diese Erkenntnis hat vor nicht allzu langer Zeit sogar die Fachwelt überrascht, denn bei ihrer Entdeckung wäre niemand auch nur im Entferntesten auf die Idee gekommen, dass die Dunklen Materie eine so entscheidende Rolle bei der Entwicklung des Universums gespielt haben sollte.

Damit haben wir einen Einblick in die wesentlichen Grundzüge des Standardmodells der Entwicklung des Universums gewonnen. Allein der Begriff „Standard" verbreitet allerdings eine gewisse Unbehaglichkeit. Weshalb sollte sich das Universum standardmäßig verhalten? Das klingt ein bisschen so, als könnte man für das Universum etwas von der Stange kaufen. Wobei es fraglos angemessener wäre, für einen passgerechten Maßanzug zu sorgen. Nachdem wir nicht vergessen sollten, dass ein wichtiges Ziel noch aussteht, und zwar das Ziel, die Dunkle Energie in unser Weltbild einzuordnen, müssen wir uns wohl um einen solchen passgerechten Maßanzug erst noch bemühen. Dazu müssen wir allerdings im Vorfeld ein gewisses handwerkliches Geschick und bestimmte noch fehlende Fähigkeiten erwerben. Konkret stellt sich das Fehlende als Verständnis der physikalischen Abläufe und Prozesse von kosmischen Leuchttürmen dar; und damit werden wir uns in einem ersten Schritt im Folgenden befassen.

1.5   Kosmische Leuchttürme und ihr explosiver Charakter

Bei einer oberflächlichen Himmelsbeobachtung fällt uns sofort auf, dass alles, was sich über uns abspielt, einem stetigen Wandel unterworfen ist. Wenn wir genauer hinsehen, stellen wir hingegen fest, dass der Schein trügt und dass sich, von einer großräumigen Bewegung abgesehen, nicht wirklich etwas verändert. Wenn wir schließlich die großräumige Bewegung näher untersuchen, kommen wir zu dem Schluss, dass sich eigentlich gar nichts bewegt, außer uns selbst. Auf den richtigen Weg hat uns dabei die zweite Feststellung gebracht. Wie kommen wir zu dieser Schlussfolgerung? Über die Sternbilder. Wenn wir das großräumige Umfeld von prägnanten Sternen betrachten und dies fixieren, so erkennen wir, dass die Positionen einzelner Sterne in den Sternbildern sich relativ zueinander nicht verändern. Die Sterne sind also Fixsterne, und die Bilder, die einzelne Gruppen von ihnen darzustellen scheinen, haben sich selbst über Jahrtausende hinweg nicht verändert. Das ist sogar eine ziemlich starke Untertreibung, denn die Sterne entwickeln sich so langsam, dass bestenfalls nach Millionen von Jahren, und in der Regel erst nach Milliarden von Jahren, Änderungen in ihrem Erscheinungsbild zu registrieren sind. Fälle, in denen man die Entwicklung eines stellaren Objekts im Verlauf eines Menschenlebens direkt verfolgen kann, passen nicht in dieses Bild; und dennoch gibt es solche seltenen, außergewöhnlichen Fälle:

Sie tauchte aus dem Nichts auf!

Eine „zweite Sonne" war auf einmal einfach da!

Am 1. Mai des Jahres 1006 wurde die Nacht zum Tag. Was damals aus dem Nichts auftauchte, war eine hell leuchtende Scheibe, die fast so lichtstark wie unsere Sonne und halb so groß wie der Mond war. So etwas hatte man auf der Erde noch nicht beobachtet. Und als Instrument für diese Beobachtung war das Auge mehr als hinreichend. Mehr als hinreichend heißt, dass eine Schädigung des Auges bei längerem Hinsehen unvermeidbar gewesen wäre – nicht vorzustellen, wie zerstörerisch sich diese Erscheinung auf unsere heutigen modernen Teleskope erst ausgewirkt hätte. Aus den damaligen Beschreibungen geht hervor, dass diese „zweite Sonne" sogar Schatten geworfen hat und dass man nachts in ihrem Licht lesen konnte. Diese nicht nur für damalige Astronomen faszinierende und zugleich erschreckende Helligkeitsphase hielt ziemlich genau drei Monate an. Danach schwächte sich die Helligkeit der zweiten Sonne zu der eines „zweiten Mondes" ab. In diesem Zustand konnte diese Erscheinung weitere achtzehn Monate lang beobachtet werden.

Was das war, das da kam und ging, wusste damals natürlich niemand. Man hatte keine Vorstellung von dem, was der Menschheit da erschienen war.

Wir wissen, was es war.

Es war der erste kosmische Leuchtturm, der von unserer Zivilisation als besonderes Ereignis wahrgenommen und dokumentiert wurde.

Dies wissen wir seit dem Jahr 1965. Zu diesem Zeitpunkt konnte die damalige Erscheinung einer Supernova zugeordnet werden, die sich im Jahre 1006 ereignet haben muss. Später gelang es sogar, die

Abb. 1.16 Das Bild zeigt den Supernovaüberrest von SN 1006 im Sternbild Lupus. Der Durchmesser dieses 7 000 Lichtjahre entfernten Objekts
liegt bei ungefähr 70 Lichtjahren. Das bedeutet, dass selbst die aller-
kleinsten, gerade noch erkennbaren Strukturen in diesem Bild einen
Durchmesser von 1 Million Sonnenradien haben. Diese über 1 000 Jahre
alte Supernova war nach unserem Kenntnisstand der erste kosmische
Leuchtturm, der von unserer Zivilisation als besonderes Ereignis wahrgenommen wurde. Um welches Objekt es sich dabei handelte, ahnte damals natürlich niemand. Erst 1965 konnte das Objekt der Supernova aus
dem Jahre 1 006 zugeordnet und später als Typ Ia Supernova identifiziert
werden. Der wesentlichste Anhaltspunkt für die Identifizierung war der
fehlende **Neutronenstern** beziehungsweise das fehlende **Schwarze
Loch**, das eine Typ II, Ib oder Ic Supernova hinterlassen hätte. SN 1 006,
die am 1. Mai des damaligen Jahres aus dem Nichts auftauchte, gilt als
die hellste Supernova, die je auf der Erde beobachtet wurde. Aus den
damaligen Beschreibungen geht hervor, dass diese „zweite Sonne" halb
so groß wie der Mond war, Schatten geworfen hat, und dass man nachts
in ihrem Licht sogar lesen konnte. Diese nicht nur für damalige Astronomen beeindruckende Phase hielt ungefähr drei Monate an. Danach
schwächte sich die „zweite Sonne" zum „zweiten Mond" ab und konnte
in diesem Zustand weitere achtzehn Monate lang beobachtet werden.

Supernova SN 1006, die im Sternbild Lupus zu finden ist, eindeutig als Typ Ia **Supernova** und damit als kosmischen Leuchtturm zu identifizieren. (Der wesentlichste Anhaltspunkt für die Identifizierung war der fehlende **Neutronenstern** beziehungsweise das fehlende **Schwarze Loch**, das eine Typ II, Ib oder Ic Supernova hinterlassen hätte.) SN 1006, die am 1. Mai des damaligen Jahres aus dem Nichts auftauchte, gilt als die hellste Supernova, die je auf der Erde beobachtet wurde.

Dank der hervorragenden Teleskope, über die wir derzeit verfügen, können wir diese Objekte mittlerweile auch in sehr großer Entfernung beobachten und studieren. Obwohl man es damals nicht wusste, wurde die erste extragalaktische Supernova 1885 in der Andromeda Galaxie entdeckt, es handelte sich dabei um „S Andromedae". Seitdem wurden fast 1 000 weitere extragalaktische Supernovae aufgespürt, was nur wegen ihrer extrem großen Helligkeit, die die einer ganzen Galaxie erreichen kann, möglich ist. Wir sind also dazu in der Lage, extragalaktische Supernovae vom Typ Ia auch in sehr weit entfernten Galaxien zu beobachten (siehe Bild), und genau dieser Tatsache haben diese Objekte ihren Namen „kosmische Leuchttürme" zu verdanken (Kapitel 2.3 „Kosmische Leuchttürme und die Entdeckung der Dunklen Energie"). Was sind das nun aber für Objekte, die wir so zielgerichtet beobachten? Sie haben ganz offensichtlich etwas mit Sternen zu tun. Also ist das auch der Bereich, in dem wir zu graben anfangen sollten, um herauszufinden, worum es sich bei den kosmischen Leuchttürmen überhaupt handelt.

Die Frage, woher das Licht kommt, das Sterne wie unsere Sonne über einen Zeitraum von fast 10 Milliarden Jahren abstrahlen, hat die Astrophysik sehr lange beschäftigt. Nach vielen Irrwegen hatte man im 19. Jahrhundert endlich den Stein der Weisen gefunden. Kohle! Die Sonne besteht aus Kohle, und die brennt langsam vor sich hin. Das dachte man und übersah dabei, dass die Sonne nach dieser Vorstellung – um eine Theorie handelte es sich dabei nicht, denn die hätte nach einem Beobachtungsbefund als Grundlage verlangt – ihren Kohlevorrat bereits nach etwa 6 000 Jahren aufgebraucht hätte. Da war er, der Beobachtungsbefund, und der hat diese Vorstellung sogleich falsifiziert und Ratlosigkeit hinterlassen. Es war Carl Friedrich von Weizsäcker, der die Kernfusion als Energiequelle der Sonne entdeckte – das Wort Fusion bedeutet so viel wie verschmelzen. Bei der

Abb. 1.17   Das Bild zeigt, wie sich extragalaktische Supernovae vom Typ Ia für uns darstellen. Links unterhalb der Galaxie NGC 4526, die 55 Millionen Lichtjahre von uns entfernt ist, ist der kosmische Leuchtturm, die Supernova 1994D, unübersehbar. Ebenso unübersehbar ist, dass die Helligkeit der Supernova hinter der der kompletten Galaxie nicht zurücksteht.

Kernfusion werden also Atomkerne verschmolzen, wodurch andere oder neue Elemente entstehen. Weshalb dies eine Energiequelle darstellt, wird im Kapitel 1.5.1 „Der Massendefekt – Energiequelle des Lebens" geklärt. Zusammen mit Hans Albrecht Bethe konnte Carl Friedrich von Weizsäcker im Jahre 1938 erstmals die Reaktionszyklen der Kernfusion erklären. Und jetzt passten die wesentlichen Beobachtungsbefunde und die Theorie, die diesen Namen damit auch verdient, zusammen.

Mit der Erkenntnis, dass die in Form von Licht abgestrahlte Energie der Sterne durch nukleare Fusionsprozesse im Inneren der Sterne entsteht, ging alles auf einmal auch rasend schnell. Bereits in den 40er-Jahren hat diese Erkenntnis den weniger friedfertigen Teil der denkenden Strukturen auf unserem Planeten auf die Idee gebracht, Wasserstoffbomben zu entwickeln. Wohlgemerkt zu entwickeln und nicht zu erfinden, denn erfunden hat die thermonukleare Bombe die Natur. Dies zu erkennen, war allerdings alles andere als einfach. Erst Ende der 50er-Jahre gelang es den beiden Astrophysikern Fred Hoyle und William Alfred Fowler[23], den Mechanismus zu durchleuchten, der zur thermonuklearen Detonation eines Sterns führen kann; und auf der Grundlage dieser Überlegungen gelang es ihnen ferner, die theoretisch vorhergesagten Auswirkungen dieses Mechanismus mit dem Erscheinungsbild der Supernovae vom Typ Ia zu identifizieren. Es dauerte also fast 1 000 Jahre, bis nach dem eindrucksvollen Schauspiel der Supernova SN 1006, dem ersten kosmischen Leuchtturm (siehe Bild) der von unserer Zivilisation gebührend als besonderes Ereignis wahrgenommen wurde, eine Verständnisgrundlage für dieses Phänomen geschaffen werden konnte.

Was die Natur in der Form von Supernovae ersonnen hat, passt durchaus zu dem Motto: Nicht kleckern, sondern klotzen! Hier hat die Natur ganze Arbeit geleistet und ein theoretisch mögliches Konzept fraglos gründlich umgesetzt. Denn das, was die Natur uns da als thermonukleare Bombe präsentiert, ist von allerfeinster Güte. Bei einer derartigen Explosion wird in relativ kurzer Zeit eine Energie von unanschaulichen 10^{44} Joule freigesetzt. Wir haben bereits zur Kenntnis genommen, dass dies der Sprengkraft von 10^{27} Wasserstoffbomben entspricht; und diese gewaltige Zahl entspricht der Größenordnung der Masse der Erde, allerdings in Gramm! Wenn man genau rechnet, müssten jeweils sechs Gramm unserer Erdmasse eine Wasserstoffbombe mit einer Sprengkraft von 20 Megatonnen TNT liefern, um dieser Zahl einen halbwegs anschaulichen Rahmen zu geben. Halbwegs anschaulich trifft dabei den Kern, denn wir wollen uns natürlich noch nicht einmal das martialische Szenario einer einzelnen Wasserstoffbombe vorstellen. Allerdings geht es bei diesem grotesk anmutenden Spektakel nicht um die Vernichtung von etwas Nützlichem oder Lebendigem. Es geht vielmehr darum, dass durch die Vernichtung der Vorläufersterne der Supernovae vom Typ Ia, die auf dem besten Weg waren, zur nutzlosen kosmischen Asche im Universum zu werden, erst die Grundlage für Leben geschaffen wurde und wird. Denn nur auf diesem Wege konnten die schwereren Elemente, als Bausteine des Lebens, in

---

23 William Alfred Fowler wurde für seine grundlegenden Arbeiten auf diesem Gebiet 1983 der Nobelpreis verliehen. Er war wie viele Astrophysiker bis heute entsetzt darüber, dass der unbequeme Fred Hoyle, als Ideengeber und einer der größten Astrophysiker und Kernphysiker unserer Zeit, nicht berücksichtigt wurde. Das Nobelpreiskomitee hatte bis 2001 die Möglichkeit, diesen schwerwiegenden Fehler zu korrigieren. Das geschah leider nicht.

den **Kreislauf der Materie** eingespeist werden. Ohne Supernovaexplosionen wäre die chemische Zusammensetzung des Interstellaren Mediums auch heute noch jungfräulich primordial und würde fast ausschließlich aus Wasserstoff mit einer Beimischung von 10 % Helium bestehen. Aus dieser Mischung hätte das Interstellare Medium niemals Sterne wie unsere Sonne entstehen lassen können und erst recht keine Planeten wie unseren. Dazu waren die schwereren Elemente von Kohlenstoff bis Eisen erforderlich. Und die werden nicht einfach von der Post geliefert, sondern von extrem gewaltigen thermonuklearen Bomben. Supernovae sorgen also für die allerelementarste Existenzgrundlage, die Sterne wie unsere Sonne, Planeten wie unsere Erde und wir selbst einfordern, die Bausteine des Lebens.

Was wir zur Vernichtung von Leben entwickelt haben, hat die Natur zur Erzeugung von Leben auf geniale Weise ersonnen. Irgendwie haben wir ein ausgeprägtes Talent dafür, selbst das Allerwesentlichste grob misszuverstehen – „qualis sit animus, ipse animus nescit"[24].

Die Supernova SN 1006, die als „zweite Sonne" vor mehr als 1 000 Jahren die Nacht zum Tag machte, war 7 000 Lichtjahre entfernt. Das scheint ein respektabler Abstand zu sein, und dennoch hatten wir einen guten Tribünenplatz, um das Geschehen gebührend zu bewundern. Was wäre aber gewesen, wenn wir einen Parkettplatz gehabt hätten und uns dadurch auch die feinen Details nicht entgangen wären? Oder präziser gefragt: Mit welchen Auswirkungen auf unsere Erde müssten wir rechnen, wenn eine Supernova in der Nähe unseres Sonnensystems ausbrechen würde?

In der Nähe ist in einem solchen Fall natürlich relativ. Wir würden eine Supernova als erdnah ansehen, wenn sie nicht weiter als 200 Lichtjahre von uns entfernt auftreten würde. Man kann getrost davon ausgehen, dass eine solch erdnahe Supernova deutlich spürbare Konsequenzen für unseren Planeten hätte.

Speziell die Biosphäre unserer Erde würde nicht nur merklich beeinflusst werden, sondern zuerst einmal kräftig unter die Räder kommen – Biosphäre klingt sehr unpersönlich. Damit gemeint ist aber die Gesamtheit der lebenden organischen Substanzen, Pflanzen, Tiere, Mikro-

---

24 „Wie beschaffen die Seele ist, weiß die Seele selbst nicht."

organismen und nicht zuletzt wir selbst; als absolute Grundlage für die Biosphäre betrachten wir die Erdoberfläche, die Atmosphäre und die Sonneneinstrahlung.

Als Hauptschuldigen für eine negative Auswirkung auf unsere Biosphäre würden wir die Gammastrahlung der Supernova ausmachen, und deren Intensität ist, dem Gesamtphänomen entsprechend, natürlich gewaltig. Die gute Nachricht ist, dass die Erdatmosphäre für Gammastrahlen undurchlässig ist. Undurchlässig bedeutet aber, dass die Strahlung von der Erdatmosphäre absorbiert wird; und das ist auch schon die schlechte Nachricht. Die Gammastrahlung würde, als Folge ihrer Absorption, chemische Reaktionen in den oberen Atmosphärenschichten auslösen, wobei vor allem Stickstoffoxide entstehen würden (das bekannteste Stickstoffoxid ist Distickstoffmonoxid, das man auch unter dem Namen Lachgas kennt). Diese Stickoxide wären nun unserer Ozonschicht nicht sehr zuträglich. Was bedeuten soll, dass sie die Ozonschicht unserer Erde komplett zerstören würden. Auf perfekte Art würde damit das vollendet werden, was wir mit unseren Treibgasen schon so gut vorangebracht haben. Wir würden mit der Ozonschicht unseren Schutzschild verlieren, und die Biosphäre wäre der gefährlichen UV-Strahlung der Sonne hilflos ausgeliefert. Die Diskussionen über die Ozonlöcher hätten sich damit auch erledigt. Als Konsequenz würde zunächst die globale Nahrungsmittelversorgung zusammenbrechen, und die prozentual wenigen Überlebenden würden daraufhin mit einer lang anhaltenden Veränderung des Klimas und der Atmosphäre zu ringen haben. Neueste Untersuchungen machen deutlich, dass sich speziell die Wechselwirkung der kosmischen Supernovastrahlung mit der Erdatmosphäre negativ auswirken würde – negativ in dem Sinne, dass wir es lieber so hätten, wie es ist. Hierdurch würden Kondensationskeime zur Wolkenbildung erzeugt werden, die global gesehen zu einer lang anhaltenden, spürbaren Abkühlung auf der Erdoberfläche führen würden.

Das wäre nicht nur ein harmloser Nackenschlag, als den hartgesottene, in der politischen Verantwortung Stehende dieses Szenario uns in der gewohnten Weise darstellen würden. Die Fossilien aus dem Ordovizium wissen es besser. Das ist natürlich eine Weile her, genau genommen 450 Millionen Jahre. Aber damals starben mehr als 50 % aller lebenden Arten aus. Es gab ein regelrechtes Massensterben im oberen

Ordovizium; und es wäre noch viel schlimmer gekommen, wenn es damals schon Landlebewesen gegeben hätte.

Was war der Grund? Der Grund war, und da ist man sich mittlerweile sehr sicher, eine Supernovaexplosion. Eine erdnahe Supernovaexplosion!

Bei der gewaltigen Energie, die bei einer Supernova freigesetzt wird, werden auch die Elemente auf nahezu allen erdenklichen Wegen ineinander umgewandelt – diese Prozesse bezeichnet man als Nukleosynthese. Dabei entstehen auch seltene Elemente und solche, die nur eine beschränkte Lebensdauer haben. Wie zum Beispiel das radioaktive Eisenisotop Eisen-60, dessen Kern vier Neutronen mehr beherbergt als das häufigste Eisen-56 Isotop, aus dem zum Beispiel die Nägel aus dem Baumarkt bestehen. Jüngsten Erkenntnissen zufolge liegt die Halbwertszeit von Eisen-60 bei 2,6 Millionen Jahren. Es macht also auch nach einem vielfachen dieser Zeit noch Sinn, nach diesem Isotop zu suchen. Aber wie sollte es überhaupt auf die Erde gekommen sein?

Dies klärt ein Blick auf das heutige Bild der Supernova SN 1006 (Abb. 1.16). Der Überrest dieser Supernova hat mittlerweile einen Durchmesser von 70 Lichtjahren; und diese gewaltige Größe hat diese Wolke in gerade einmal 1 000 Jahren erreicht. Der Grund dafür sind die extrem großen Geschwindigkeiten, auf die das Supernovamaterial während der Explosion des Sterns beschleunigt wurde. Diese Geschwindigkeiten liegen bei bis zu 30 000 km/s, was einem Zehntel der Grenzgeschwindigkeit c entspricht. Nachdem die sich ausbreitende Wolke im Verlauf der Zeit durch das Interstellare Medium abgebremst wird, da es wie ein Schneepflug weiteres Material einsammelt, sollten wir von einer mittleren Ausbreitungsgeschwindigkeit des Supernovaüberrests ausgehen, die ungefähr bei einem Dreißigstel der Grenzgeschwindigkeit c liegt. Wenn wir bei einer fiktiven Supernova von einer Entfernung von 200 Lichtjahren ausgehen, dann würde das bedeuten, dass der Supernovaüberrest nach lediglich 6 000 Jahren bei uns auf der Erde ankommt. Astronomisch gesehen wäre das fast zeitgleich mit der eintreffenden Gammastrahlung, die sich bereits nach 200 Jahren zu uns gesellt.

Findet man nun Spuren dieses Isotops, so hat man auch den Fingerabdruck einer vergangenen erdnahen Supernova gefunden und kann diese, anhand der ermittelten Häufigkeitsverteilung des analysierten Materials, sogar ziemlich präzise zurückdatieren. Diese Spuren hat man nun in der

Tat im Tiefseegestein des Pazifischen Ozeans[25] gefunden. Und zur Überraschung aller hat man bei der Auswertung der Daten festgestellt, dass sich eine Supernova erst vor 3 Millionen Jahren ereignet hat. Es gab also zumindest eine zweite, erdnahe Supernovaexplosion! Den Messungen zufolge hat sich diese gerade einmal in einem Abstand von 100 bis 200 Lichtjahren von uns entfernt ereignet.

So; wie es aussieht, haben wir dem damaligen gewaltigen kosmischen Ereignis sogar unsere Existenz zu verdanken. Denn mit dem Massensterben, das primär die bereits entwickelten Arten eines Planeten betrifft, geht auch ein erheblicher Evolutionsdruck einher. Das bedeutet, dass wenig entwickelte Arten drastische Evolutionsschritte wie in einem Zeitrafferfilm durchlaufen. Vor 3 Millionen Jahren betraf das uns. Der Homo sapiens steckte evolutionstechnisch in den Kinderschuhen und benötigte einen Evolutionsmotor, der ihm auf die Sprünge half; und das geschah genau im richtigen Zeitraum. Und die mit dem Eintreffen der Auswirkungen der Supernovaexplosion einhergehende Klimaveränderung ist durch die Messungen von Sauerstoffisotopen eindeutig belegt. Vor 3 Millionen Jahren erfolgte eine lang andauernde und starke Abkühlung auf der Erdoberfläche, die bislang nicht erklärt werden konnte.

Das nächste Mal werden allerdings nicht wir die Profiteure vom Geschehen sein. Das nächste Mal zählen wir zu den bereits entwickelten Arten, und nur die Astrophysiker werden sich kurzfristig über die fantastischen Beobachtungsmöglichkeiten erfreuen können. Dem ist entgegenzuhalten, dass Supernovae ein relativ seltenes Phänomen darstellen. In unserer Galaxie findet beispielsweise nur circa alle 30 Jahre eine statt. Das heißt, eine erdnahe Supernova ist nur alle paar Millionen Jahre zu erwarten. Die Zeit haben wir allerdings bereits abgesessen.

Neben allen interessanten Aspekten, die sich aus den Supernovae vom Typ Ia ergeben, stellen diese kosmischen Leuchttürme also auch eine potenzielle Gefahr für uns dar; und diese Gefahr ist durchaus real, da die Vorläuferobjekte dieser kosmischen Ereignisse zu einer unauffäl-

---

25 Die Proben werden vom Grund des pazifischen Ozeans in einer Tiefe von 5 000 Metern geborgen, da dort die Kruste pro Million Jahre lediglich um 2,5 Millimeter wächst. Einer Schicht von beispielsweise 10 Millimetern kann somit ein Alter von 4 Millionen Jahren zugeordnet werden.

Abb. 1.18 Das Bild vermittelt einen Eindruck von einer Typ-Ia-Supernovaexplosion. SN 1006 könnte sich vor über 1 000 Jahren so dargestellt haben, wenn man das Objekt mit der heutigen Technik aus einer geringeren Entfernung von circa 500 Lichtjahren beobachtet hätte. Der Durchmesser der Supernova liegt in diesem Stadium bei ungefähr 100 000 Sonnenradien. Die feuerwerksähnlichen, weißen Bereiche stellen dabei extrem heißes, verbranntes Material dar, das sich mit Geschwindigkeiten von bis zu 30 000 km/s, also 1/10 der Grenzgeschwindigkeit c ausbreitet. Die rötlichen Bereiche kennzeichnen unverbranntes Material, das durch die frei werdende Explosionsenergie ebenfalls auf extrem hohe Geschwindigkeiten beschleunigt wurde und dementsprechend nicht mehr verbrannt werden kann. Dieses Material kennzeichnet also die ursprüngliche Zusammensetzung des Sterns.

ligen, ja fast schon langweiligen Gruppe von Sternen gehören. Und was unauffällig und langweilig ist, das tritt natürlich grundsätzlich entsprechend häufig auf. So ist es auch in diesem Fall; und wenn etwas häufig auftritt, dann läuft es einem früher oder später über den Weg. Was uns über den Weg laufen könnte, ist IK Pegasi. IK Pegasi ist ein potenzieller Kandidat für eine zukünftige Supernova Typ Ia Explosion (Kapitel

2.3.1, Abschnitt „Doppelsternsysteme als Vorläuferkandidaten"). Und IK Pegasi ist gerade einmal 150 Lichtjahre von uns entfernt – „morituri te salutant"[26].

Aber nachhaltig beängstigen muss uns dies noch nicht! Denn was die Vorläuferobjekte der Supernovae vom Typ Ia betrifft, ist die Sachlage erheblich unklarer, als sie gegenwärtig von der Astrophysik eingeschätzt wird (Kapitel 2.3 „Kosmische Leuchttürme im frühen Universum und Heute").

Ohne uns selbst loben zu wollen, stellen wir an dieser Stelle befriedigt fest, dass wir viel dazugelernt haben. Aber was genau haben wir eigentlich wirklich dazugelernt? Vielleicht trifft es der Begriff „dazugelernt" nicht exakt, aber wir haben zumindest Einsichten gewonnen. Wir haben eingesehen, dass sich im Universum gelegentlich ein Unwetter ereignet, von dem wir uns besser fernhalten sollten. Das ist in der Tat der Fall, aber wir haben nicht die geringste Idee, wie es zu diesem Unwetter kommen kann.

Wir haben nicht verstanden, wie ein Stern zur thermonuklearen Bombe wird und was genau deren Energiequelle ist. Wir haben nicht verstanden, wie diese Bombe gezündet wird. Wir haben nicht verstanden, welche Prozesse nach der Zündung ablaufen und was deren Eigenschaften sind. Und wir haben nicht verstanden, was all das mit der Dunklen Energie zu tun hat.

Auf der Suche nach Antworten – vorerst zumindest auf die ersten vier dieser fünf Fragen – werden wir in den folgenden Abschnitten ein wenig in den Schubladen der Astrophysik herumstöbern müssen.

1.5.1 Der Massendefekt – Energiequelle des Lebens

Energie ist gleich Masse, oder ist Masse Energie?

Kohle hat auch Masse, und Kohle liefert Energie, aber Kohle ist nicht das, was unsere Biosphäre seit einigen Milliarden Jahren in Schwung hält: So viel wissen wir! Es ist die von Carl Friedrich von Weizsäcker entdeckte Kernfusion, die als Energiequelle der Sonne für eine unserer

---

26 „Die Todgeweihten grüßen dich."

wichtigsten Lebensgrundlagen sorgt; und dazu stellen wir fest: Bei der Kernfusion werden Atomkerne verschmolzen, wodurch andere Elemente entstehen, und dabei wird analog zu einem Kraftwerk Energie erzeugt! Dieser Satz enthält fraglos eine fundamentale Aussage, und uns ist auch allen bewusst, dass deren Inhalt nicht nur für unsere Zwecke von grundlegender Bedeutung ist. Aber für die meisten von uns erschließt sich der Inhalt dieser Aussage nicht wirklich. Er erschließt sich für uns nicht, weil uns vordergründig Fragen durch den Kopf gehen. Fragen wie: Was ist eigentlich ein Atomkern, und was genau wird da verschmolzen? Oder die Frage: Auf welche Weise und weshalb setzt dieser Prozess Energie frei? Um Antworten auf diese Fragen zu finden, müssen wir an dieser Stelle eine gewisse Verständnisgrundlage schaffen oder zumindest einen vom Verständnis geprägten Einblick gewinnen, und zwar in die Materie; und die hat es in sich, wie wir gleich sehen werden. Was Materie wirklich ist, versucht die Physik immer noch herauszufinden, und dementsprechend werden auch wir im Folgenden etwas in den stetigen Sog der Kernphysik geraten. Der Einblick, den wir auf diesem Weg gewinnen müssen, betrifft dabei konkret den inneren Aufbau der Materie, und mit dem werden wir uns nun schrittweise und systematisch – aber auch auf die Schnelle – anfreunden.

Dass Atome keine tennisballähnlichen Objekte sind, weiß man erst seit Beginn des 20. Jahrhunderts. Bis dahin vertrat man die „offensichtlich richtige" Meinung, dass Atome dem kompakten und undurchdringlichen Eindruck, den wir von der Materie haben, dadurch gerecht werden müssen, dass sie sich auch wie raumfüllende, aneinandergereihte Bausteine verhalten. Dass dem nicht so ist, wies der Nobelpreisträger Ernest Rutherford anhand seines berühmten Streuexperiments von Alphateilchen – das sind elektronenlose Rümpfe von Heliumatomen – an einer Goldfolie nach. Bei einem solchen Experiment hätte man erwartet, dass die meisten Alphateilchen die Goldfolie gar nicht durchdringen können und dass die verbliebenen Projektile starke Ablenkungen, so wie Quergeschosse, erfahren. Doch dem war nicht so! Es zeigte sich vielmehr, dass die Projektile die Goldfolie fast ungehindert durchdringen konnten. Rutherford erkannte damit das „Kern-Hüllen-Modell". Er erkannte, dass Atome aus noch viel kleineren Teilchen aufgebaut sind und dass

Atome im Wesentlichen aus leerem Raum bestehen. Die damals bahn-
brechenden Erkenntnisse stellen sich folgendermaßen dar:

1. Atome haben einen Durchmesser von ungefähr 10^{-10} Metern.

2. Nahezu 99,9 % der gesamten Masse des Atoms ist in einem Atom-
    kern konzentriert, der hunderttausendmal kleiner als das Atom
    selbst ist (der Durchmesser liegt also bei 10^{-15} Metern).

3. Die Atomhülle wird von winzigen, negativ geladenen Elektronen
    strukturiert, die sich stetig bewegen und den leeren Raum spora-
    disch zu füllen versuchen: Es ist genau dieses Verhalten, das den
    Durchmesser des Atoms festlegt. Die Anzahl der Elektronen in
    der Hülle entspricht dabei exakt der Anzahl der positiven Ladun-
    gen im Kern – aus diesem Grund ist das Atom nach außen hin
    elektrisch neutral, und aus diesem Grund hält das Atom, durch
    das Wirken der elektromagnetischen Wechselwirkung, zusam-
    men, und aus diesem Grund sind elektromagnetische Übergänge
    im Atom, die zur Aussendung von Photonen führen, überhaupt
    möglich (obere Darstellung in der Skizze).

Materie besteht also aus Leere und stellt damit erneut ein „spezielles
Nichts" dar: Vergleicht man den Atomkern mit einer Erbse, so würden die
um ein Vielfaches kleineren Elektronen in einem Gebiet mit einem Radius von einem Kilometer im sonst leeren Raum herumschwirren! Aber es
gibt Masse, und die ist im Kern konzentriert. Das wirklich Interessante an
einem Atom ist also sein Kern, und auch der ist, wie das Atom, aus noch
viel kleineren Teilchen aufgebaut.

Dass der Atomkern eine bestimmte Anzahl von positiven Ladungen
enthält, die der Anzahl der Elektronen in der Hülle entspricht, wissen
wir bereits. Neu ist für uns, dass diese positiven Ladungen mit Teilchen
verbunden sind, die man Protonen nennt, wobei die Gesamtheit aller Protonen im Kern der *Kernladungszahl Z* entspricht. Neben den Protonen
enthält der Kern elektrisch neutrale Neutronen, und nachdem die Ruheenergie dieser beiden Teilchensorten fast gleich ist, bezeichnet man sie
gemeinschaftlich auch als Nukleonen: Die Anzahl der Nukleonen be-

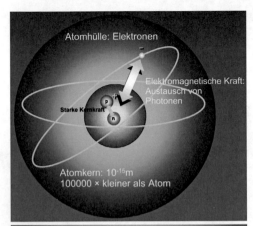

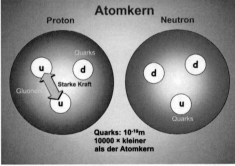

stimmt damit auch die *Massenzahl A* des Atoms. Es sind also die im Kern befindlichen Nukleonen, die die Masse eines Atoms festlegen, wohingegen die Masse der Elektronen demgegenüber vernachlässigbar ist. Was ist das aber für eine anziehende Kraft, die zwischen den Protonen und Neutronen wirkt und den Kern zusammenhält? Um das zu verstehen, müssen wir noch eine Ebene tiefer gehen, und dabei stellen wir fest, dass auch die Nukleonen, so wie der Atomkern und das Atom, aus noch viel kleineren Teilchen aufgebaut sind (untere Darstellung in der Skizze); diese Teilchen nennt man „*Quarks*"! Und die zeigen uns, dass auch die Nukleonen und damit die Kerne im Wesentlichen aus leerem Raum bestehen, denn die Quarks sind mit einem Durchmesser von höchstens 10^{-19} Metern um das 10 000-Fache kleiner als die Nukleonen und die Kerne: Damit wird zum wiederholten Male ein wichtiger Bestandteil unserer Welt mit dem mittlerweile wohlbekannten „Nichts" angereichert. Was hält nun aber die Quarks in den Nukleonen zusammen? Es sind „*Gluonen*"!

Gluonen stellen den Klebstoff dar, der ein Proton oder Neutron zusammenschweißt. Dabei sind die Gluonen die Kraftteilchen der starken Wechselwirkung, so wie die Photonen Austauschteilchen der elektromagnetischen Wechselwirkung sind. Auf welche Weise die Quarks zusammengehalten werden und dabei die Nukleonen ausbilden, wird durch die

Theorie der Quantenchromodynamik beschrieben. Die darauf beruhende Vorstellung legt nahe, dass jeweils drei Quarks, die ein Proton oder Neutron bilden, von einem „Gluonen-Meer" umspült werden, wobei die Gluonen in permanenter Bewegung ständig herumwirbeln und dadurch die Quarks an ein kleines Raumgebiet binden. Dieses Verhalten stellt den Grundbauplan für die Nukleonen und damit die Atomkerne dar.

Die gesamte schwere Materie wird also von einem „*Gluonen-Nichts*" umspült und zusammengehalten. Was die energetischen Verhältnisse betrifft, hat sich gezeigt, dass über 90 % der Masse der Nukleonen der Bewegungsenergie des Quark-Gluonen-Gemisches zuzuschreiben ist. Wohingegen die Quarks und Gluonen selbst als nahezu masselose Geschöpfe umhergeistern. Wir haben es also im Falle der sichtbaren Materie mit einer „*dynamischen Massengenerierung*" zu tun. Streng genommen bedeutet dies, dass fast die gesamte **baryonische** Masse in unserem Universum Energie ist. Einstein hat also seine Formel falsch hingeschrieben! Seine Formel müsste richtigerweise lauten: $m = E/c^2$ – *Masse ist Energie*! Im Moment müssen wir keine weitere Ebene mehr tiefer gehen. Es bleibt also abzuwarten, mit welchen Überraschungen wir im nächsten Schritt zu rechnen haben; und der nächste Schritt wird der sein, der uns die Substruktur der Quarks erkennen lässt.

Materie hat also so gut wie keine Masse und nahezu keine räumliche Ausdehnung! Zudem ist Energie nicht nur gleich Masse, sondern „*Masse ist Energie*"! Interessanterweise betreffen diese Aussagen gar nicht den Dunklen Teil des Universums. Wir reden hier über die baryonische Materie, die den unmaßgeblichen 5 % der nachweisbaren Energie im Universum entspricht. Das war die Energie, die wir mit dem Begriff „von bekannter Natur" belegen konnten; und damit meinten wir, dass wir diesen Teil des Inhalts des Universums verstanden haben. Wie sich nun herausstellt, besteht das, was wir dachten, verstanden zu haben, zu 99,9 % aus leerem Raum; und das, was wir für Masse hielten, ist zu mehr als 90 % Bewegungsenergie! Wer vermutet, dass unsere Verständnislücken sich nicht erst bei der Dunkle Materie und der Dunklen Energie auftun, der liegt möglicherweise gar nicht so falsch.

Eine grundlegende Frage ist jedoch noch offen, und diese Frage betrifft die anziehende Kraft, die zwischen den Nukleonen wirkt und den

Kern zusammenhält. Und in diesem Zusammenhang müssen wir auch noch eine für uns wesentliche Verständnislücke schließen, und die betrifft den Massendefekt beziehungsweise die Energiefreisetzung durch Kernfusion.

Die anziehende Kraft zwischen den Quarks beruht also auf dem Austausch von Gluonen, die die Quarks umspülen und dadurch zusammenhalten. Ein solcher kräftebezogener Austauschprozess kann grundsätzlich auch durch ein Potential beschrieben werden, wobei der diesbezügliche Grundgedanke analog zu dem des Gravitationspotentials ist. Dementsprechend können wir auch auf die Erfahrungen, die wir mit dem Gravitationspotential bereits gesammelt haben, an dieser Stelle zurückgreifen. Im Einschub 9 „Das flache Universum" betraf nun eine dieser Erfahrungen die Gesamtenergie eines Systems, die sich als Summe der Bewegungsenergie und der Gravitationsenergie darstellt. Diese Gesamtenergie muss sich, wie wir festgestellt haben, im Falle eines flachen Universums exakt aufheben, also null ergeben. Ein solches System stellt nun einen Spezialfall dar, den man als ungebundenen Zustand bezeichnet. Das heißt, ein Teilchen, das diese Bedingung erfüllt, hat zu jedem Zeitpunkt genügend Bewegungsenergie, um die jeweilige negative Gravitationsenergie auszugleichen: Es kann sich also jederzeit vom System verabschieden.

Anders sieht es aus, wenn man ein gebundenes System betrachtet. In einem solchen Fall überwiegt die negative potentielle Energie die positive Bewegungsenergie und das bedeutet, dass eine bestimmte Energieportion von außen zugeführt werden muss, um die bindenden Kräfte – das negative Potential – zu überwinden und damit die Systembestandteile wieder voneinander zu trennen. Das System ist ohne äußere Einflüsse in sich gefangen. Derartige Systeme besitzen demnach eine *negative Bindungsenergie*, und die wurde freigesetzt beziehungsweise an das Umfeld abgegeben, als die beiden Systembestandteile mittels der Anziehungskräfte zusammengeführt wurden und in Tateinheit damit ein gemeinschaftliches, gebundenes System eingegangen sind. Nachdem bei diesem Prozess die Energiefreisetzung zumeist in Form von Strahlungsenergie und/oder Bewegungsenergie der beteiligten Teilchen erfolgt, ist das frisch vermählte Paar – wegen dieser verloren gegangenen Energie – auf unabsehbare Zeit durch eine negative potentielle Energie charakterisiert; und die legt auf großzügige Art den zeitlichen Rahmen für den

Fortbestand des Paares fest. Der zeitliche Rahmen selbst kann nur durch einen entsprechenden Mittelausgleich, der einer aufzubringenden Energieportion entspricht, die als untere Grenze gleich der negativen potentiellen Energie sein muss, gesprengt werden: Kurzum, eine Scheidung ohne Kostenausgleich hat die Natur nicht vorgesehen. Falls der Mittelausgleich jedoch erfolgt – dem System also die verloren gegangene Strahlungsenergie und/oder Bewegungsenergie wieder zugeführt wird –, wird das gebundene System wieder so getrennt, dass sich erneut zwei freie unabhängige Single-Bestandteile ergeben: Als Beispiel für ein gebundenes System können wir das Erde-Mond-System betrachten, wobei klar sein sollte, dass in diesem Fall eine gewaltige Energieportion nötig wäre, um den Mond aus dem System zu befördern und damit einen ungebundenen Zustand herzustellen.

Damit sind wir einen gehörigen Schritt weiter, denn wir haben das grundlegende Verhalten von gebundenen und ungebundenen Systemen in einem negativen Potential verstanden. Was den Kernzusammenhalt betrifft, haben wir jedoch den entscheidenden Punkt noch nicht verstanden. Der entscheidende Punkt betrifft die Größe des Potentials: Weshalb sollte diese Größe im Falle eines Atomkerns ungleich null sein? Mit dieser Frage bringen wir zum Ausdruck, dass wir den Ansatz noch nicht sehen, der bei der Zusammenführung von Nukleonpaketen eine Energiefreisetzung bewirken kann!

Das negative Potential, das wir eingeführt haben, um kräftebezogene Austauschprozesse im Kern zu beschreiben, sollte nach unserem Kenntnisstand in der Tat nicht vorhanden sein! Es sollte nicht vorhanden sein, weil wir noch keinen Wechselwirkungsprozess, der auch zwischen den Nukleonen stattfindet, ausgemacht haben. Die Wechselwirkung zwischen den Quarks beruht zwar auf dem Austausch von Gluonen: Aber was ist das für eine anziehende Kraft, die zwischen den Nukleonen wirkt und den Kern zusammenhält? Es ist auch in diesem Fall die starke Wechselwirkung, die genau genommen als Restwechselwirkung des Quark-Gluonen-Gemisches agiert. Die starke Wechselwirkung beziehungsweise die „Gluonenumspülung" hält also nicht nur die Quarks in den Nukleonen zusammen. Sie wirkt darüber hinaus auch noch zwischen den Quarks benachbarter Nukleonen, und das ist es letztlich, was wir als Kernkraft ansehen! Die anziehende Kraft zwischen den Nukleonen beruht damit ebenfalls auf dem Austausch von Gluonen beziehungsweise subtiler gesehen auf dem Austausch von Quark-/Anti-Quark-Paaren, in die sich Gluonen spontan verwandeln können; und dies gilt auch für die Fusion größerer Nukleonenverbände. Nach der Verschmelzung der Single-Bestandteile werden in vielen Fällen insgesamt weniger Gluonen benötigt, um eine größere Nukleonenzahl im Kern zusammenzuhalten, als vorher für den Zusammenhalt der Single-Bestandteile nötig waren. Folglich kann sich ein größerer Kern oftmals energetisch effizienter strukturieren, als dies bei kleineren Kernen der Fall ist. Und dieses Verhalten wird durch ein negatives Potential beschrieben, das von Fall zu Fall variiert. Ein Teil der Bewegungsenergie der Gluonen, der im Prozentbereich der Gesamtenergie des Kerns liegt, ist also einfach nicht mehr nötig, um das neu entstandene Paar zusammenzuhalten, und dieser überschüssige Anteil wird dann konsequenterweise freigesetzt und somit an das Umfeld abgegeben. Nachdem wir gesehen haben, dass Masse gleich Energie ist, hat die neue Verbindung in der Summe auch weniger Masse, als die ursprünglichen Single-Bestandteile hatten. Gegenüber dem ungebundenen System *fehlt dem gebundenen System also Masse*, und das, was fehlt, nennt man „*Massendefekt*"!

Der Massendefekt beschreibt also den Unterschied zwischen der Summe der Massen aller Nukleonen, aus denen ein Atomkern besteht, und der tatsächlich gemessenen, stets kleineren Masse des Atomkerns, wobei es die Bindungsenergie der Nukleonen ist, die die Summe der Ruheenergien der einzelnen Kernbausteine vermindert. Die beim Aufbau eines Atomkerns freigesetzte Bindungsenergie der Nukleonen ist damit auch die dem Massendefekt äquivalente Energie! Gleichwohl ist es grundsätzlich aber nicht so, dass größer auch besser bedeutet. Ein größerer Atomkern ist also nicht automatisch auch ein stabilerer Atomkern. Die Stabilität eines Kerns wird vielmehr vom Massendefekt vorgegeben: Je größer der Massendefekt pro Nukleon ist, desto stabiler ist auch der Atomkern, da die Energie, die zur Trennung des Kerns in seine Bestandteile aufgewendet werden muss, auch einer höheren negativen Bindungsenergie entspricht. Dabei wird die größte negative Bindungsenergie – der höchste Massendefekt – pro Nukleon bei den Elementen Eisen (Fe) und Nickel (Ni) erreicht, während der Massendefekt sowohl in Richtung der leichteren als auch der schwereren Kerne abnimmt. Dieser beidseitige Abfall des Massendefeks hat nun zur Folge, dass Energie sowohl im Gebiet der leichten Kerne – hier durch Kernfusion – als auch im Gebiet der schweren Kerne – hier durch Kernspaltung – gewonnen werden kann, wobei der maximal mögliche Energiegewinn durch die Differenz der jeweilig aktuellen Massendefektwerte festgelegt wird.

In diesem Zusammenhang sind einige besonders auffällige Elemente, bei denen der Massendefekt extrem große Sprünge aufweist, hervorzuheben; und das sind die Elemente Helium (He), Kohlenstoff (C) und Sauerstoff (O). Bei Fusionsprozessen dieser Elemente ist die Energiegewinnung also außerordentlich effizient, damit empfehlen sie sich in besonderem Maße für die stellare Energieproduktion, insbesondere wenn man bedenkt, dass das Universum nahezu in verschwenderischer Art an den Ausgangsbrennstoff – Wasserstoff (H) – gedacht hat. Betrachten wir beispielsweise das Wasserstoffbrennen, bei dem letztlich zwei Protonen und zwei Neutronen zu Helium verbacken werden, so sehen wir aus der Differenz der Summe der Ruhemassen der Nukleonen 4,0319 u (u = Atomare Masseneinheit) und der Ruhemasse des Heliumkerns 4,0015 u, dass der Massendefekt bei 0,75 % der Ausgangsmasse liegt. Wenn wir genau hinsehen, bemerken wir jedoch, dass dieser Rechnung etwas fehlt – es fehlt ihr an einer beeindruckenden Wirkung! Das können wir allerdings beheben. Dazu müssen wir uns nur den Energieinhalt eines kleinen Tanks, der mit 3 Kubikmeter Wasser gefüllt ist, genauer ansehen; und wie wir gleich sehen werden, ist da mehr Energie darin, als die in Betrieb befindlichen Kernkraftwerke Deutschlands zu bieten haben. Das erkennen wir, indem wir die Ruheenergie dieser Wassermenge bestimmen. Das Ergebnis liegt bei 500 000 000 000 kWh (kWh = Kilowattstunden), das entspricht bei einem Strompreis von 0,25 €/kWh einem Wert von 125 Milliarden Euro – wer hätte gedacht, dass Wasser so wertvoll sein kann, oder liegt das etwa nur an der leicht überzogenen Energiesteuer? Selbst 0,75 % von diesem Betrag stellt eine Summe dar, die man sich nur schwerlich unter das Kopfkissen packen kann. Wie lange jeder von uns damit nicht mehr auf die Stadtwerke angewiesen wäre, muss er selbst abwägen; es könnte damit jedenfalls der Jahresstromverbrauch Deutschlands abgedeckt werden – mit gerade einmal 3 Kubikmeter Wasser!

Wie im Bild zu sehen ist, weisen alle Elemente einen positiven Massendefekt auf. Dennoch werden alle Atomkerne ab einer gewissen

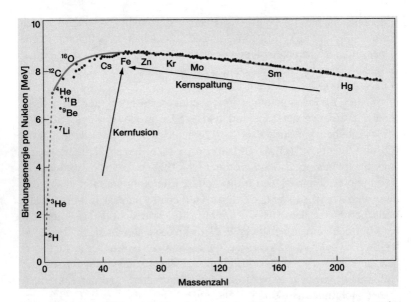

Abb. 1.19 Das Bild zeigt den Verlauf der Bindungsenergie pro Nukleon (Protonen und Neutronen) der verschiedenen stabilen Atomkerne gegenüber der Massenzahl, das heißt, der Anzahl der Nukleonen – also der Summe der Protonen und Neutronen – im Kern. Die Bindungsenergie pro Nukleon, die in Megaelektronenvolt (MeV) angegeben ist, hat ihr Maximum bei Eisen (Fe), während sie sowohl in Richtung der leichteren als auch der schwereren Elemente abfällt. Der größte Sprung erfolgt allerdings von Wasserstoff (H) zu Helium (He). Hier kann durch die Verschmelzung von schweren Wasserstoffkernen zu Heliumkernen auch der größte Energiegewinn pro Nukleon erzielt werden. Nachdem die Sterne zum Großteil aus Wasserstoff bestehen, verschmelzen deshalb auch zuerst Wasserstoffisotope über mehrere Zwischenschritte zu Helium. Wenn der Wasserstoff eines Sterns im Inneren zur Neige geht, wird auf die weniger ergiebigen Fusionsprozesse von Helium und den anderen, schwereren Atomkernen zurückgegriffen – bei Eisen ist damit allerdings Schluss! Diese Fusionsketten von schwereren Atomkernen benötigen jedoch höhere Vorlauftemperaturen, die nicht von allen Sternen erzeugt werden können – Kapitel 1.5.2 „Die Gravitationsenergie – Motor der Sternentwicklung". (Im Bild wurden einige wichtige Nukleonen, die im Zusammenhang mit der Kernfusion und auch der Kernspaltung von Bedeutung sind, gekennzeichnet.)

Massenzahl instabil, und instabile Kerne retten sich durch Kernspaltung. Dabei zerlegen sich schwere Kerne (rechts vom Massendefektmaximum) in der Regel in zwei Kerne mittlerer Größe, wobei erneut der maximal mögliche Energiegewinn durch die Differenz der jeweiligen Massendefektwerte festgelegt wird. Eine Energie freisetzende Umwandlung erfolgt folglich immer „in Richtung zum Maximum des Massendefekts", also immer mit ansteigendem Verlauf der gezeigten Kurve.

Was genau kann nun aber die Energiequelle sein, auf deren Grundlage ein Stern zur thermonuklearen Bombe wird?

Nach dem, was wir bis jetzt eingesehen haben, wäre eigentlich jeder lockere Zusammenschluss leichter Elemente automatisch eine thermonukleare Bombe, da alle Elemente aufgrund des negativen Potentials der Kernkraft sofort zu Eisen und Nickel fusionieren würden. Es gäbe also gar nichts anderes als diese Elemente. Also hat die Natur vorgesorgt! Sie hat mit einem Gegenpol vorgesorgt, und den stellt die elektromagnetische Wechselwirkung dar; und die wirkt abstoßend auf die elektrisch positiv geladenen Protonen im Kern. Das Verhalten im Bereich der Kerne stellt sich damit letztlich so dar, dass in der Kernregion die Anziehung durch die starke Restwechselwirkung überwiegt, wobei jenseits davon diese so steil abfällt, dass die elektrische Abstoßung zwischen den Protonen im Außenbereich die Kontrolle hat. Das Zusammenspiel dieser beiden Grundkräfte erklärt damit den Zusammenhalt der Atomkerne und den Prozess der Spaltung schwerer Kerne; es erklärt vor allem, weshalb kleine Kerne sich nicht spontan zu größeren zusammenschließen. Der Begriff spontan ist sogar weit gefehlt, denn es bedarf vielmehr extrem hoher Aktivierungsenergien, um Fusionsprozesse überhaupt zu ermöglichen: Es gibt also keine kalte Fusion!

Das bedeutet folglich, dass grundsätzlich hohe Temperaturen und hoher **Druck** im Sterninneren erforderlich sind, um bei der Fusion der Elemente die Kraft der elektromagnetischen Abstoßung zu überwinden. Diese notwendige Grundlage wird von der Gravitation geliefert (Kapitel 1.5.2 „Die Gravitationsenergie – Motor der Sternentwicklung"). Deren Wirkung hängt allerdings von der Masse des Sterns ab: Da mit der wachsenden Zahl der Protonen auch die elektromagnetische Abstoßung und damit die erforderliche Brenntemperatur und der notwendige Druck ansteigen, können nur die **massereichen Sterne** auch die schwereren

Elemente fusionieren. Sterne wie unsere Sonne können problemlos Wasserstoff zu Helium verbrennen, und dabei wird gemächlich Energie freigesetzt, da die erforderlichen Temperatur- und Druckverläufe sehr flach sind. Ein solch sanftes Verhalten bietet keine Grundlage für eine thermonukleare Bombe. Das Gleiche gilt für das von sonnenähnlichen Sternen ebenfalls praktizierte Heliumbrennen, wobei die Natur hier an zwei fein abgestimmte Effekte gedacht hat, ohne die Kohlenstoff so rar in unserem Universum wäre wie Platin.

Es geht dabei um kernphysikalische Resonanzreaktionsraten! Es geht bei dem Thema also um einen Klassiker, der mit der Ankündigung eines Champions-League-Finalspiels problemlos mithalten kann.

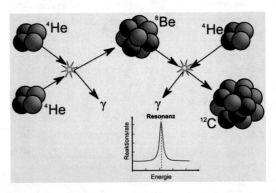

Um präzise zu sehen, was damit gemeint ist, müssen wir den Ablauf, dem das Heliumbrennen unterliegt, allerdings etwas genauer betrachten: Der Charakter des Heliumbrennens wird dadurch geprägt, dass drei Heliumkerne zu Kohlenstoff beziehungsweise vier Heliumkerne zu Sauerstoff verschmolzen werden. Dies gelingt allerdings nicht auf direktem Weg! Bei einer Temperatur von circa 100 Millionen Grad entsteht zunächst aus zwei Heliumkernen ein Berylliumkern, der jedoch nur eine extrem kurze Lebenserwartung von gerade einmal 10^{-16} Sekunden hat, sodass der Prozess bereits an dieser Stelle ins Stottern gerät. Der Grund ist, dass die typische Reaktionsrate für die Anlagerung eines weiteren Heliumkerns einfach zu gering ist! Der Ausweg besteht prinzipiell in einer höheren Temperatur, jedoch lagert sich dann gleich ein weiterer Heliumkern an den Kohlenstoffkern an, und es entsteht sofort Sauerstoff – Kohlenstoff wird also übersprungen! Die Tatsache, dass Kohlenstoff in unserem Universum nachweislich vorhanden ist, bewog den Nichtnobelpreisträger Fred Hoyle 1954 zu einer kühnen Vorhersage. Er sagte vorher, dass die Anlagerung eines Heliumkerns an einen Berylliumkern resonant – also bei einem bestimmten, passenden Energiewert mit stark erhöhter Reaktionsrate – erfolgt, Kohlenstoff hätte damit eine passende Resonanz (untere Darstellung in der Skizze). Nachdem Sauerstoff diese Resonanz ebenfalls haben müsste und damit erneut sofort Sauerstoff entstehen und Kohlenstoff übersprungen würde, sagte er ferner vorher, dass die Resonanz von Sauerstoff energetisch nicht passt – also nicht ausgenützt werden kann. Damit würde ein ausgewogenes Kohlenstoff-Sauerstoff-Verhältnis alleinig durch die geschickte Auswahl zweier Resonanzen eingestellt werden. Natürlich ist es genau so – Fred Hoyles[27] Vorhersage wurde im Nachhinein experimentell exakt bestätigt!

Ohne eine passende und eine nicht passende Resonanzreaktionsrate wäre also Kohlenstoff in unserem Universum schlichtweg nicht vorhanden. Für das Leben, so wie wir es kennen, ist das Element Kohlenstoff jedoch der zentrale Baustein – in Form von Kohlenwasserstoffketten. Man könnte sich nun natürlich auch exotisches Leben vorstellen, das darauf basiert, dass Kohlenstoff durch ein anderes Element in den Molekülketten ersetzt wird – Molekülketten sind für jegliche Form von Leben grundsätzlich entscheidend, denn sie können komplexe Strukturen ausbilden; und Leben definiert sich durch komplexe Strukturen. Denken wir also an den Massendefekt, und da erkennen wir, dass ja auch Silizium durch Brennvorgänge produziert wird. Silizium wäre natürlich geeignet und vermutlich auch willig, die Rolle von Kohlenstoff zu übernehmen. Leben, das auf einem derartigen Austausch der grundsätzlich erforderlichen Molekülketten basiert, hätte jedoch ein gewaltiges Problem: Das Problem wären die Handlungsabläufe beziehungsweise die Reaktionszeiten aufgrund der extrem langsam ablaufenden chemischen Prozesse, die so grundverschieden von den unseren wären, dass wir derartiges Leben als „festgemeißelte Statuen" ansehen würden. Festgemeißelte Statuen entwickeln sich jedoch nicht sehr gut, da sie einen extrem schwach ausgeprägten **Zeitpfeil** haben; und das Universum ist bei Weitem nicht alt genug, um eine solche Lebensform über das Gröbste hinweggebracht zu haben. Die Entwicklung dieser Geschöpfe hätte in einer Hubblezeit noch nicht einmal den wenig rühm-

---

27 Die Kombination der Zufälle, die für Kohlenstoff genau die richtige und für Sauerstoff genau die falsche Resonanz ergeben, fand Fred Hoyle so bemerkenswert, dass er sich folgendermaßen äußerte: "Nothing has shaken my atheism as much as this discovery."

lichen Amöbenstatus erreicht. Die Existenz des Elements Kohlenstoff ist also ausschlaggebend für jede Form von Leben. Es ist demnach tatsächlich so, dass eine passende und eine nicht passende kernphysikalische Resonanzreaktionsrate nicht nur über das ausgewogene Kohlenstoff-Sauerstoff-Verhältnis, sondern auch den Auftritt jeglicher organischer Materie entschieden hat. Ein noch eklatanterer Punkt betrifft dabei die uns interessierenden stellaren thermonuklearen Explosionen: Es würde sie nicht geben ohne das Ausgangsmaterial Kohlenstoff. Das Universum hätte sich auf diesem Weg somit einer weiteren Attraktion beraubt. Es besteht folglich ein nachhaltiger Bedarf an Kohlenstoff, und der wurde dank Fred Hoyle auch abgedeckt. Dementsprechend brauchen wir auch nicht weiter darüber nachzuphilosophieren, wie ein Leben ohne Kohlenstoff aussehen würde – wir sollten einfach die festgemeißelten Statuen fragen!

Als wesentlichstes Resümee der vorangegangenen Überlegungen halten wir nun fest, dass sowohl das Wasserstoff- als auch das Heliumbrennen als energetisch geeignete Grundlage für eine stellare thermonukleare Explosion endgültig ausscheiden! Für das Kohlenstoffbrennen sieht es jedoch besser aus. Hier sind die erforderlichen Temperatur- und Druckverläufe erheblich steiler, sodass ein schlagartiges Einsetzen des Brennvorgangs sogar wahrscheinlich ist; vorausgesetzt, man schafft es, den erforderlichen thermodynamischen Zustand möglichst instantan herbeizuführen. Die Fusion von Kohlenstoff ist als Energiequelle somit der erste mögliche Kandidat für eine stellare, thermonukleare Apokalypse. Aber wie sehen die Rahmenbedingungen dafür aus?

1.5.2   Die Gravitationsenergie – Motor der Sternentwicklung

Einstein wäre fast von einem Wagen überfahren worden, als er mit George Gamow[28], einem der bemerkenswertesten Atom- und Astrophy-

---

28   Im Jahr 1948 veröffentlichte George Gamow seinen vermutlich wichtigsten Beitrag zur Astrophysik: Er beschrieb einen expandierenden Urbrei, für den er den sinnigen Namen „Ylem" kreierte und den man als heißen Anfang des Weltalls interpretieren kann. Dieser Artikel begründete nicht nur die moderne

siker seiner Zeit, 1940 in Princeton spazieren ging. Er wäre fast überfahren worden, weil er abrupt auf der Straße stehen blieb und einige
Fahrzeuge nur mit Mühe ausweichen konnten. Der Grund für dieses
Verhalten war eine Bemerkung von Gamow. George Gamow teilte ihm
mit, dass gemäß Einsteins eigener, mittlerweile bereits berühmter Formel – $E_0 = m_0\,c^2$ – ein Stern auch aus dem Nichts entstehen könnte!
Diese Aussage hat nicht nur Einstein aufs Schwerste irritiert; selbst uns
sollte diese Aussage, auch in der heutigen Zeit, zumindest etwas irri-
tieren. Worauf basierten nun die Überlegungen, die Gamow zu diesem
Schluss führten? Zusammen mit einem Kollegen verglich Gamow die
einem Stern insgesamt zur Verfügung stehende Ruheenergie – $E_0 = M c^2$,

Kosmologie, sondern damit wurde auch der Big-Bang-Zug ins Rollen gebracht.
Der nahm so richtig Fahrt auf, als die beiden späteren Nobelpreisträger Arno
Penzias und Robert Wilson 1965 den entscheidenden Beobachtungsbefund für
diese Theorie lieferten. Sie entdeckten die mittlerweile weltberühmte 3-Kelvin-
Hintergrundstrahlung (das entspricht –270°C). Entscheidend dabei war, dass
Gamow diese Strahlung im Rahmen seiner Theorie vorhergesagt hatte – kon-
kret sagte er vorher, dass Spuren von der Strahlung, die den Ylem dominierte,
auch heute noch vorhanden sein müssten. Genau genommen hätte jeder von uns
den Nobelpreis, den Penzias und Wilson eingefahren haben, abgreifen können.
Denn das nervige Geflimmer, das wir nach Sendeschluss am Bildschirm des
Fernsehers sehen, resultiert zum Teil aus der kosmischen Hintergrundstrahlung!
Der Big Bang kommt im Fernsehen – wer hätte das gedacht! Das Problem ist
nur, man muss das, was man sieht, auch richtig interpretieren und nicht einfach den Fernseher ausschalten! In jüngster Zeit wurde die **Mikrowellenhintergrundstrahlung** neu entdeckt, da man festgestellt hat, dass diese Strahlung
nicht mit gleicher Intensität aus allen Himmelsrichtungen kommt. Sie differiert in Abhängigkeit der Richtung um einige Hundertausendstel Kelvin! Die
Ursache dafür sind die Dichtefluktuationen, die aus den Quantenfluktuationen
entstanden sind. Diese kann man auf diesem Weg also fast direkt beobachten!
Die Satelliten COBE und WMAP haben nun die feinen Unterschiede in der
Hintergrundstrahlung gemessen. Und da solche Messungen eine Zeitreise in
die frühestmögliche Vergangenheit des Universums sind – weiter können wir
aus den gleichen Gründen nicht zurückblicken, aus denen wir auch in die Sonne nicht hineinschauen können –, lieferten sie überzeugende Argumente dafür,
dass unser Universum zu diesem Zeitpunkt auf ein viel kleineres Raumgebiet
komprimiert war und zumindest aus diesem heraus expandierte und vor allem,
dass unser Universum flach ist! Auch dafür gab es 2006 einen Nobelpreis – nur
Gamow, der Ideengeber und „Vater des Big Bangs", hat keinen bekommen,
obwohl er die Hintergrundstrahlung auf fast 2 Kelvin genau vorhergesagt hat;
aber das war vermutlich nicht präzise genug!

wobei die Sternmasse durch M beschrieben wird – mit der Gravitationsenergie des Sterns, die sich ja als negative Größe darstellt (Einschub 9
„Das flache Universum"). Als Ergebnis dieses Vergleichs stellten sie
fest, dass diese beiden Größen in bestimmten Fällen betragsmäßig exakt gleich sind. Das heißt, addiert man die positive Ruheenergie mit der
negativen Gravitationsenergie eines Sterns, so ergibt sich für eine bestimmte Gruppe von Sternen präzise die Zahl Null. Damit könnten rein
energetisch betrachtet diese Sterne also auch aus dem Nichts entstehen!
Einstein wäre für die Einsicht in diese Erkenntnis fast überfahren worden; also sollten wir von dieser Einsicht zumindest beeindruckt sein
und sie auf uns wirken lassen.

Wenn wir diese Einsicht nachhaltig auf uns wirken lassen, dann verstehen wir nun einen anderen, damit vergleichbaren Punkt in der Tat erheblich besser; und dieser Punkt betrifft die inflationäre Expansion bei der
Entstehung des Universums (Einschub 7 „Die inflationäre Expansion").
Wir verstehen diesen Punkt nun besser, weil das geschilderte Verhalten
klärt, wie der heute beobachtbare Teil des Universums aus einer Startmasse von lediglich 10 Kilogramm entstehen konnte. Die Differenz zu
den 10^{90} Teilchen, die wir heute beobachten, entstand damit auf einem
komplizierten Weg tatsächlich aus einem speziellen Nichts. Werfen wir
also nochmals einen Blick auf die **Inflation**: Der Großteil der Teilchen
entstand aus der Energiedichte des falschen **Vakuums**; und das konnte
sich nur deshalb ungehindert inflationär vergrößern, weil seine Energiedichte exakt durch den negativen Druck des **Higgsfeld**-Vakuums kompensiert wurde. Nachdem das falsche Vakuum des Higgsfeldes seinen
Phasenübergang vollzogen hatte und aus der frei gewordenen Energie
seines metastabilen Niveaus den Großteil der Teilchen des Universums
erzeugte, wodurch nicht nur die Inflationsphase beendet wurde, sondern
auch der negative Druck des Higgsfeld-Vakuums, dem das Universum
bis dahin ausgesetzt war, verschwand, musste die dem negativen Druck
entsprechende negative Energie ausgeglichen werden; und das geschah
durch die negative Gravitationsenergie der soeben erzeugten Teilchen.
Wie von Gamow am Beispiel eines Sterns gezeigt, war diese Gravitationsenergie exakt gleich der gesamten Ruheenergie aller produzierten
Teilchen: So wie vor der Produktion der Teilchen die Energiedichte des
falschen Higgsfeld-Vakuums exakt gleich seinem negativen Druck war.

Die Energiebilanz stimmt also für die 10^{90} Teilchen ebenso, wie sie für die 10 Kilogramm stimmte. Die 10^{90} Teilchen gab es damit aber nicht, wie man meinen möchte, für umsonst, denn die Gravitationsenergie steht ja dagegen. Dieses Szenario zeigt uns also, dass Dank der negativen Gravitationsenergie, nicht nur Dinge, sondern im Prinzip nahezu komplette Universen aus dem Nichts, allerdings einem speziellen Nichts, entstehen können!

Für Sterne gibt es allerdings kein derartiges Szenario. Obwohl es theoretisch möglich wäre, können Sterne also nicht aus dem Nichts entstehen. Dennoch wird aber zumindest die gewaltige Macht der negativen Gravitationsenergie durch diesen Sachverhalt mehr als nachhaltig unterstrichen. Bestimmte Sterne müssen die gesamte ihnen zur Verfügung stehende Ruheenergie aufwenden, um ihre in Energie übertragenen Bestandteile unendlich weit voneinander zu entfernen (also aus der Raum-Zeitkrümmung ihrer Masse heraus in den weit entfernten flachen Bereich hinein) und damit das Gravitationspotential, dem sie ausgesetzt sind, zu überwinden. Nachdem dies faktisch nicht möglich ist, werden diese Sterne von der Gravitation also vollständig dominiert. In diesem extremen Maße gilt dies zwar nicht für alle Sterne, aber alle Sterne unterliegen dennoch der Kontrolle der Gravitation; und deren Ziel ist es, Sterne zu immer kompakteren Strukturen kontrahieren zu lassen. Man könnte nun dagegenhalten, dass sich Sterne doch als stabile, kugelförmige Gebilde darstellen, wobei sich die stabile Struktur durch das Gleichgewicht der auseinandertreibenden Wirkung des thermischen Drucks im heißen Sterninneren und der zusammenziehenden Wirkung der Gravitation ergibt, aber, wie im Bild dargestellt und in der Bildlegende ausführlich erklärt wird, mahlt die Mühle der Gravitation unaufhörlich! Es ist die abgestrahlte Helligkeit und der damit verbundene sukzessive Energieverlust, die den Stern in Schwierigkeiten bringt. Denn diese verlorene Energie fehlt dem Stern, um den in Folge der Gravitationswirkung aufgebauten Gegendruck – gegen die zusammenziehende Wirkung der Gravitation – aufrechtzuerhalten. Als Konsequenz muss der Stern nachgeben und somit kontrahieren; und das letztendliche Ziel dieses Vorgangs besteht darin, aus Sternen **Singularitäten** in Form von **Schwarzen Löchern** werden zu lassen.

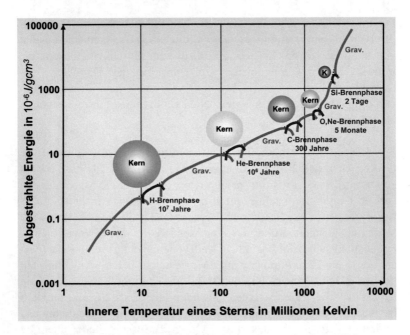

Abb. 1.20 Das Bild verdeutlicht für einen Stern mit circa 15 Sonnenmassen, wie die Gravitationsenergie als Motor der Sternentwicklung
funktioniert. Dargestellt ist die vom Stern abgestrahlte Energie gegen
die innere Sterntemperatur, die sich durch die Kontraktion des Sterns
aufgrund der Gravitationswirkung stetig erhöht und damit einen thermischen Druck aufbaut, der der Gravitation entgegenwirkt. Die Kontraktion schreitet nun trotz des thermischen Gegendrucks stetig voran,
da der Stern aufgrund der abgestrahlten Helligkeit sukzessive Energie
verliert; *und diese verlorene Energie fehlt dem Stern für den Erhalt des
aufgebauten Gegendrucks. Als Konsequenz muss der Stern in seinem Inneren nachgeben und somit kontrahieren.* Der Stern wandert also dementsprechend im Verlaufe der Zeit und seiner Entwicklung im Diagramm
von links nach rechts (dieses Verhalten wird im Bild durch die grünen
Kurvenstücke dargestellt). Auch die vom Stern durch nukleares Bren-
nen produzierte Energie kann diesen Prozess nicht aufhalten, sondern
lediglich verzögern. Während dieser Brennphasen verweilt der Stern für
die angegebenen Zeiten im Diagramm (im Bild sind diese Phasen durch
rote Bögen gekennzeichnet). Am Ende der Kurve hat die Gravitation
ihr Werk vollbracht. Der Stern hat zu viel Energie verloren, um selbst
bei den extrem hohen Temperaturen, die sich durch die Kontraktion er-

Das Gelingen dieses Vorhabens hängt jedoch von der Ausgangsmasse des Sterns ab. Diese muss einen gewissen Grenzmassenwert überschreiten, um die Existenz des Sterns durch einen gravitationsbedingten Kollaps zu beenden. Das Schicksal eines Sterns hängt also von der vorgegebenen Masse ab; in Abhängigkeit von diesem Wert hat ein Stern drei Möglichkeiten, seine leuchtende Karriere zu beenden, wobei eine davon als kurios zu bezeichnen ist. Die ersten beiden Möglichkeiten sind:

1. Die Masse des Sterns liegt über dem Grenzmassenwert – in diesem Fall wird der Stern, ausgelöst durch ein Supernova-Typ-II-Spektakel zum Schwarzen Loch oder **Neutronenstern**.

2. Die Masse des Sterns liegt unter dem Grenzmassenwert – in diesem Fall wird die Gravitation den Stern in seinem finsteren Zustand, den er nach Verbrauch seiner Energieressourcen erreicht hat, verharren lassen und ihn damit der Asche des Universums zuführen.

Es verbleibt noch die als kurios bezeichnete Möglichkeit; und die besteht darin, dass sich der Stern doch von selbst aus dem Zwangsgriff der Gravitation befreit. Wir haben zwar gesehen, dass eine bestimmte Sterngruppe die dafür nötige Energie nur theoretisch aufbringen kann, da die gesamte ihnen zur Verfügung stehende Ruheenergie nötig wäre, um ihre negative Gravitationsenergie zu überwinden, aber das gilt natürlich nicht für alle Sterne. Bei der Mehrzahl der Sterne überwiegt die Ruheenergie ihrer Masse ihre negative Gravitationsenergie deutlich! Zudem muss ein Stern bei einer Selbstzerstörung zwar seine Bestandteile in unendliche Entfernung zueinanderbringen – darin besteht ja gerade der wesentliche Schritt, der zur Überwindung der Gravitationsenergie führt –, diese müssen allerdings nicht zwangsläufig unendlich klein sein. Erwartungsgemäß würden die einzelnen Bestandteile vielmehr im kernphysikalischen Bereich liegen. Das heißt, dass die innere

---

geben haben, noch genügend Druck aufbauen zu können, der die weitere Kontraktion, bedingt durch die Wirkung der Gravitation, aufhalten könnte. Der Stern hat die ihm von der Gravitation zugestandene Zeit verbraucht; und damit steht für ihn die Apokalypse kurz bevor.

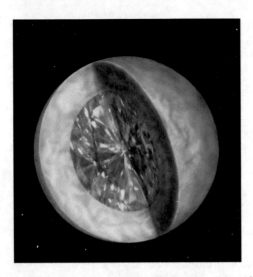

Abb. 1.21   Das Bild zeigt einen Monsterdiamanten mit 10^{34} Karat! Der Diamant stellt einen Weißen Zwergstern dar, dessen aus Kohlenstoff bestehende Kernmasse aufgrund des gewaltigen Drucks im Sterninneren kristallisiert und dementsprechend den Diamanten ausbildet. Der Diamant ist in dieser Form jedoch kein schmückendes Beiwerk, sondern hochexplosiver Sprengstoff, der sich unter bestimmten Voraussetzungen in Eisen verwandeln kann – man sollte also grundsätzlich kleine Diamanten bevorzugen, um zu vermeiden, dass sich diese in Eisen verwandeln und dabei Lichtblitze aussenden, was vom Wertverlust abgesehen auch der Gesundheit nicht zuträglich wäre! Der dargestellte Weiße Zwerg ist in etwa so groß wie die Erde, hat dabei aber eine Masse von der Größe der Sonne. Das heißt also, dass die mittlere Dichte dieses Sterns gigantisch ist und mit circa 3 Tonnen pro Kubikzentimeter auch eine gewaltige Gravitationsbeschleunigung bewirkt. Jemand, der beispielsweise auf der Erde 60 Kilogramm wiegt, würde auf der Oberfläche dieses Sterns 35 Tonnen wiegen – da zählt jedes Gramm, das man bereit ist, abzunehmen! Weiße Zwerge stellen das Endprodukt der Entwicklung masseärmerer Sterne – Objekte, deren Ausgangsmasse kleiner als 8 Sonnenmassen ist – dar. Solche Sterne vertun nahezu die gesamte ihnen zugebilligte Zeit damit, Wasserstoff auf der sogenannten Hauptreihe zu verbrennen. Danach entwickeln sie sich zu umfangreichen **Roten-Riesen-Sternen** – die Sonne wird also irgendwann auf der Erde ankommen – und werfen dort ungefähr die Hälfte ihrer Masse in Form von Planetarischen Nebeln ab (Kapitel 2.3.1 „Das Rätsel der Vorläufersterne der kosmischen Leuchttürme"), um dann endgültig zu **Weißen Zwergen**

Struktur der Kerne, von Kernumwandlungsprozessen abgesehen, unberührt bleiben würde. Die große Hürde, auch die starke Wechselwirkung der einzelnen Nukleonen bei so einem Vorgang überwinden zu müssen, bliebe dem Stern also erspart. Die Gesamtenergie, die für die vollständige Zerstörung eines Sterns erforderlich wäre, läge damit durchaus in einem Bereich, der unter ganz speziellen Voraussetzungen auch durch den *Massendefekt* abgedeckt werden könnte.

Ein Stern kann sich also durch geschickten Einsatz des Massendefekts im Prinzip durchaus selbst vernichten! Wie sehen diese ganz speziellen Voraussetzungen jedoch aus, die diese kuriose Möglichkeit auch zur Realität werden lassen?

1.5.3 Sterne ohne Radius

Der Massendefekt kann es also richten. Ein Stern kann sich prinzipiell durch den geschickten Einsatz des Massendefekts selbst vernichten und sich damit aus dem Zwangsgriff der Gravitation befreien!

Für den Stern spielt es natürlich keine Rolle, ob er sich aus dem Zwangsgriff der Gravitation befreit oder ihr zum Opfer fällt – es findet ja schließlich kein Wettbewerb der konkurrierenden Energien im Universum statt. Aber für uns spielt es eine Rolle. Wir brauchen die **kosmischen Leuchttürme**, um der Dunklen Energie auf die Schliche zu kommen! Also werden wir es auch sein, die sich mit der als kurios bezeichneten Möglichkeit, die ein Stern vorzuweisen hat, um seine Karriere zu beenden, auseinandersetzen.

Die Grundvoraussetzung für die Vernichtung eines Sterns besteht darin, die Gesamtenergie, als deren Komponenten die negative Gravitationsenergie und die positive Bewegungsenergie der Teilchen anzuführen sind, möglichst gering zu halten. So gering, dass sie durch den maximal erzielbaren Massendefekt, der auf der Grundlage des vorhandenen

zu werden. Auch unsere Sonne wird in circa 5 Milliarden Jahren diesen Weg beschreiten und letztlich zu einem eiskalten, finsteren Diamanten werden, der aus kosmologischer Sicht jedoch nichts anderes als Asche des Universums sein wird.

verbrennbaren Materials und der Kernreaktionsraten eine vorgegebene Größe darstellt, abgedeckt werden kann. Als Energiequelle haben wir dabei die Fusion von Kohlenstoff bereits ausgemacht. Sie stellt einen bereits hochdekorierten Kandidaten, der eine stellare, thermonukleare Apokalypse speisen kann, dar. Wie gelangen Sterne nun aber in ein Stadium, in dem ihr Kern im Wesentlichen aus Kohlenstoff besteht? Es ist die Entwicklung weniger massereicher Sterne, wie die unserer Sonne, die in diesem Sternstadium ihr vermeintliches Ende findet. Aufgrund der geringen Masse dieser Objekte ist der Gravitationsdruck nicht groß genug, um die Temperatur so stark zu erhöhen, dass das Kohlenstoffbrennen zünden kann. Diese Sterne, die man „Weiße Zwerge" nennt, haben damit den aktivsten Teil ihres Daseins bereits hinter sich. Einen grundlegenden Überblick über die Eigenschaften und Eigenarten dieser Objekte wird in dem dargestellten Bild und seiner Legende vermittelt.

Damit haben wir mit den Weißen Zwergen eine der Grundvoraussetzungen erfüllt: Uns steht mit dem Kohlenstoff-Sauerstoff-Gemisch, aus dem der Kern besteht, eine beträchtliche Menge an hochexplosivem Sprengstoff als Energiequelle zur Verfügung! Das war aber nur eine der Grundbedingungen, die für die explosive Vernichtung eines solchen Sterns zu erfüllen ist. Die andere, ebenso wichtige Bedingung betraf eine möglichst kleine Differenz zwischen der Gravitationsenergie und der Bewegungsenergie der Teilchen. Wie sieht es mit der Rahmenbedingung hinsichtlich einer minimalen Gesamtenergie für die Weißen Zwerge nun aus?

Um das zu durchleuchten, müssen wir einer Idee des Nobelpreisträgers Subrahmanyan Chandrasekhar folgen, der erkannte, dass für die Berechnung des stellaren Drucks, der dem Gravitationsdruck entgegenwirkt, die hohen Dichten im Innern der Weißen Zwerge eine relativistische Behandlung der Elektronen erfordern. Wir müssen also zunächst das Druckgleichgewicht in den Weißen Zwergen in Abhängigkeit von der Kernmasse dieser Objekte betrachten, um eine darauf basierende Aussage über die Gesamtenergie zu ermöglichen. Dies geschieht im folgenden Einschub 10 „Die Chandrasekharmasse und ihr Radius".

? 10. Die Chandrasekharmasse und ihr Radius

Die Gravitationsanziehung eines Sterns bewirkt eine Gravitationskraft. Wenn man diese wiederum durch die Fläche teilt, erhält man den Gravitationsdruck: ▶

$$p_G \sim \frac{M^2}{R^4} \sim R^2\sigma^2 \Rightarrow \sigma \sim \frac{M}{R^3}$$

Der Gravitationsdruck bewirkt eine Kontraktion des Sterns, wodurch sich die innere Sterntemperatur erhöht, die wiederum einen thermischen Druck aufbaut, der der Gravitation entgegenwirkt. Die Kontraktion schreitet dennoch stetig voran, da der Stern aufgrund der abgestrahlten Helligkeit sukzessive Energie verliert; diese verlorene Energie fehlt dem Stern für den Erhalt des aufgebauten Gegendrucks. Als Konsequenz muss der Stern nachgeben und kontrahieren. Dieses grundsätzliche Verhalten macht den Stern immer kompakter und führt bei Weißen Zwergen zu Dichten, die bei 2 bis 3 Tonnen/cm³ liegen. Bei so hohen Packungsdichten steht den Elektronen nur sehr wenig Raum zur Verfügung. Dementsprechend meldet sich auch sofort die Quantenphysik zu Wort (nur im Bereich der Quantenphysik kann dem Vorgang der immer weiter fortschreitenden Kontraktion zumeist Einhalt geboten werden, und zwar genau dann, wenn die innere Struktur der Teilchen von diesem Prozess bedroht wird; im Fall der **Schwarzen Löcher** hilft selbst das nichts, selbst die Kernkräfte sind hier als Gegenkraft nicht stark genug, um diesen Vorgang zu stoppen), und die ruft erneut Heisenbergs

$$M = \frac{4\pi}{3} R^3\sigma$$

Masse =
Volumen x
mittlerer Massendichte

$$p_{Fn} \sim \sigma^{5/3}$$

Fermidruck(n.r.e.)

$$m\ddot{R} = \frac{GMm}{R^2}$$

Gravitationskraft

$$p_{Fr} \sim \sigma^{4/3}$$

Fermidruck(v.r.e.)

R = Radius

$$p_F \sim \sigma\left[\left(k\sigma^{2/3} + 1\right)^{1/2} - 1\right]$$

Fermidruck(e.r.e.)

$$p_F = p_G = \frac{Kraft}{Fläche} \sim \frac{M \cdot M}{R^2 \cdot R^2} \sim R^2\sigma^2$$

Gravitationsdruck

▶ **Unschärferelation** auf den Plan. Allerdings gilt die in diesem Fall
für den Ort *x* und den Impuls *p*:

$$\Delta E \Delta t = \Delta p \Delta x \geq h / 2\pi$$

Nachdem den Elektronen sehr wenig Raum zur Verfügung steht,
muss also der Impuls, und damit die Geschwindigkeit, sehr groß
werden. Dieser Effekt wird durch das Pauli-Prinzip, das der quantenmechanischen Besonderheit, dass alle Elektronen verschiedene Zustände einnehmen müssen, Rechnung trägt, auch noch verschärft.
Dies zwingt die Elektronen auf zum Teil sehr hohe Impulsniveaus.
Hohe Impulswerte führen zwangsläufig auch zu einem hohen Druck
(Fermidruck). Einem Druck, der von der Temperatur losgelöst ist und
der den thermischen Druck dennoch deutlich übersteigen kann. Ein
solches – nicht relativistisch entartetes (n.r.e.) – Elektronengas kann
selbst bei einer Temperatur von null Grad der weiteren Kompression
Paroli bieten. Steigt nun die Packungsdichte der Elektronen noch
erheblich deutlicher an, dann werden die Geschwindigkeiten derart hoch, dass ein Effekt der Speziellen Relativitätstheorie berücksichtigt werden muss, und zwar der des relativistischen Impulses
(Einschub 1 „Äquivalenz von Masse und Energie"). In diesem Fall
spricht man von vollständig relativistischer Entartung (v.r.e.) des Fermidrucks. Im extrem relativistischen Fall (e.r.e.), der sich auf gutem
Weg dahin befindet, den vollständig relativistischen Zustand zu erreichen, kann der Fermidruck durch folgende Gleichung näherungs-
weise beschrieben werden:

$$p_F \sim \sigma \left[\left(k\sigma^{2/3} + 1 \right)^{1/2} - 1 \right]$$

Dabei steht *k* – wie später auch *konst.* – für eine Kombination der
involvierten Naturkonstanten. Nachdem es der Fermidruck ist, der
den Stern gegen den Gravitationsdruck verteidigt, gilt natürlich:

$$p_G = p_F$$

Ersetzen wir nun noch die mittlere Massendichte σ durch M/R^3
(siehe oben) und lösen die Gleichung nach R auf, so erhalten wir:

$$\frac{R}{R_\odot} = konst. \left(\frac{M_{Ch}}{M} \right)^{1/3} \left(1 - \left(\frac{M}{M_{Ch}} \right)^{4/3} \right)$$

Die Skalierungsgröße M_{Ch} – die sogenannte „Chandrasekharmasse"
– wird dabei ausschließlich durch die Naturkonstanten *h*, *c*, *G* und ▶

► die Protonenmasse m_p festgelegt. Ihr genauer numerischer Wert beläuft sich auf:

$$M_{Ch} = 1.457 M_\odot$$

Obige Gleichung, die eine Masse-Radius Beziehung für den Fall des Übergangs zur vollständig relativistischen Entartung des Fermidrucks darstellt, ist nun wirklich von feinem Charakter!

Wie wir sehen, wird der Radius mit steigender Masse kleiner. Das bedeutet, dass eine Eisenkugel, die wir gießen wollen, umso kleiner wird, je mehr Material wir in die Form einfüllen. Macht das Sinn? Um das zu verstehen, müssen wir nur an Sisyphos denken; der wäre von der Aufgabe, eine große Eisenkugel nach diesen Regeln herzustellen, sicher sehr angetan gewesen. Kurzum, das können wir nicht verstehen. Das müssen wir als Eigenart der Quantenphysik einfach akzeptieren. Noch erschreckender ist allerdings, dass der Radius für den Fall einer Masse, die gleich MCh ist, gänzlich verschwindet:

$$R(M = M_{Ch}) = 0!$$

Eine Masse, die gerade einmal 1,45-mal so groß wie die Masse unserer Sonne ist, vollbringt offensichtlich sehr Außergewöhnliches! Es liegt allerdings nicht an diesem Wert allein. Es liegt vor allem an der vollständig relativistischen Entartung des Fermidrucks; der ist es, der diese Masse zur Wunderwaffe werden lässt. Das ist noch nicht alles, es kommt sogar noch besser!

Bilanziert man nämlich die Bewegungsenergie der relativistisch entarteten Elektronen T mit der negativen Gravitationsenergie U für solch einen Wunderstern, so sieht man, dass sich diese beiden Größen in der Summe exakt aufheben:

$$E = T + U = 0$$

Bei diesen Wundersternen ist also mitnichten die gesamte positive Ruheenergie der Teilchen nötig, um gegen die negative Gravitationsenergie zu bestehen, sondern es genügt bereits die relativistische Bewegungsenergie der Elektronen, die allerdings zum Teil auf der Ruheenergie der Elektronen basiert (Einschub „Äquivalenz von Masse und Energie"), um dies zu bewirken! Damit steht ein Weißer Zwerg, dessen Kohlenstoff-Sauerstoff-Kernmasse gleich der Chandrasekharmasse ist und dessen innerer Druck auf einem vollständig relativistisch entarteten Elektronengas beruht, auf der Schwelle, um ein ungebundenes System darzustellen!

Selbst Chandrasekhar war 1930, als er diese Rechnung durchführte und für die er 1983 den Nobelpreis erhielt, von dem Ergebnis, dass es eine kritische Masse gibt, oberhalb der ein Weißer Zwerg dem Gravitationsdruck nicht mehr standhalten kann, überrascht. Die Konsequenz, dass zudem die Gesamtenergie eines solchen Sterns gleich null ist, hat er in ihrer vollen Bedeutung damals noch nicht erfasst. Nachdem zu einem späteren Zeitpunkt der Blick für das Verständnis der Zusammenhänge geschärft wurde, hat man dieser außergewöhnlichen Masse auch einen Namen gegeben, und der lautet zu Recht „Chandrasekharmasse". Der Wert dieser Größe ist erstaunlicherweise nicht deutlich verschieden von der Masse der Sonne, aber, wie wir sehen werden, dennoch für Weiße-Zwerg-Sterne nur schwer zu erreichen (Kapitel 2.3 „Kosmische Leuchttürme im frühen Universum und Heute").

Mit diesem Resultat stehen wir nun glänzend dar, denn wir haben neben der ersten Grundvoraussetzung, die uns ja in hinreichendem Maße den hochexplosivem Sprengstoff als Energiequelle zur Verfügung stellen musste, auch die zweite Bedingung, die eine möglichst kleine Differenz zwischen der Gravitationsenergie und der Bewegungsenergie der Teilchen betraf, sogar besser erfüllt, als wir uns dies hätten träumen lassen: Die minimale Gesamtenergie eines auf der Chandrasekharmasse beruhenden Weißen Zwergs stellt keinen kleinen Wert dar, sondern sie wird sogar durch den Wert null repräsentiert!

Ein Stern, der damit kein gebundenes System mehr darstellt, ist leicht untertrieben formuliert sehr ungewöhnlich. Bliebe dieser Zustand grundsätzlich erhalten, so könnten sich die Teilchen dieses Sterns bei der geringsten Energiezufuhr beliebig weit voneinander entfernen. Der Stern hätte also selbst einer kleinen Energiemenge nichts entgegenzusetzen. Sie könnte seine Existenz einfach auf sanftem Weg beenden. Andererseits zeigt uns die Masse-Radius-Beziehung, dass der Stern auch dem geringsten Energieverlust nichts entgegenzusetzen hat, da sein Radius ja gegen null konvergiert. Das heißt, gelangt ein Stern, auf welchem Weg auch immer, zu einem Kohlenstoff-Sauerstoff-Kern, dessen Masse gleich der Chandrasekharmasse ist, so führt bereits der geringste Energieverlust zu einer minimalen Radiusänderung, die den Stern augenblicklich kollabieren lässt! Ein solcher Stern – dessen Kohlenstoff-Sauerstoff-Kernmasse gleich der Chandrasekharmasse ist – kann sich also problemlos selbst vernichten, falls er es schafft, auf

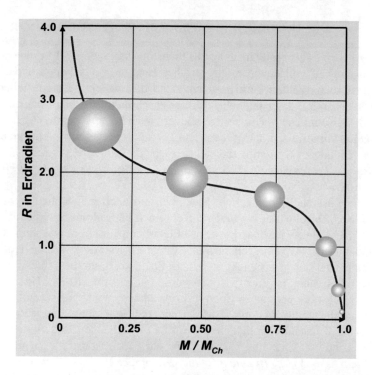

Abb. 1.22 Dargestellt ist die Masse-Radius-Beziehung für Weiße Zwerge, wie sie sich aus den theoretischen Überlegungen dieses Abschnitts ergibt. Auffällig dabei ist, dass der Radius mit steigender Masse kleiner wird. Das bedeutet im übertragenen Sinne, dass ein Schneeball umso kleiner wird, je mehr Schnee man draufpackt! Das wirklich Erschreckende an dieser Relation ist aber, dass der Radius für einen bestimmten Wert der Masse, der auch nicht überschritten werden kann, gänzlich verschwindet. Wenn wir folglich noch etwas mehr Schnee auf den Schneeball packen, kollabiert er zu einem Nichts und ist weg – diese Relation wäre doch ein geeignetes Hilfsmittel für den Zauberlehrling!

das Energiereservoir des Massendefekts seines im Inneren deponierten Kohlenstoff-Sauerstoff-Gemischs geschickt zuzugreifen!

Was also wird geschehen, das einen solchen „unsäglichen Weißen Zwerg" aus diesem mit Pointen gespickten Zustand erlöst?

1.5.4 Die thermonukleare Explosion eines Sterns

Wir haben es also mit einem aus Kohlenstoff und Sauerstoff bestehenden und auf vollständig relativistischer Entartung des **Fermidrucks** beruhenden **Weißen Zwerg** zu tun. Und dies ist ein sehr spezieller Weißer Zwerg, da er mit seiner **Chandrasekharmasse** nicht nur eine außergewöhnliche Masse besitzt, sondern auch keinen spezifizierbaren Radius vorzuweisen hat. Zudem kann er rein energetisch nicht mehr als gebundenes System betrachtet werden. *Er stellt streng genommen also gar keinen Stern mehr dar – dieses sehr spezielle Objekt ist ein „Unstern"!*

Grundsätzlich könnte sich dieser Unstern auch gemächlich selbst auflösen. Dabei würde er jedoch sofort seinen Fermidruck und die relativistische Bewegungsenergie seiner Elektronen verlieren, was ihn instantan wieder zu einem gebundenen System, einem Stern, werden ließe. Was dieses spezielle Objekt in seinem Zustand jedenfalls keineswegs verkraften kann, ist Energie – die würde ihn umbringen! Der Unstern hätte selbst der geringsten Energiezufuhr nichts entgegenzusetzen. Sie könnte ihn völlig zerstören. Auf der anderen Seite könnte das Objekt aber auch instantan kollabieren, denn es hat ja keinen Radius mehr! Was hat dieser Chandrasekhar da verbrochen. Was ist das für ein abgefahrenes Objekt? *Es ist eine tickende Zeitbombe! Und die ist auch noch bis zum Stehkragen mit hochexplosivem Sprengstoff gefüllt* – mit einem erbarmungslosen Kohlenstoff-Sauerstoff-Gemisch.

Was geschehen wird, das diesen „Weißen-Zwerg-Speciale" aus seinem lethargischen Zustand befreit, ist uns mittlerweile klar geworden: Diese Bombe wird niemand entschärfen. Diese Bombe wird ohne Rücksicht auf Verluste hochgehen!

Auf welche Weise wird sie das aber tun?

Die Ausgangssituation ist uns bekannt: Der Stern verliert nach wie vor Energie, die er abstrahlt. Diesem Verlust gehorchend kontrahiert er langsam immer weiter, was ihm nun besonders leicht fällt, da er keinen spezifizierten Radius mehr hat (roter Verlauf in der Skizze). Es kann sich also kein Gleichgewicht einstellen, in dem der Stern erkaltet und erstarrt. Er erhöht vielmehr die Dichte in seinem Zentrum stetig weiter; und das bei einer nahezu konstanten Temperatur, denn die erhöht sich nicht mit. Sie kann sich nicht miterhöhen wegen der Entartung,

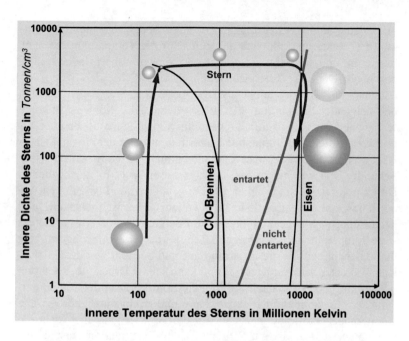

die die Kontrolle über den Druck übernommen und damit die Temperatur auf die Ränge verwiesen hat. Sie ist abgekoppelt, die Temperatur ist vom Druck abgekoppelt! Aber sie hat immer noch eine Funktion. Sie ist immer noch für die Brennvorgänge zuständig. Bei einer Temperatur von 200 Millionen Kelvin ist er jedoch sicher, der Stern, denn das Kohlenstoffbrennen kann bei der Dichte, die er jetzt hat, erst bei 500 Millionen Kelvin zünden. Aber die Dichte steigt weiter und liegt jetzt schon bei 100 Tonnen/cm^3; und die steigende Dichte reduziert die Zündtemperatur. Sie liegt jetzt nur noch bei 400 Millionen Kelvin. Und sie steigt weiter, die Dichte, sie steigt immer weiter. Gerade eben wurde ein Wert von 3 000 Tonnen/cm^3 erreicht. Das Brennmaterial ist jetzt so dicht gepackt, dass die konstant gebliebene Temperatur von 200 Millionen Kelvin ausreicht. Sie reicht nun aus, um das Kohlenstoffbrennen zu zünden! Und jetzt ist der Stern nicht mehr sicher, denn er verträgt keine Energie. Jede Form von freigesetzter Energie macht ihn ungebunden und gibt ihn der Zerstörung preis. Und er kann auf die frei werdende Energie nicht reagieren, denn er ist ja entartet. Druck und Dichte sind von der Temperatur abgekoppelt und merken nichts von der Zerstörung, die sich anbahnt. Nur die Temperatur, sie kann reagieren, und sie steigt. Sie steigt und verschlimmert dadurch alles nur noch. Denn die Energieproduktionsrate wächst durch den verhängnisvollen Massendefekt ins Unermessliche. Sie wächst, da sich bei steigender Temperatur alles überschlägt. Alle Kohlenstoffatome wollen sich fast gleichzeitig umwandeln. Sie wollen zu Eisen oder Nickel werden und sich ins stabile Lager retten. Es findet ein „nuklearer Runaway" statt, und der dauert gerade einmal wenige Bruchteile einer Sekunde. Und was macht der Stern in dieser Zeit? Er macht nichts! Druck und Dichte sind immer noch abgekoppelt und bekommen von der Katastrophe, die unaufhaltsam in vollem Gange ist, nichts mit. Jetzt hat die enorme Menge an freigesetzter Energie – elender Massendefekt – die Temperatur auf aberwitzige 10 Milliarden Kelvin hochgetrieben; und das hebt endlich die Entartung auf und beendet den unsäglichen Runaway. Der Stern ist jetzt frei und kann seinen Druck, über den nun wieder „Er" und nicht die Entartung die Kontrolle hat, der Temperatur anpassen. Er kann endlich expandieren und damit diese mörderische Dichte abbauen, die der Auslöser für die Schwierigkeiten war, in die er geraten ist. Auf diesem Weg wird sich die Situation entspannen. Aber es ist zu spät! Er hat verloren, der Stern. Die gewaltige, freigesetzte Energiemenge hat ihn in seinem angeschlagenen Zustand der Nullenergie kalt erwischt. Er ist längst schon zu einem ungebundenen System geworden, und die Teilchen, aus denen er besteht, haben einen gewaltigen Überschuss an Bewegungsenergie erhalten; und diese überschüssige Bewegungsenergie beschleunigt die Expansion des Sterns. Nur, dass diese scheinbar wohltuende Expansion sich längst schon in eine verheerende und unerbittliche Explosion verwandelt hat; diese Explosion wird die Materie des Sterns, bestehend aus 1,45 Sonnenmassen, auf 25 000 Kilometer pro Sekunde beschleunigen. Es wird eine regelrechte Hinrichtung geben. Aber davon wird er nichts mehr mitbekommen, der Stern, denn sie wird ihn restlos zerstören, diese gewaltige, infernalische Explosion!

Von Fernem merkt man von all dem nichts – noch nicht! Was man zu gegebener Zeit, in einem nicht unbedeutenden Teil des Universums, einem apokalyptischen Ereignis zuordnen wird, kennen wir unter dem schlichten Namen „Supernova Typ Ia".

Die Einsicht von dem, was sich nach diesen ersten wenigen Bruchteilen einer Sekunde ereignet, versteckt sich, von wenigen grundlegenden Aussagen abgesehen (Kapitel 1.3 „Grundlegendes zur Explosion und Expansion"), hinter äußerst komplexen Abläufen, deren Behandlung den gezielten Umgang mit weitverzweigten Bereichen der Physik erfordert. Nicht zuletzt aus diesem Grund wird das weitere Geschehen der Supernova-Typ-Ia-Explosion im Zusammenhang mit einer detailgetreuen, numerischen Simulation dargelegt. Im dargestellten Bild wird das Ergebnis der thermonuklearen Explosion eines aus Kohlenstoff und Sauerstoff bestehenden Weißen Zwergs, der sich mit der Chandrasekharmasse auseinandersetzen muss, illustriert. Zudem wird in der Bildlegende ausführlich auf die physikalischen Zusammenhänge eingegangen, die für den Ablauf der Explosion maßgeblich und entscheidend sind. Bei der dargestellten Simulation wurde ein Weißer Zwerg erstmalig „am Stück" behandelt; das heißt, man hat sich hier dem Problem der extrem unterschiedlichen Skalen, auf denen die Prozesse der Mikro- und der Makrophysik ablaufen, gestellt. Ein solches Vorgehen erfordert naturgemäß nicht nur viel Fingerspitzengefühl, sondern setzt auch ein äußerst findiges und umsichtiges Handeln, das von nachhaltiger Hartnäckigkeit geprägt ist, voraus. Der Lohn kommt dabei nicht nur durch die beeindruckenden Bilder zum Tragen, sondern auch durch die Qualität der Resultate. Wie sich zeigte, entspricht sowohl die berechnete Stärke der Explosion als auch die Verteilung und Struktur der erzeugten Brennprodukte überraschend genau den beobachteten Fakten.

Die Stärke der Explosion ist das Besondere an den Supernovae Typ Ia. Denn diese Stärke sollte immer gleich sein; ja, sie sollte sogar einer standardisierten Größe entsprechen. Der Grund dafür ist offensichtlich: *Nur Weiße Zwerge, deren aus Kohlenstoff und Sauerstoff bestehende Kernmasse exakt der Chandrasekharmasse entspricht, können explodieren!* Das bedeutet aber auch, dass bei all diesen Sternen grundsätzlich und immer exakt der gleiche Brennstoffvorrat vorhanden ist: Wir haben es also in der Tat mit einer standardisierten Bombe zu tun. Auf der anderen Seite haben uns die in der Bildlegende dargelegten Zusammenhänge aber nachhaltig verdeutlicht, dass der Ablauf der Explosion auch sehr komplex und von physikalischen Feinheiten geprägt ist. Dieses Verhalten lässt Zweifel an einer standardisierten „Chandrasekharmassenbombe" aufkommen. Es wirft vielmehr Fragen auf wie: Wird der gesamte Brennstoffvorrat immer

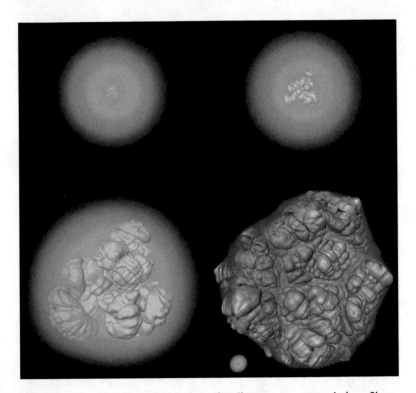

Abb. 1.23   Auf der Grundlage einer detailgetreuen, numerischen Simulation wird hier das Ergebnis der thermonuklearen Explosion eines Weißen Zwergsterns illustriert. Bei dieser Simulation wurde erstmalig der komplette, aus Kohlenstoff und Sauerstoff bestehende Stern behandelt. Es zeigte sich, dass sowohl die berechnete Explosionsstärke als auch die simulierte Erzeugung der Brennprodukte den beobachteten Werten weitgehend entspricht. Bei dem Modell wurde als Masse des Weißen Zwergsterns die Chandrasekharmasse angenommen. Bei dieser Masse steigt die Dichte und Temperatur im Zentrum des Sterns so hoch an, dass die Fusion von Kohlenstoff und Sauerstoff zu schwereren Elementen schlagartig zündet. Schlagartig zündet wie die Flamme im Zylinder eines Motors. Dabei läuft die Reaktion in einem extrem kleinen Raumgebiet ab, wobei sich an der Oberfläche Blasen aus verbranntem Material ausbilden. Die weißen Gebilde in der Mitte des ersten Bildes – oben links – stellen diese Blasen dar, die als Anfangsflamme des Explosionsprozesses zu interpretieren sind. Da der gesamte Explosionsprozess in entscheidendem Maße von der Entwicklung und Ausbreitung der Flammenfront

gleich und auch immer vollständig verbrannt? Oder die Frage: Findet bei der Explosion die Umschaltung von der Deflagration zur Detonation immer statt, und falls ja, immer auf die gleiche Art? Und schließlich die Frage: Ist die Stärke der Explosion und deren Verlauf auch von Feinheiten der chemischen Zusammensetzung des Weißen Zwergs abhängig? Diese Fragen werden uns noch an verschiedenen Stellen beschäftigen!

Das Thema „der thermonuklearen Explosion eines aus Kohlenstoff und Sauerstoff bestehenden Weißen Zwergs" kann jedoch keineswegs verlassen werden, ohne einen letzten bedeutenden Punkt zu erwähnen, und der betrifft natürlich Fred Hoyle. Fred Hoyle war es, der 1960 als Erster erkannte, dass Supernovae Typ Ia nichts anderes als explodierende Weiße Zwerge sind, dass deren Explosion thermonuklearen Ursprungs ist, dass der Stern dabei vollständig zerstört wird und dass – diesen letzten Punkt heben wir uns für den folgenden Abschnitt auf!

←————————————————————————————

abhängt, soll diese etwas genauer betrachtet werden. Durch Wärmeleitung brennt die Flamme anfänglich mit Geschwindigkeiten unterhalb der Schallgeschwindigkeit nach außen. Diese Art der Flammenausbreitung wird als Deflagration bezeichnet. Ab einem gewissen Zeitpunkt wird die Flammenausbreitung jedoch durch Schockwellen vorangetrieben, und es bildet sich eine Detonationswelle aus, die von der Schallgeschwindigkeit getragen wird. Beim Brennvorgang selbst bleibt heißes, verbranntes Material zurück, wobei vor der Brennfront kaltes und dichtes Material liegt. Diese Dichteschichtung ist dem Gravitationsfeld des Sterns entgegengerichtet, und aus diesem Grund ist diese Schichtung instabil. Ein Stern ist in der Regel stabil, da seine Dichteschichtung zum Zentrum hin anwächst. Infolgedessen steigen die Blasen im brennenden Material auf, wie dies in Bild 2 – oben rechts – gut zu erkennen ist (seit Bild 1 sind 0,3 Sekunden vergangen). An den Grenzflächen der Blasen bilden sich zusätzlich Scherströmungen aus, die zu extrem starker Verwirbelung führen. Es bildet sich also Turbulenz aus, die die Flamme deformiert und ihre Oberfläche vergrößert. Der Brennstoffumsatz steigt demzufolge stark an, und es kommt zur Explosion, bei der extrem kurzzeitig eine enorme Energiemenge frei wird. Dieses Verhalten wird durch Bild 3 – unten links – verdeutlicht (seit Bild 1 sind 0,6 Sekunden vergangen). Danach gibt es nichts mehr zu verbrennen. Bild 4 – unten rechts – zeigt die Situation zu diesem Zeitpunkt (seit Bild 1 sind 2 Sekunden vergangen). Der größte Teil des Sterns ist in der Explosion verbrannt, der Überrest ist stark expandiert. Zum Größenvergleich wird Bild 1 noch einmal in der linken unteren Ecke von Bild 4 im gleichen Maßstab gezeigt.

1.5.5   Radioaktivität sichert das Überleben

Die gewaltige Energie der thermonuklearen Explosion wird in sehr kurzer Zeit freigesetzt!

Danach ebbt die außergewöhnlich große Helligkeit, die der verlöschende Stern als letztes Lebenszeichen ausgesandt hat, bereits nach sehr kurzer Zeit wieder ab. Der kosmische Leuchtturm blitzt also nur kurzzeitig mit einer enormen Helligkeit auf, die der Helligkeit einer ganzen Galaxie und damit Milliarden von Sternen entspricht. Präziser formuliert müsste es allerdings heißen, der Stern sollte, nachdem, was wir bis jetzt verstanden haben, nur kurzzeitig aufblitzen. Mit „sollte" bringen wir dabei zum Ausdruck, dass die Beobachtung ein ganz anderes Verhalten zeigt. Die Beobachtung zeigt zwar eine Abnahme der Helligkeit mit der Zeit, aber auf einer anderen Zeitskala, auf einer Zeitskala von Monaten. Ein solches Verhalten hat mit einem Blitz nichts zu tun! Die Beobachtung vermittelt uns vielmehr folgendes Bild: Für einen Zeitraum von ungefähr 10 Tagen leuchtet eine Supernova vom Typ Ia mit einer Helligkeit von 10^9 bis 10^{10} Sonnenleuchtkräften auf. Danach klingt die Helligkeit um circa 4 Dekaden nach und nach sanft ab, und dieser Prozess zieht sich über knapp 40 Tage hin (Kapitel 2.2.1 „Die Lichtkurven und ihr radioaktiver Charakter"). Wir stoßen damit an dieser Stelle zum wiederholten Male auf ein Paradoxon. Unsere scheinbar überzeugenden Argumente, die auf eine gewaltige, kurzzeitige Energiefreisetzung durch eine thermonukleare Explosion schließen lassen, stehen in krassem Widerspruch zur Realität. Woher stammt also die Energie, die den kosmischen Leuchtturm über einen so langen Zeitraum hinweg am Leben erhält?

Dieses Rätsel hat die Astrophysik sehr lange beschäftigt, und dementsprechend sollten wir uns vorab die Frage stellen, ob wir etwas Grundlegendes übersehen haben.

Um das zu überprüfen, fangen wir am besten bei null an und überprüfen, auf welche der vier Naturkräfte wir bei unserem Vorgehen bereits zurückgegriffen haben: Da war zunächst die gravitative Wechselwirkung, die wir für viele Zwecke eingesetzt haben, zuletzt als „Motor der Sternentwicklung". Die starke Wechselwirkung haben wir in Verbindung mit der elektromagnetischen Wechselwirkung gerade erst im Einsatz gesehen (Kapitel 1.5.1 „Der Massendefekt – Energiequelle des Lebens") und wissen daher, dass sie die kurzreichweitigste von den Naturkräften ist und dass sie zwischen den Quarks, den Bausteinen der Protonen und Neutronen, wirkt und diese zusammenhält. Die elektromagnetische Wechselwirkung war uns mit ihrer weitreichenden Wirkung, die sich lediglich mit dem Quadrat der Entfernung verdünnt, aber nicht nur in diesem Zusammenhang, nützlich. Nachdem sie für die Kopplung zwischen den Photonen des Strahlungsfeldes und der Materie verantwortlich ist, ist sie vor allem die treibende Kraft in der Atomphysik und damit der Strukturgeber der Lichtspektren (Kapitel 1.2.9 „Das Universum expandiert"). Es bleibt also nur die schwache Wechselwirkung übrig; die hat sich bislang dezent im Hintergrund gehalten. Es ist also an der Zeit, dass wir sie ins Spiel bringen und ihr eine Rolle zuweisen, und zwar eine grundlegende und tragende Rolle! Allerdings sollten wir vorher klären, was die „schwache Wechselwirkung" überhaupt ist. Eines ist klar; sie hat weder mit „Rembrandt" noch mit „Ägypten" etwas zu tun; sie hat allerdings mit der Radioaktivität, dem radioaktiven Zerfall von Atomkernen, etwas gemein! Inwiefern bringt sich dieser radioaktive Zerfall nun aber bei unserer Supernovaexplosion ins Spiel?

Bei einer Temperatur von 10 Milliarden Kelvin, wie sie im Verlauf des Runaways, als Druck und Dichte vom sich anbahnenden Explosionsgeschehen noch abgekoppelt waren, erreicht wurde, stellt sich ein sogenanntes „nukleares statistisches Gleichgewicht" ein. Das bedeutet, dass der Gegenpol zum negativen Potential der Kernkraft, die elektromagnetische Wechselwirkung, bei derart hohen Temperaturen keine Rolle mehr spielt. Die Aktivierungsenergien, die aufgebracht werden müssen, um Fusionsprozesse zu ermöglichen, sind also vernachlässigbar klein im Vergleich zu den Bewegungsenergien der Teilchen, die durch den Wert der Temperatur charakterisiert werden. Das bedeutet, dass die **Nukleonen** nun tatsächlich ein lockeres Verhältnis zueinander haben und sich nur noch um den Massendefekt kümmern; das heißt, sie gruppieren sich dem Minimum der Bindungsenergie entsprechend zusammen. Sie bilden also schnellstmöglich Eisen oder Nickel aus (würde die Temperatur noch höhere Werte annehmen, so würden durch die gewaltigen Bewegungsenergien auch die Eisen-/Nickelkerne wieder zu Heliumkernen zerschlagen werden, die bei absinkender Temperatur allerdings erneut Eisen-/Nickelkerne ausbilden würden – siehe Skizze –; nachdem durch diesen Vorgang die gesamte frei gewordene Energie verbraucht würde, stellt die Temperatur, bei der die Eisen-/Nickelkerne zerstört werden, einen Grenzwert dar).

Was bilden sie aber genau aus – Eisen oder Nickel? Die Beantwortung dieser wichtigen Frage hängt nun ausschließlich vom Ausgangs-Protonen-Neutronen-Verhältnis, das der Stern hatte, bevor er in Schwierigkeiten geriet, ab. Denn die explosive **Nukleosynthese** läuft

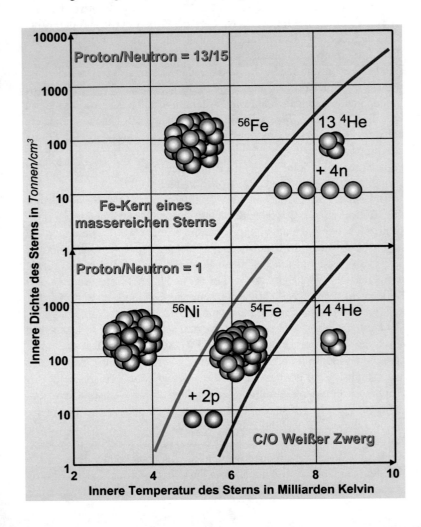

viel zu schnell ab, um dieses Verhältnis nachträglich zu ändern. Nachdem unser Rohprodukt – der Stern – einen Kohlenstoff-Sauerstoff-Kern darstellt, ist das Ausgangs-Protonen-Neutronen-Verhältnis einfach zu bestimmen. Das Ergebnis liefert die Zahl Eins! Und mit einem solchen Verhältnis können stabile Kerne nur bis Kalzium-40 gebildet werden; alle schwereren Kerne mit einem solchen Verhältnis sind hingegen radioaktiv! Wir landen mit unserem nuklearen statistischen Gleichgewicht folglich nicht bei Eisen-56, da hier die Zahl der Protonen kleiner als die Zahl der Neutronen ist, sondern bei Nickel-56, und dies ist, wie wir gerade festgestellt haben, ein radioaktives Isotop. Und das ist gut so! Denn wäre dies nicht der Fall, hätten wir die Dunkle Energie nicht entdeckt, da die Supernovae vom Typ Ia nicht kalibrierbar wären (Kapitel 2.2.1 „Die Lichtkurven und ihr radioaktiver Charakter")!

Was hat man sich jetzt unter Radioaktivität aber wirklich vorzustellen? Der dazu passende Slogan, „Man riecht es nicht, man schmeckt es nicht, aber es ist dennoch brandgefährlich", bringt uns in der Sache nicht sonderlich weiter – es ist das besondere Prädikat der Dummschwätzerci, dass sie bereits von ihrem Ansatz her das grundsätzlich nicht vermag! Nüchtern gesehen, beschreibt der radioaktive Zerfall die Eigenschaft instabiler Atomkerne, sich scheinbar spontan durch Erhöhung des Massendefekts zu verändern oder zu teilen, wobei es sich bei der Energie, die dieser Prozess freisetzt, grundsätzlich um Strahlung (harte Gammastrahlung) und/oder energiereiche Teilchen handelt. Zumeist ändert sich bei den meisten möglichen Zerfallsprozessen dieser Art die Kernladungszahl. In diesem Fall verwandelt sich ein Element, zur Freude aller Alchimisten, in ein anderes Element, oder es ändert sich zumindest die Massenzahl. In diesem Fall bleibt das Element also erhalten, und es wird lediglich die Zahl seiner Neutronen im Kern verändert. Letztendlich hat Radioaktivität beziehungsweise der radioaktive Zerfall von Atomkernen etwas mit der schwachen Wechselwirkung zu tun, und diese wird durch den Charakter des Beta-Zerfalls vermittelt!

Der Beta-Zerfall ist also der zentrale Prozess der schwachen Wechselwirkung! Der Begriff „Beta" impliziert dabei bereits, dass bei den involvierten Zerfallsprodukten Elektronen (oder deren Antiteilchen, die Positronen) beteiligt sind – bei der Beta-Strahlung handelt es sich damit grundsätzlich um Elektronen-Strahlung. Für den Beta-Zerfall gibt es nun zwei Hauptgleise, die sich in eine Elektronenschiene (β^-)

und eine Positronenschiene (β⁺) aufspalten, wobei in beiden Fällen die Gesamtzahl der Nukleonen erhalten bleibt. Das wesentliche Merkmal eines β⁻-Zerfalls besteht nun darin, dass ein Neutron des Kerns in ein Proton umgewandelt wird. Die Kernladungszahl wird dabei also um eins erhöht, ferner werden ein Elektron und ein Antineutrino emittiert. Beim β⁺-Zerfall wird hingegen ein Proton in ein Neutron umgewandelt, wodurch sich die Kernladungszahl um eins erniedrigt und ein Positron (p⁺) und ein Neutrino (ν) emittiert werden. Das Wesentliche beim Beta-Zerfall ist also die Umwandlung von Protonen in Neutronen, und es ist genau diese Wirkungsweise der schwachen Wechselwirkung, die nicht nur Prozesse des radioaktiven Zerfalls, sondern auch der Kernfusion erst ermöglicht.

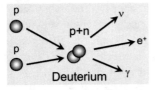

Dies ist ein Punkt, über den wir bislang stillschweigend hinweggegangen sind, da bereits die Produktion eines Heliumkerns, der ja aus zwei Neutronen und zwei Protonen besteht, nur dann aus vier Wasserstoffkernen, die ja nur aus Protonen bestehen, erfolgen kann, wenn gleichzeitig zwei Protonen in zwei Neutronen umgewandelt werden. Dies bewirkt der radioaktive β⁺-Zerfall der Protonen, der in Tateinheit mit der Verschmelzung zweier Wasserstoffkerne erfolgt (als Zwischenschritt dieses Ablaufs wird zunächst Deuterium gebildet, das aus einem Proton und einem Neutron besteht, wobei neben dem Positron (p⁺) und dem Neutrino (ν) auch ein Gammaphoton (γ) freigesetzt wird – Skizze). Wäre dies nun ein automatisch ablaufender Vorgang, der stets bei jedem Kernverschmelzungsversuch als Beiprodukt – sozusagen in Form eines Skontos – mitgeliefert würde, hätten wir uns beim Verständnis der Supernovaexplosionen viel leichter getan. Nehmen wir zum Beispiel an, dass dies für den Bruchteil einer Sekunde Realität wäre. Dann würde in diesem Bruchteil einer Sekunde die Sonne vor unseren Augen explodieren! Glücklicherweise gehört es also zu den Eigenarten der schwachen Wechselwirkung, im Prinzip nichts zu tun – da ist schon wieder dieses Nichts. Alles, was mit der schwachen Wechselwirkung zusammenhängt, geschieht also äußerst selten und extrem schwach ausgeprägt. Wenn es die schwache Wechselwirkung andererseits nicht gäbe, würde die Sonne gar nicht leuchten, da größere Protonenverbände ohne

Neutronen nicht zusammenhalten und erst recht keine Energie liefern. Radioaktivität sichert also nicht nur vorübergehend das Überleben der Supernovae Typ Ia ab, sondern stellt auch eine Absicherung für unsere eigene Existenz dar. Es ist also nicht grundsätzlich so, dass Radioaktivität nur unser Leben bedroht!

Der Prozess, der die kosmischen Leuchttürme also letztlich am Leben erhält, heißt nicht Fusion, sondern Fission! Wir bewegen uns damit im

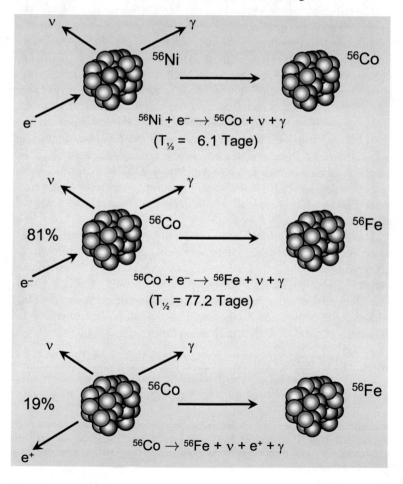

Massendefektdiagramm zwar noch nicht von rechts nach links, aber folgen zumindest in senkrechter Richtung der Kernspaltung. Konkret sind es die radioaktiven Zerfalle von Nickel-56 zu Kobalt-56 und von Kobalt-56 zu Eisen-56 (Skizze), die mit Halbwertszeiten von 6 beziehungsweise 77 Tagen die Strahlung der Supernovae Typ Ia in deren späterem Verlauf aufrechterhalten. Insgesamt werden in dieser Form 10 % der durch das Kohlenstoffbrennen freigesetzten Energie gespeichert. Dieser Wert liegt zwar nicht einmal im Bereich einer üblichen Mehrwertsteuer, vergleicht man den Absolutbetrag jedoch mit der Energieabstrahlung der Sonne, so stellt man fest, dass unser Sternchen 1 Milliarde Jahre benötigt, um einen solchen Energiebetrag zu produzieren. Diese in Nickel gespeicherte Energie wird nun im Wesentlichen über zwei Zeiträume, die durch die Halbwertszeiten der Zerfallsprozesse charakterisiert sind, freigegeben. Ein Drittel dieser Energie wird dabei recht zügig über einen Zeitraum von lediglich 12 Tagen emittiert, wohingegen der verbleibende Teil über einen längeren Zeitraum von circa 100 Tagen abgestrahlt wird. Damit besitzt der Helligkeitsabfall der Supernovae eine unverkennbare Steilheitsprägung[29] (Kapitel 2.2.1 „Die Lichtkurven und ihr radioaktiver Charakter"). *Es ist also der radioaktive Zerfall des durch gleiche Protonen- und Neutronenzahl gekennzeichneten Elements Nickel, der die Form des zeitlichen Helligkeitsverlaufs der kosmischen Leuchttürme festlegt!*

Die entscheidende Idee dazu hatte – ein Überraschungseffekt ist an dieser Stelle nur schwerlich unterzubringen – natürlich Fred Hoyle! Er erkannte bereits 1960 als Erster, dass die Lichtkurven der Supernovae vom Typ Ia aus der Energie des radioaktiven Zerfalls gespeist werden. Die Ehre gebührt ihm, auch wenn er mit dem Element, das dies bewirken sollte, voll daneben lag; sein Tipp fiel auf das neutronenreiche Isotop Cf-254, das den sinnigen Namen Californium trägt.

Was nun die Frage nach der Standardisierbarkeit der „Chandrasekharmassenbombe" betrifft, können wir an dieser Stelle keinen Beitrag leisten. Wir können hier auch nicht klären, ob der gesamte Brennstoff-

---

29 In Abhängigkeit von der Zeit erfolgt die Energiefreisetzung beim radioaktiven Zerfall exponentiell, wobei nach der Halbwertszeit die Hälfte des radioaktiven Isotops zerfallen ist.

vorrat, der einer Supernova Typ Ia zur Verfügung steht, immer vollständig und auch immer gleich verbrannt wird. Wir können aber in diesem Zusammenhang einen anderen, äußerst wichtigen Beitrag leisten; und der betrifft die Korrelation zwischen der Stärke der Explosion – also dem Maximum der Energieemission – und der gespeicherten radioaktiven Energie – also dem zeitlichen Verlauf der Energieemission. Eine solche Korrelation muss es geben, der Grund dafür ist offensichtlich: Die Stärke der Explosion wird durch den gesamten Massendefekt, der sich aus der Umwandlung des Kohlenstoff-Sauerstoff-Brennstoffs in Nickel ergibt, festgelegt; und es ist genau diese Nickelmasse, die auch die radioaktive Energie liefert. Damit ist die produzierte Nickelmasse sowohl zur frei werdenden Peakenergie als auch zur Summe der über einige Monate frei werdenden radioaktiven Energie proportional. *Es ist somit allein die Nickelmasse, die die Explosion einer Supernovae Typ Ia charakterisiert!*

Mit diesem Einblick in die physikalischen Abläufe und Prozesse der Supernovae vom Typ Ia haben wir eine grundlegende Vorstellung davon bekommen, um welche Art von Objekten es sich bei den kosmischen Leuchttürmen handelt. Ganz nebenbei haben wir uns auf diesem Weg auch das notwendige Handwerkszeug, das erforderlich ist, um die Beobachtungen, die zur Entdeckung der Dunklen Energie führten, richtig zu interpretieren, zurechtgelegt. Natürlich ist das bloße Zurechtlegen des Handwerkszeugs noch nicht hinreichend, um den Meister des Versteckspiels – die Dunkle Energie – aus seiner Höhle zu locken. Dazu bedarf es auch eines gewissen Geschicks, wie wir sehen werden. Bevor wir uns damit jedoch auseinandersetzen, wollen wir vorab endlich erfahren, auf welche Art und Weise die Dunkle Energie unser Weltbild auf den Kopf gestellt hat. Wir wollen zudem eine Vorstellung davon bekommen, wie der passgerechte Maßanzug für die Beschreibung der Entwicklung des Universums unter Einbeziehung der Dunklen Energie aussehen sollte.

Kapitel 2

Astronomie reloaded – das Universum hat uns in die Irre geführt

Wie das kosmologische Standardmodell in grober Form aussieht, wissen wir bereits. „Per aspera ad astra[1]" haben wir uns, zumindest in pointierter Form, mit den Stützen dieses Modells vertraut gemacht. Wenn wir resümierend zurückblicken, beschleicht uns jedoch ein ungutes Gefühl, und das ist berechtigt. Denn wir haben objektiv gesehen ignoriert, dass das Standardmodell eine gewaltige Schwäche hat. Die Schwäche besteht darin, dass im Standardmodell die wesentlichste Komponente unseres Universums nicht berücksichtigt wird, die Dunkle Energie. Dass die Geschichte, die es uns erzählt, nicht rund ist, ist vor allem dem Standardmodell selbst klar, denn es weiß, dass es die **Inflationsphase** gab. Und damit weiß es auch von der wichtigen Konsequenz der Inflationsphase, dem flachen Universum. Die Bestätigung, dass das Universum flach ist, beruht aber nicht allein auf dem Ablauf der Inflationsphase, die wiederum nicht rein theoretischen Ursprungs ist, sondern sie wurde maßgeblich durch die Interpretation von Beobachtungsfakten eingefordert (Kapitel 1.4.4 „Der Bang des Big Bang"). Die Flachheit des Universums wird zudem durch direkte Beobachtungen der **Mikrowellenhintergrundstrahlung** bestätigt. Es wollte uns also in die Irre führen, das Standardmodell. Es dachte wohl, dass wir den einzig möglichen Schluss nicht ziehen können, den ein flaches Universum voraussetzt. Und der Schluss besteht darin, dass Ω_m, das Verhältnis der im Universum vorhandenen Massendichte zur **kritischen Massendichte** σ_{krit}, exakt eins sein muss, um ein flaches Universum zu ermöglichen (Einschub 9 „Das flache Universum"). Im Glauben an das Standardmo-

---

1 lat.– „Durch das Raue zu den Sternen"

dell haben wir im Universum alles zusammengesammelt, was zu finden ist, und wir waren uns auch nicht zu schade, an den aberwitzigsten Stellen herumzukratzen, um ja nichts zu übersehen, aber am Ende fehlte ein gewaltiger Brocken. Es fehlte trotz Einbeziehung der Dunklen Materie das meiste; es fehlten fast 70 %.

Diese 70 % werden von der Dunklen Energie prompt geliefert. Und wenn man von dem faden Beigeschmack, dass wir keine Ahnung haben, was die Dunkle Energie eigentlich ist, einmal absieht, hat die Entdeckung der Dunklen Energie mit seiner primären energetischen Eigenschaft das Standardmodell in keinster Weise in Bedrängnis gebracht. Im Gegenteil, damit wurde eine Lücke geschlossen. Und durch das Schließen dieser Lücke wurde das Standardmodell präzisiert. Das Standardmodell steht also groß da und hätte uns gar nicht in die Irre führen müssen, oder? Es wusste nichts von der Dunklen Energie und hätte in der Tat Glück haben können. Glück in dem Sinne, dass sich alles in Wohlgefallen auflöst, wenn man den fehlenden, dominierenden Energieanteil erst einmal gefunden hat. Es hätte in der Tat Glück haben können, hat es aber nicht.

Denn die Dunkle Energie liefert nicht nur den fehlenden Energieanteil, sie liefert weit mehr. Sie liefert etwas, womit niemand gerechnet hat, und zwar negativen Druck. Und der verändert das Standardmodell, und zwar gewaltig. Nichts ist es mit der langsamen Abbremsung der Expansionsrate des Universums aufgrund der darin enthaltenen Energie. Die Expansionsrate wird nun vielmehr beschleunigt, und zwar wegen eines ominösen negativen Drucks.

Da ist er wieder, der negative Druck, der sich so schwer greifen lässt, und für den es in unserem Zusammenhang auch kein griffiges Beispiel gibt, das uns plausibel erscheint. Tasten wir uns also an das Verständnis, das wir hinsichtlich dieser physikalischen Größe aufbauen sollten, nochmals heran (Kapitel 1.4.2 „Das Vakuum ist nicht Nichts!").

Wörtlich genommen ist negativer Druck das Gegenteil von positivem Druck, und damit sind wir mit diesem Phänomen natürlich bestens vertraut. Wir brauchen nur an eine altertümliche Wasserpumpe zu denken. Wenn wir an deren Hebel Pumpbewegungen vollziehen, erzeugen wir einen negativen Druck, der das Wasser aus tieferen Lagen nach oben saugt. Wir sind mit dem Phänomen also bestens vertraut, aber der Schein trügt. In Wirklichkeit erzeugen wir durch unsere Pumpbewegungen ein Vakuum, also einen Unterdruckbereich, und der Druck, dem das Wasser in tieferen Lagen ausgesetzt ist, treibt es nach oben, um den von uns erzeugten Unterdruck auszugleichen. Es findet also lediglich ein Druckausgleich statt, und das Wasser strömt aufgrund des Druckgefälles eines positiven Drucks nach oben. Und so ist es mit allen vergleichbaren Beispielen. Mit einem echten negativen Druck sind wir noch nie konfrontiert worden. Wie würde sich ein echter negativer Druck auswirken? Betrachten wir dazu den Zylinder eines Ottomotors, der gerade einmal mit einem zehntel PS betrieben wird. Nach der Zündung wird der Kolben nach außen gedrückt. Dies können wir durch einen entsprechenden nach innen gerichteten Gegendruck verhindern – endlich machen sich die zahlreichen Besuche im Fitnessstudio bezahlt. Im Falle eines echten negativen Drucks würde der Kolben nach der Zündung nach innen gesaugt werden, und wir könnten dies nur durch einen entsprechenden nach außen gerichteten Zug verhindern. Würde nach der Zündung beides gleichzeitig passieren, also sowohl der nach außen gerichtete Druck als auch der nach innen gerichtete Sog, müssten wir gar nichts tun, um den Status aufrechtzuerhalten. Der negative und der positive Druck würden sich gegeneinander aufheben. Negativer Druck bedeutet also Sog. Das bewirkt doch aber das Gegenteil von Expansion! Da zieht sich das Volumen doch zusammen und dehnt sich nicht aus! Wie passt das zu der Aussage, dass die Expansionsrate des Universums wegen des negativen Drucks, von dem die Dunkle Energie geprägt ist, ja, der sie regelrecht schwarz macht, beschleunigt wird? – Man muss sehen, was man später tun kann.

Zusammenfassend ist es also nicht nur so, dass wir keine Ahnung haben, was die Dunkle Energie eigentlich ist; es ist auch so, dass diese eine Eigenschaft zeigt, mit der wir auf den ersten Blick nicht viel anfangen können, da sie uns verwirrt. Und die Verwirrung kommt daher, dass die Eigenschaft des negativen Drucks nicht zu den vier Elementen passt, die wir kennen – gemeint sind die vier Naturkräfte, die auf der starken und schwachen Wechselwirkung sowie der elektromagnetischen und der gravitativen Wechselwirkung beruhen. Energie hat anziehenden Charakter, so auch die Dunkle Energie, aber gleichzeitig zeigt diese

Energieform auch einen abstoßenden Charakter, und der dominiert ihr Gesamtverhalten, und zwar deutlich. Möglicherweise müssen wir zu den vier Naturkräften, die wir kennen, ein fünftes Element hinzufügen, und das wäre dann die **Quintessenz**. Als „fünfte Essenz" müsste diese neue Naturkraft die Grundlage sein, auf der die Eigenschaften der Dunklen Energie beschrieben werden können. Möglicherweise müssen wir den Klebstoff, der das Universum zusammenhält, noch durch einen Gegenpol erweitern.

Passt das in unser Weltbild? Oder können wir unser Weltbild so verbiegen, dass es passt? Oder stimmt unser Weltbild gar nicht, und wir polieren bei der Modifikation unseres derzeitigen Weltbildes nur an der Oberfläche der Spitze eines Eisbergs herum?

Zur ersten Frage ist zu sagen: Nein, das passt nicht in unser Weltbild. Wir hatten es zwar in der Inflationsphase schon einmal mit einem negativen Druck zu tun, aber diese Phase können wir mit dem heutigen Zustand des Universums nicht vergleichen. Das **Higgsfeld** durchlitt – aus Sicht der Theoretiker – einen Phasenübergang. Man möge uns davor bewahren, dass dies in anderer Form jetzt noch einmal geschieht und den Teilchen im Universum dadurch eine andere Masse zugeordnet wird (Kapitel 1.4.4 „Der Bang des Big Bang"). Sicherlich wird es niemanden mehr geben, der dies beobachten könnte, und damit würde sich auch die Frage nach einem Weltbild relativieren. Niemand vermutet aber, dass es so ist – niemand will eine Mauer bauen. Denn das jetzige Verhalten hat nichts mit einem inflationären Verhalten gemein. Verglichen damit, ist der heutige Ablauf eher gemächlich. Und die Teilchen und deren Kräfte haben sich in der Anfangsphase nach dem Start des Big Bang positioniert. Einen physikalischen Grund für eine tief greifende Veränderung dieser erfolgten Positionierung können wir in keinster Weise erkennen. Wir sind also im heutigen Universum einer grundsätzlich anderen Form von negativem Druck ausgesetzt. Dieser hat mit dem negativen Druck, der in der Anfangsphase des Universums sein Unwesen trieb, nichts gemein.

Zur zweiten Frage – können wir unser Weltbild so verbiegen, dass die Dunkle Energie hineinpasst? – ist zu sagen: Das müssen wir uns genauer ansehen. Und von diesem „genauer ansehen" wird es abhängen, ob die Einsicht, dass wir mit der Modifikation unserer derzeitigen Weltbildes nur an der Oberfläche der Spitze eines Eisbergs herumpolieren, erfolgen muss.

2.1 Dunkle Energie, negativer Druck und die beschleunigte Expansion

Düsterer und düsterer wird es um die Dunkle Energie und ihren negativen Druck, nachdem wir einsehen mussten, dass Letzterer mitnichten seine Rolle korrekt spielt. Anstatt dynamisch die Expansionsrate des Universums zu beschleunigen, ist der negative Druck, durch den Sog, den er produziert, vielmehr geneigt, das ihm zur Verfügung stehende Volumen ohne äußeren Einfluss zu verkleinern. Zudem müssen wir von der Existenz eines solchen Drucks auch erst noch überzeugt werden, da seine Spuren in der uns bekannten Welt nirgends zu finden sind. Tasten wir uns also an die Aufklärung des Falls heran, indem wir zwei Fragen beantworten.

Frage eins: Wie wirkt sich ein positiver Druck auf die Expansion des Universums aus?

Frage zwei: Können wir das Standardmodell so verbiegen, dass eine beschleunigte Expansion des Universums möglich wird?

2.1.1 Druck und Expansion

Wenn wir über die Beantwortung von Frage eins nachdenken, geht uns sofort ein Licht auf. Positiver Druck – natürlich, der beschleunigt die Expansion des Universums. Was sollte Druck denn auch sonst tun? Weit gefehlt, hier haben wir in naiver Form unsere persönliche, subjektive Erfahrung auf den expandierenden Raum übertragen. Das Gegenteil ist der Fall, positiver Druck bremst die Expansion des Universums ab. Wie kann das sein? Eigentlich ist das ganz einfach einzusehen. Druck ist Kraft pro Fläche, und demzufolge ist Druck mal Volumen gleich Kraft mal Weg, und das ist eine Form der Energie, und Energie wirkt wie Masse stets anziehend!

Ein Begleiteffekt dieser Erkenntnis ist, dass Druck, der zum Beispiel einen Stern gegen die Gravitationskraft stabilisiert, zum Überläufer werden kann. Dazu muss der Druck zusammen mit der Gravitationskraft nur entsprechend groß werden, wie dies zum Beispiel an der Grenze zu einem **Schwarzen Loch** der Fall ist. Unter solchen Voraussetzungen überwiegt der gravitativ anziehende Charakter der „Druckenergie" über das Stabilisierungsverhalten des Drucks. Der Druck läuft also zum Gegner – der Gravitationskraft – über, und es gibt kein Halten mehr.

Jetzt sollte uns wirklich ein Licht aufgehen. Wenn positiver Druck als Energiedichte anziehend wie Masse wirkt, wie verhält sich dann der Gegenpol zum positiven Druck, der negative Druck?

Rein subjektiv würden wir das Gegenteil erwarten. Und das Gegenteil zu anziehendem Charakter ist abstoßender Charakter. Und damit würde der negative Druck auf irgendeine Art und Weise ein anti-gravitatives Verhalten zeigen. Nachdem wir gesehen haben (Kapitel 1.4.3 „Das Bremspedal der Expansion"), dass das gravitative Verhalten der Energie im Universum eine Abbremsung der Expansion des Universums bewirkt, sollte das anti-gravitative Verhalten des negativen Drucks eine Beschleunigung der Expansion des Universums zur Folge haben. Aber welche Form von Energiedichte stellt dann der negative Druck selbst dar? Das wäre offensichtlich eine Energiedichte mit abstoßendem Charakter, und damit wäre sie nicht nur „Dunkel" sondern „Schwarz", „Tiefschwarz". Dies impliziert, dass wir für einen solchen Auftritt einer Energieform gegenwärtig keine Erklärung hätten. Keine Erklärung hätten wir auch für das Zwitterverhalten dieser Dunklen Energie. Dieses Verhalten bestünde darin, dass die Dunkle Energie einerseits den fehlenden Energieanteil von 70 % liefert, der für die Flachheit des Universums nötig ist, und andererseits mit ihrem negativen Druck eine „Schwarze Energiedichte" mit abstoßendem Charakter liefern würde, die für eine beschleunigte Expansion des Universums verantwortlich wäre. Anhand dieses „Zwitterparadoxons" wird uns schön langsam klar, was Dunkel wirklich bedeutet. Es bedeutet auf keinen Fall „leicht einsehbar".

Bei der Beantwortung von Frage zwei – können wir das Standardmodell so verbiegen, dass eine beschleunigte Expansion des Universums möglich wird? – haben wir von der Möglichkeitsform Gebrauch gemacht, da wir bei unserem Verständnisversuch bislang subjektiv vorgegangen sind. Wir haben eine Annahme gemacht. Und gemäß dieser Annahme soll der negative Druck auch im kosmologischen Sinne den Gegenpol zum positiven Druck darstellen. Ob die sich daraus ergebenden Schlussfolgerungen etwas mit der Realität zu tun haben, muss in einem ersten Schritt anhand einer theoretischen Betrachtung überprüft werden. Und der Ausgangspunkt für eine solche Betrachtung ist eine der grundlegenden Gleichungen des Standardmodells. Es ist die Bewegungsgleichung, die die Expansion des Universums beschreibt, aus der Allgemeinen Relativitätstheorie folgt und auf Einstein und Friedmann zurückgeht. Im Gegensatz zur Darstellung dieser Gleichung im Kapitel 1.4.3 „Das Bremspedal der Expansion" müssen wir nun allerdings die vollständige Gleichung betrachten. Dies geschieht im Einschub 11 „Die vollständige Bewegungsgleichung der ART".

? **11. Die vollständige Bewegungsgleichung der ART**

Eine der grundlegendsten Fragen der Kosmologie lautet im „Reloaded"-Konzept: Kann das Universum als gravitationsgebundenes System trotz der in ihm enthaltene Masse/Energie in Einklang mit der Allgemeinen Relativitätstheorie beschleunigt expandieren?

Die Grundlage zur Beantwortung dieser Frage stellt die gleiche theoretische Betrachtung dar, aus der auch schon die uns bereits bekannte Bewegungsgleichung resultierte (Einschub 6 „Die Bewegungsgleichung der ART"). Nach Einstein und Friedmann kann dieser Bewegungsgleichung, die die Expansion des Universums beschreibt, eine weitere konstante Größe hinzugefügt werden, da das Konzept der Allgemeinen Relativitätstheorie dadurch nicht verändert wird. Diese von Einstein 1917 eingeführte zusätzliche Größe wird „kosmologische Konstante" Λ genannt. Mit diesem additiven Term auf der rechten Seite sieht die komplette Bewegungsgleichung nun folgendermaßen aus:

$$\ddot{R} = -\frac{4\pi G}{3}\frac{1}{c^2}(\rho_m + 3p)R + \frac{\Lambda}{3c^2}R$$

▶

▶ (An der Bezeichnung der Größen hat sich gegenüber dem Einschub 6 „Die Bewegungsgleichung der ART" nichts geändert.)

Die Beschleunigung bezüglich des Ausdehnungsfaktors R auf der linken Seite der Gleichung, die das Maß für die Veränderung der Expansion darstellt, erhält man nun durch die Bilanzierung zweier Terme, und die weisen ein unterschiedliches Vorzeichen auf. Wobei ein insgesamt negatives Vorzeichen eine abbremsende Expansion zur Folge hat und ein insgesamt positives Vorzeichen eine beschleunigte Expansion beschreibt. Die Bewegungsgleichung kann auch in folgender Form dargestellt werden

$$\ddot{R} = -\frac{4\pi G}{3}\frac{1}{c^2}(\rho_m + \rho_\Lambda + 3p + 3p_\Lambda)R,$$

wobei der neue Energiedichteterm und der neue Druckterm (blau dargestellt) sich aus der kosmologischen Konstanten ergeben,

$$\rho_\Lambda = \frac{\Lambda}{8\pi G} = -p_\Lambda$$

(setzt man diese Terme in die Gleichung darüber ein, so erhält man wiederum die Ausgangsgleichung). Wenn man den Materiedruckterm wegen seiner geringen Größe streicht und die beiden Energiedichteterme zu einem ρ zusammenfasst, erhält man

$$\ddot{R} = -\frac{4\pi G}{3}\frac{1}{c^2}(\rho + 3p_\Lambda)R$$

oder

$$\ddot{R} = -\frac{4\pi G}{3}\frac{1}{c^2}(\rho - 3\rho_\Lambda)R$$

Mit dieser Bewegungsgleichung kann nun beides beschrieben werden: eine beschleunigte und eine abgebremste Expansion. Ein insgesamt negatives Vorzeichen, das sich bei dominierender Energiedichte der Materie einstellt, hat den uns bereits bekannten Bremseffekt der Expansion zur Folge.

Neu ist, dass nun auch ein insgesamt positives Vorzeichen, durch das das Universum beschleunigt expandieren kann, möglich ist. Dieses insgesamt positive Vorzeichen stellt sich genau dann ein, ▶

▶
$$\rho_m < 2\rho_\Lambda$$

wenn   oder   ist.

$$\frac{\rho_m}{\rho_\Lambda} < 2$$

Ob das Universum beschleunigt expandiert oder aber seine Expansion abgebremst wird, hängt also ausschließlich vom Verhältnis der beiden Energiedichten ab, der der Materie ρ_m und der der Dunklen Energie ρ_Λ. Damit haben wir nun auch die abgeleitete Größe ρ_Λ als Dunkle Energiedichte interpretiert!

Über die Darstellung von ρ_Λ und p_Λ, werden die derzeit bekannten Eigenschaften der Dunklen Energie umgesetzt – dies betrifft insbesondere die Eigenschaft des Drucks, der in der Tat ein negatives Vorzeichen hat und damit auch als negativer Druck interpretiert werden muss. Auf diesem Weg haben wir also letztendlich eine mögliche Beschreibungsform für die Dunkle Energie gefunden.

Das heißt, wir können unser Weltbild, das gegenwärtig auf dem hier angewendeten Standardmodell beruht, tatsächlich so verbiegen, dass auch die Dunkle Energie darin eingebettet werden kann.

Allerdings stellt sich dann sowohl die mittlere Energiedichte als auch der negative Druck der Dunklen Energie für alle Zeiten als konstante Größe dar. Nachdem ein solches Verhalten als extrem unwahrscheinlich betrachtet wird, hat das Gefühl, unser Weltbild nicht nur verbogen, sondern auch hingebogen zu haben, durchaus eine gewisse Existenzberechtigung.

? **12. Das Universum ist flach**

Analog zur Erweiterung obiger Bewegungsgleichung muss auch die Gleichung, die ein flaches Universum beschreibt (Einschub 9 „Das flache Universum") und die wir aus einem energetischen Ansatz gewonnen haben, ergänzt werden. Anstelle der ursprünglichen Gleichung,

$$1 = \frac{\sigma}{\sigma_{krit}} = \Omega_m \quad \text{mit} \quad \sigma_{krit} = \frac{3H_0^2}{8\pi G} \approx 10^{-29}\,\frac{g}{cm^3},$$

▶

▶ die aufgrund der 1 auf der linken Seite ein flaches Universum vorschreibt, erhalten wir nun

$$1 = \frac{\sigma}{\sigma_{krit}} + \frac{\rho_\Lambda / c^2}{\sigma_{krit}} = \Omega_m + \Omega_\Lambda.$$

Analog zur ursprünglichen Gleichung geht hier als zusätzliche Größe lediglich die positive Energiedichte der Dunklen Energie ein und nicht auch deren negativer Druck! Dies liegt an den physikalischen Prozessen, die bei der Ableitung dieser Gleichung zu berücksichtigen waren (Einschub 9 „Das flache Universum").

Ohne den neuen Term der Energiedichte der Dunklen Energie müsste die gesamte Massendichte des Universums – einschließlich der Dunklen Materie – gleich der kritischen Massendichte sein. Dies wird jedoch keineswegs beobachtet. Der zusätzliche Term der Dunklen Energie ist also unbedingt erforderlich. Dementsprechend wurde er sogar vor Entdeckung der Dunklen Energie postuliert, und zwar mit der richtigen, durch die Beobachtung nachträglich bestätigten, Größe.

In diesem Einschub sehen wir der Ausgangsgleichung, die die Bewegungsgleichung für die Expansion des Universums darstellt, bereits an, dass die Expansion des Universums nur dann beschleunigt erfolgen kann, wenn die rechte Seite der Gleichung positiv ist. Da dann auch die Beschleunigung hinsichtlich des Ausdehnungsfaktors R, die auf der linken Seite der Gleichung steht, positiv ist – die Beschleunigung bezüglich des Ausdehnungsfaktors ist das Maß für die Veränderung der Expansion. Ein positives Vorzeichen für die Beschleunigung bezüglich des Ausdehnungsfaktors kann mit der ursprünglichen Bewegungsgleichung (Einschub 6 „Die Bewegungsgleichung der ART") jedoch nicht erzielt werden, da wegen der positiven Energiedichte der Materie und deren vernachlässigbarem ebenfalls positivem Druck das voranstehende negative Vorzeichen auf der rechten Seite der Gleichung erhalten bleibt. Mit der „kosmologischen Konstante" Λ, als zusätzlicher konstanter Größe, sieht dies anders aus. Nun kann sich durch die Bilanzierung zweier Terme, die ein unterschiedliches Vorzeichen aufweisen, ein insgesamt positives Vorzeichen, das einer beschleunigten Expansion entspricht, sehr wohl ergeben. Ob das Universum beschleunigt expandiert oder aber seine Expansion abgebremst wird, hängt nunmehr ausschließlich vom Verhältnis der Energiedichte der Materie ρ_m und der Energiedichte der Dunklen Energie ρ_Λ ab.

Bei diesem Schritt haben wir für die Beschreibung der Dunklen Energie die ansonsten nutzlose kosmologische Konstante verwendet – nach einem langen Irrweg ging man fast 50 Jahre lang davon aus, dass diese Konstante gleich null ist; in jüngster Zeit wurde sie, der Logik unseres Einschubs 12 „Das Universum ist flach" entsprechend, allerdings wiederbelebt. Nachdem sich durch diesen Schritt keine offensichtlichen Widersprüche ergeben – es spiegelt sich sowohl die Eigenschaft des negativen Drucks als auch der positiven Energiedichte der Dunklen Energie wider –, ist dieser Schritt natürlich grundsätzlich auch zulässig. Ob er auch richtig ist, muss der Vergleich mit der Beobachtung erweisen.

Als Ergebnis unserer theoretischen Betrachtung sehen wir zunächst unsere Annahme bestätigt. Unsere Annahme war, dass der negative Druck auch im kosmologischen Sinne den Gegenpol zum positiven Druck darstellt. Das ist der Fall. Die Wirkung des negativen Drucks in der Bewegungsgleichung hat beschleunigenden Charakter, im Gegensatz zum positiven Druck. Und damit entspringen unsere bereits erfolgten Schlussfolgerungen keinem Gedankenexperiment, sondern haben durchaus etwas mit der Realität zu tun.

Als weiteres wichtiges Ergebnis unserer Betrachtung ist festzustellen, dass wir in der Tat das Standardmodell dazu nötigen konnten, die derzeit bekannten Auswirkungen der Dunklen Energie zu beschreiben.

In weit stärkerem Maße gilt dies auch für die zweite Gleichung, die wir aus einem energetischen Ansatz gewonnen haben (Einschub 12 „Das Universum ist flach"). Diese Gleichung fordert, dass die Massendichte im Universum exakt gleich einer **kritischen Massendichte** ist. Diese Forderung ist wiederum essenziell für das vorhergesagte und inzwischen auch beobachtete „flache Universum".

Es ist von Bedeutung, festzustellen, dass entsprechend der physikalischen Struktur und Herleitung dieser Gleichung lediglich die positive Energiedichte der Dunklen Energie in diese Gleichung eingeht und nicht etwa auch deren negativer Druck!

Dies ist deshalb von Bedeutung, da durch dieses Verhalten das „Zwitterparadoxon" der Dunklen Energie offenkundig wird: Die Dunkle Energie hat sowohl eine anziehende als auch eine abstoßende Energiekomponente, Letztere über den negativen Druck!

Der negative Druck war bei der Entdeckung der Dunklen Energie dabei das überraschende Moment. Der zwingend notwendige Punkt, den die Dunkle Energie zu erfüllen hatte, war das Auffüllen der Energie/Massendichte auf den kritischen Wert. Und dies war zwingend erforderlich, da die gesamte Massendichte des Universums, einschließlich

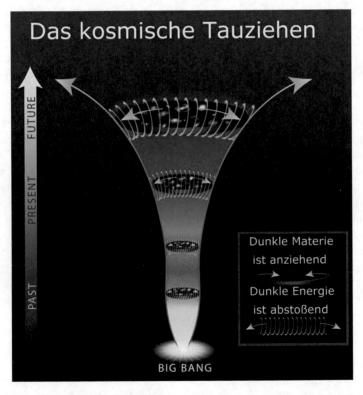

Abb. 2.1 Das Bild verdeutlicht den Widerstreit zwischen gravitativ anziehender Materie und gravitativ abstoßender Dunkler Energie, wobei vor allem die „Schwarze Energiedichte", die den negativen Druck repräsentiert, für den gravitativ abstoßenden Charakter der Dunklen Energie sorgt. Das Bild zeigt bei diesem Zweikampf die Abnahme und Zunahme der Beschleunigung der Expansion des Universums mit der Zeit.

der Dunklen Materie, nur 30 % zur kritischen Massendichte beiträgt. Da derzeit an der Existenz der kritischen Massendichte kein erkennbarer Weg vorbeiführt, ging man vor der Entdeckung der Dunklen Energie sogar so weit, eine nicht näher spezifizierte Energiedichte zu postulieren. Wie sich nun herausgestellt hat, geschah dies sogar mit der Größe, die die Dunkle Energie nun auch tatsächlich zeigt oder präziser zu verstecken versucht.

2.1.2 Schwarze Energiedichte

Wir haben uns mit dem negativen Druck also aus der Affäre gezogen. Negativer Druck kann die Expansion des Universums beschleunigen. Haben wir uns damit wirklich aus der Affäre gezogen? Druck ist Energiedichte, und damit ist negativer Druck auch negative Energiedichte, „Schwarze Energiedichte", und die hat gemäß unserer Bewegungsgleichung abstoßenden Charakter. Der Begriff „negativer Druck" beschönigt die Sachlage, denn wir sind, wie wir es auch drehen und wenden, bei einer negativen Energiedichte gelandet, und die ist nicht so ohne Weiteres physikalisch interpretierbar – in der Physik läuft die Standardinterpretation von negativer Energie in der Regel auf potentielle Energie hinaus, die zum Beispiel ein ruhender loser Stein vor einem Abgrund besitzt; kommt der Stein ins Rollen, wird positive Bewegungsenergie aufgrund der wachsenden Geschwindigkeit erzeugt; nicht zuletzt wegen der Energieerhaltung wird diese positive Bewegungsenergie durch die betragsmäßig wachsende, negative potentielle Energie kompensiert (das geschilderte Verhalten erkennt man auch im Ansatz des Einschubs 9 „Das flache Universum", wenn man die mittlere Massendichte σ durch eine gravitativ anziehende Punktmasse M, geteilt durch das betrachtete Volumen $4\pi/3\ r^3$, ersetzt); diese Interpretation bringt uns hier allerdings, zumindest auf direktem Weg, nicht wirklich weiter; einem möglichen indirektem Weg werden wir später folgen.

Wir konnten mit dem negativen Druck das Standardmodell in der Tat so verbiegen, dass eine beschleunigte Expansion des Universums möglich wird; aber da war auch ein pragmatischer Schritt dabei. Man sieht es der Bewegungsgleichung sofort an, dass ein negativer Druck zur beschleunigten Expansion führen kann, und man vermeidet durch diesen

Schritt, eine negative Energiedichte explizit ansetzen zu müssen. Der letztere Schritt wäre allerdings problematisch, da die Allgemeine Relativitätstheorie, gemäß ihrem Ansatz, eine Gravitationstheorie darstellt. Dieser Ansatz muss für den Fall einer weiteren, aber möglicherweise anders wirkenden gravitativen Wechselwirkung überdacht werden. Und dieses Überdenken könnte dazu führen, dass sich als Ergebnis eine andere Bewegungsgleichung ergibt, in der die auftretenden Größen dann auch anders zu interpretieren sind. Eine negative Energiedichte wurde zwar nicht explizit angesetzt, wie wir aber gesehen haben, geschah dies implizit über den negativen Druck. Sind wir damit schon so weit, dass der grundlegende Ansatz, auf dem die Gravitationstheorie beruht, überdacht werden muss?

In diesem Punkt scheiden sich die Geister.

Was das Überdenken grundlegender Ansätze betrifft, ist Bewegung ins Spiel gekommen. An Ideen mangelt es dabei nicht, wobei das komplette Spektrum von abstrus bis extrem feinsinnig abgedeckt wird. Jedoch hat sich bis jetzt noch kein tragfähiges Konzept herauskristallisiert, das dem Standardmodell, hinsichtlich der Erklärung und Interpretation von Beobachtungsfakten, überlegen ist. In Betracht gezogen wird unter anderem die Quintessenz als neue Naturkraft. Und es wird auch mit Nachdruck an der fehlenden Quanten-Gravitationstheorie gearbeitet, die eventuell mehr Licht in das Dunkel des Vakuums und seiner Expansion bringen könnte (in diesem Zusammenhang hervorzuheben ist die „String-Theorie", die sich wachsender Beliebtheit erfreut, da sie mehr und mehr erklären kann).

Das **Vakuum** ist dann auch das Hauptspielfeld derer, die nicht der Meinung sind, dass der Ansatz der Gravitationstheorie überdacht werden muss. Und deren Standpunkt ist durchaus einsichtig. Das Vakuum enthält schließlich Energie, repräsentiert durch die stets vorhandenen **Quantenfluktuationen**; und das Vakuumfeld weist auch einen negativen Druck auf (Kapitel 1.4.2 „Das Vakuum ist nicht Nichts!"). Zudem nimmt bei einer expansionsbedingten Vergrößerung des Volumens sowohl die Gesamtenergie als auch der negative Druck des Vakuums betragsmäßig zu (Kapitel 1.4.4 „Der Bang des Big Bang"). Es passt also alles zusammen. Alles, bis auf eine Kleinigkeit. Die auf dieser Einschätzung beruhende Berechnung der Vakuumenergie stimmt bei Weitem nicht mit der beobachteten Dunklen Energie überein; und alle Versuche, dieses Problem zu lösen, sind bislang gescheitert. Nachdem wir mittlerweile gelernt haben, mit großen und kleinen Zahlen umzugehen, sollten wir zur Verdeutlichung des Problems noch ein abschreckendes Beispiel betrachten. Das Objekt für unser Beispiel soll die kosmische Mikrowellenhintergrundstrahlung sein, für die wir heute, fast 14 Milliarden Jahre nach ihrer Entstehung, eine Temperatur von circa 3 Kelvin messen. Zu der Zeit, als diese Strahlung emittiert wurde, war das Universum ungefähr tausendmal wärmer und eine Milliarde Mal dichter als heute. Es hat also fast 14 Milliarden Jahre ($14 \cdot 10^9$ Jahre) gedauert, um diese Strahlung um den Faktor 10^3 abzukühlen. Wenn wir nun die Dunkle Energie als Vakuumenergie interpretieren und den quantenmechanisch berechneten Wert der Vakuumenergie anstelle des beobachteten Werts der Dunklen Energie ansetzen, geht die Abkühlung der kosmischen **Mikrowellenhintergrundstrahlung** etwas flotter vonstatten. Dank der dramatisch beschleunigten Expansion des Universums, bedingt durch den berechneten Wert der Vakuumenergie, dauert es dann nur noch 10^{-41} Sekunden, die Mikrowellenhintergrundstrahlung um den Faktor 10^3 abzukühlen. Da ist er wieder, der Faktor 10^{50}. Diesmal wirkt er sich als Zeitraffer feinster Güte aus. Um diesen Faktor verkürzen sich expansionsbedingte Abkühlungseffekte, wenn man den beobachteten Wert der Dunklen Energie durch den berechneten Wert der Vakuumenergie ersetzt. Das bisschen Zeit, das ohne die abgehobene Vakuumenergie mehr zu investieren ist, sollten wir uns allerdings nehmen, denn wir wissen inzwischen, wie schwierig es ist, den Faktor 10^{50} anschaulich zu gestalten. Nach dem Motto, die Hoffnung stirbt zuletzt, ist die Idee, die entdeckte Dunkle Energie als Vakuumenergie zu interpretieren, gleichwohl noch nicht gestorben, sondern immer noch im Rennen[2].

Wir haben uns zwar mit dem negativen Druck aus der Affäre gezogen, aber damit ist die Frage, ob wir von seiner Existenz überzeugt sind, noch nicht beantwortet.

---

2 Es ist anzumerken, dass durch den Casimireffekt die Existenz der Vakuumenergie nachgewiesen wurde, und damit ist sie keine rein theoretische Größe mehr. Die Vakuumenergie muss also in irgendeiner Form berücksichtigt werden. Nach der bestehenden Theorie trägt sie allerdings zur Lösung des Problems der Dunklen Energie nicht bei; stattdessen produziert sie ein weiteres Problem.

Im Prinzip müssen wir uns an so etwas wie negativen Druck oder „Schwarze Energiedichte" mit gravitativ abstoßendem Charakter gewönnen, da nach unserer Interpretation irgendeine Ingredienz des Universums die Expansion beschleunigt. Zum negativen Druck haben wir, wenn auch mit etwas Mühe und verbunden mit einer gewissen Verwirrung, eine Beziehung aufgebaut, die allerdings, das ist nicht zu verleugnen, an einem seidenen Faden hängt. Alle Alternativen zum negativen Druck sind allerdings bei Weitem fürchterlicher. Wir sollten diese Beziehung also nicht leichtfertig aufs Spiel setzen. Über die Bewegungsgleichung der Allgemeinen Relativitätstheorie erklärt der negative Druck einen der bemerkenswertesten Beobachtungsbefunde der letzten Dekaden. Er tut dies zwar nicht so, dass sich eine vollkommen runde Geschichte ergibt, aber er tut es doch so, dass wir seine Existenz nicht nachhaltig infrage stellen sollten – befriedigt sind wir allerdings nicht.

Die letzte Anmerkung trifft auch auf das scheinbare Paradoxon des negativen Drucks zu. Dieses scheinbare Paradoxon besteht darin, dass der negative Druck lokal einen Sog erzeugt, wobei er global einen beschleunigenden Effekt zeigt. Davon, dass Letzteres seine Richtigkeit hat, sind wir mittlerweile überzeugt. Also stimmt etwas mit der ersten Aussage nicht. Um zu sehen, was nicht stimmt, betrachten wir zunächst erneut das dementsprechende Verhalten des positiven Drucks. Der hat als Energiedichte den gleichen Effekt wie Masse und bremst prinzipiell und unstrittigerweise das Universum in seinem Expansionswahn aus. Andererseits spüren wir in unserer direkten Umgebung das Gegenteil. Wir spüren etwas, das, wie der Name schon sagt, drückt. Aber das hat in der Regel keine Konsequenzen, und zwar genau dann nicht, wenn der Druck überall gleich groß ist. Natürlich kann jedes Material nur einen bestimmten Druck aushalten, aber davon abgesehen drückt es uns nirgends hinweg. Ja, es ist sogar so, dass wir den atmosphärischen Druck um uns herum gar nicht richtig wahrnehmen; und so ist es natürlich auch mit dem Sog des negativen Drucks. Wir nehmen ihn nicht wahr, weil er allgegenwärtig und überall gleich groß ist.

Gleichwohl könnte die Post abgehen!

Um zu sehen, wie das gemeint ist, übertragen wir den bestehenden Zustand des negativen Drucks auf unsere Atmosphäre. So neutral, wie sich der negative Druck verhält, würde das für unsere Atmosphäre bedeuten, dass vollkommener Druckausgleich besteht und dass überall die gleiche Temperatur vorliegt. Wir hätten also kein Wetter! Wolken könnten sich nicht bilden, da dafür eine nach oben abfallende Temperaturschichtung nötig ist. Aus dem gleichen Grund könnten Paraglider nicht aufsteigen – ein Alptraum –, und wir hätten natürlich keinen Wind. Unter solch wetterlosen Verhältnissen wären Meteorologen weitgehend beschäftigungslos, und wir würden unsere Atmosphäre kaum wahrnehmen. Wir wüssten nichts von der verheerenden Auswirkung von Stürmen, Orkanen oder gar Tornados und Hurrikans. Wir würden uns, dass etwas passieren kann, einfach nicht vorstellen können; und selbst die besten Meteorologen hätten Schwierigkeiten, sich all das aus der hohlen Hand auszumalen. Wir wären arglos, wie wir es dem negativen Druck jetzt gegenüber sind. Es fehlt uns fraglos an der Vorstellungskraft, um zu erkennen, wie unsere Welt sich verändern würde, wenn der negative Druck auf kleinen Skalen, die für uns überschaubar sind, Unterschiede zeigen würde.

Gerade das beklagen aber die Astrophysiker. Sie beklagen, dass sie durch Messung und Beobachtung des negativen Drucks auf kleinen Skalen nicht mehr über die Eigenschaften dieser absonderlichen Zutat unseres Universums erfahren können.

Das Problem ist die Homogenität. Denn wir haben es mit der Existenz einer homogen verteilten Energiedichte zu tun, und das ist auch schon die wesentlichste bekannte Eigenschaft der Dunklen Energie. Und diese verhindert jede mögliche Untersuchung auf kleinen Skalen, die zum Beispiel durch Galaxien repräsentiert werden. Etwas, das gleich verteilt ist, kann keine Kraft auf sein Umfeld ausüben, da keine Richtung bevorzugt wird – die Kraft zieht in alle Richtungen gleichermaßen. Es kann noch nicht einmal Licht ablenken, da das Licht in alle Richtungen gleich abgelenkt wird und in seiner Verwirrung letztlich geradeaus fliegt. Es scheint, als hätte die Dunkle Energie den perfekten Weg gefunden, sich zu verstecken und dennoch alles zu kontrollieren.

Um mehr über die Dunkle Energie und deren negativen Druck zu erfahren, müssen die Astrophysiker auf großen Skalen beobachten, sehr großen Skalen, und dabei weit in der Zeit zurückgehen. Es gibt Hinweise darauf, dass sich die Größe der Dunklen Energie mit der Zeit ändert. Aber diese Hinweise sind noch nicht sehr verlässlich, und die Zeitintervalle, in denen das geschehen soll, sind keine geringfügigen Bruchteile der Hubblezeit – also des ungefähren Alters des Universums. Um diese Art der Untersuchung zu intensivieren, braucht die Astrophysik neue Methoden. Neue, aus der Not heraus geborene Methoden zu entwickeln, war für die Astrophysik allerdings noch nie ein Problem.

2.1.3 Das Standardmodell vor dem Aus?

Was die Dunkle Energie und deren negativen Druck betrifft, müssen wir als Resümee zur Kenntnis nehmen, dass das Standardmodell wackelt. Ob es nur schwankt oder kurz vor dem Zusammenbruch steht, ist dabei offen. Es deutet allerdings vieles darauf hin, dass es dem Standardmodell noch an grundlegender Physik fehlt. Im schlimmsten – vielleicht aber auch besten – Fall handelt es sich dabei um die bereits in Betracht gezogene „fünfte Essenz". Die Quintessenz wäre eine neue Naturkraft, an die wir uns, falls sie existiert, langsam herantasten müssen (Einschub 13 „Die Quintessenz").

Im einfachsten Fall kann die Dunkle Energie doch als Vakuumenergie interpretiert werden, aber nicht im Rahmen der bestehenden Theorie. Da müsste die Quantenmechanik mit all ihren Ausläufern zuerst ein Facelifting über sich ergehen lassen. Über das, was die noch fehlende Quanten-Gravitationstheorie in diesem Zusammenhang an Einsichten bringen wird, kann derzeit nur spekuliert werden. Zu der Einsicht, dass wir mit der Modifikation unseres derzeitigen Weltbildes nur an der Oberfläche der Spitze eines Eisbergs herumpolieren, kamen wir, trotz eines gewissen schalen Geschmacks, nicht.

Was uns jedoch zu denken geben sollte, ist die Einfachheit der beiden konstituierenden Gleichungen, die wir im Einschub 11 „Die vollständige Bewegungsgleichung der ART" diskutiert haben. Diese beiden Gleichungen sind das Herzstück der zu Recht hochgelobten Allgemeinen Relativitätstheorie. Gleichwohl steht jeder Astrophysiker immer wieder staunend vor der Tatsache, dass mit diesen beiden Gleichungen rahmengebend die Entwicklung des Universums beschrieben werden kann. Das kann doch nicht sein; das ist viel zu einfach!

Jedes kleine Problem in der Physik, das man genau lösen möchte, erweist sich im Endeffekt als hochkomplex. Und die präzise theoretische Lösung jedes kleinen Problems bedarf der Behandlung einer Unzahl von komplizierten, ineinander verstrickten Integro-Differential-glei-chungssystemen – denken wir zum Beispiel an die Berechnung des Wetters oder das Kapitel 2.3.1, Abschnitt „Die Spektraldiagnostik als Werkzeug und Experiment".

Ausgerechnet die Entwicklung des Universums soll auf eine so einfache Art beschrieben werden können. Ausgerechnet die Entwicklung des Universums soll einfacher zu berechnen sein, als die Entstehung von kleinen Staubkörnern zu berechnen ist, aus denen sich unser Planet aufgebaut hat. Kann das wirklich sein?

Wir wollen nicht vergessen, dass es uns bei der Beschreibung der Entwicklung des Universums nur um das Grobe geht. Feine Effekte, die zum Beispiel für die Entstehung von kleinen Staubkörnern wesentlich sind, spielen da keine Rolle. Es geht allerdings um das Universum, das alles beinhaltet, was für uns wahrnehmbar ist. Man sollte erwarten, dass hier auch im Groben schwer zu durchschauende Regeln und zahlreiche Tücken lauern, die sich uns nicht so ohne Weiteres offenbaren. Unser Ansatz beruhte auf zwei simplen Gleichungen der Newton'schen Mechanik, die durch die Berücksichtigung der Resultate der Allgemeinen Relativitätstheorie etwas modifiziert wurden. Natürlich unterscheidet sich die Sichtweise der Allgemeinen Relativitätstheorie deutlich von der der Newton'schen Mechanik, aber die Gleichungen selbst mussten dennoch nur geringfügig erweitert werden. Das kann doch nicht alles gewesen sein? Die Entdeckung der Dunklen Energie und auch bereits die Endeckung der Dunklen Materie deuten darauf hin, dass das in der Tat noch nicht alles gewesen sein kann. Aus der Sicht des „advocatus diaboli" ist festzustellen, dass wir uns zwar mit der bestehenden Theorie des Standardmodells nochmals aus der Affäre gezogen haben, aber ganz sauber war das nicht.

Wenn die Vorstellung, die wir gegenwärtig von der Entwicklung des Universums haben und die wir als modern und fortschrittlich betrachten, sich in der Zukunft als reichlich naiv erweist, sollten wir also nicht wirklich überrascht sein – „Honi soit qui mal y pense"[3].

---

3 „Beschämt sei, wer schlecht darüber denkt."

? **13. Die Quintessenz**

Oberflächlich betrachtet hat die kosmologische Konstante das Standardmodell gerettet. Denn mit ihrer Hilfe war es möglich, der Dunklen Energie einen Rahmen in der Bewegungsgleichung für die Expansion des Universums zu geben. Es gibt jedoch ein Problem mit der kosmologischen Konstanten, und das Problem besteht darin, dass sie eben eine Konstante ist. Ihre Größe ist damit für alle Zeiten unveränderlich. Nach dem gegenwärtigen Kenntnisstand ist ein Verhalten, das eine konstante Energiedichte und einen konstanten negativen Druck der Dunklen Energie beinhaltet, allerdings eher auszuschließen. Nicht zuletzt aus diesem Grund gibt es eine immer stärker werdende Tendenz, andere Erklärungsversuche und neue Theorien ins Auge zu fassen. Dabei hat sich herausgestellt, dass die meisten Vorstellungen, die man entwickelt hat, durch einen Parameter *w* charakterisiert werden können, der die Zustandsgleichung beschreibt. Der sogenannte *w*-Parameter spiegelt also den Zusammenhang zwischen der gesamten Energiedichte und dem Druck der Dunklen Energie wider

$$\omega = \frac{p}{\rho}.$$

Mit diesem realistischeren Ansatz ist es zwar noch möglich, sich an das Standardmodell über seine Bewegungsgleichung der Expansion anzulehnen (Einschub 11 „Die vollständige Bewegungsgleichung der ART")

$$\ddot{R} = -\frac{4\pi G}{3}\frac{\rho}{c^2}(1+3\omega)R,$$

gleichwohl hat man deren gesicherten Boden mit dieser empirischen Denkweise auch verlassen. Das Empirische bei diesem Vorgehen ist, dass *w* nicht mehr als konstant betrachtet wird, sondern prinzipiell eine mit der Zeit veränderliche Größe darstellt. Man ist somit gezwungen, eine weitreichendere Interpretation für die Dunkle Energie zu finden – nach obiger Gleichung expandiert das Universum beschleunigt, wenn *w* negativer als *–1/3* ist.

Nachdem gute Theorien nicht einfach so vom Himmel fallen, muss man um ihre Entwicklung ringen, und dafür ist zunächst ein tragfähiger Ansatz erforderlich. Für diesen Ansatz scheiden alle uns bekannten Formen der Energie – Strahlung, sichtbare Materie, Dunkle Materie – aus, da sie einen positiven Druck ausüben und damit ▶

▶ gravitativ anziehend wirken. Und dennoch muss es irgendetwas geben, das auf unser Universum einen negativen Druck ausübt.

Es ist, der gegenwärtigen Überzeugung entsprechend, die **Quintessenz**, die dafür verantwortlich ist.

Die Quintessenz ist, im Gegensatz zur kosmologischen Konstanten, ihrer Grundidee entsprechend dynamisch, da sie sich im Laufe der Zeit entwickelt, vergleichbar zu den anderen Energieformen, die sich allerdings lediglich im Zuge der Expansion verringern; und sie stellt ein Quantenfeld dar, das sowohl aus homogen verteilter kinetischer als auch potenzieller Energie besteht. Damit besitzt die Quintessenz zwei Energiekomponenten, die durchaus ein unterschiedliches Vorzeichen aufweisen können, was im Falle einer potenziellen Energie sogar als normal anzusehen ist (Kapitel 2.1.2 „Schwarze Energiedichte"). Und dies wäre eine nachhaltige Erklärung für das diskutierte Zwitterverhalten der Dunklen Energie.

So viel zum Rahmen der Eigenschaften dieser möglichen Zutat unseres Universums. Doch was ist die Quintessenz nun wirklich, und woraus besteht die Dunkle Energie?

Genau weiß das noch niemand, aber ihrem Ansatz entsprechend basiert die Quintessenz auf der Quantenfeldtheorie und stellt ein skalares **Kosmonfeld** dar – einem damit vergleichbaren Skalarfeld[4] sind wir schon begegnet, dem **Higgsfeld**. Durch den Austausch von Kosmonquanten wird dabei eine Kraft vermittelt – dem vergleichbar, wie die elektromagnetische Kraft durch den Austausch von Photonen zustande kommt. Im Gegensatz zur kosmologischen Konstanten impliziert die Quintessenz eine neue fundamentale mikroskopische Wechselwirkung, und diese stellt das „fünfte Element" oder die neue „fünfte Kraft" dar. *Gemäß der Quintessenz wird die Dunkle Energie durch eine dynamisch veränderliche Substanz beschrieben, deren Wirken durch ein skalares Kosmonfeld vermittelt wird.* Aufgrund dieser Wirkung kann das Kosmonfeld auch mit der Materie wechselwirken und sich dadurch verändern, je länger der Kontakt zur Materie besteht. Es könnte demzufolge auch sein, dass sie bei geringer, durch die Expansion sich stetig mindernder ▶

---

4 Ein Skalarfeld unterscheidet sich deutlich von einem Vektorfeld, das beispielsweise durch das elektrische Feld repräsentiert wird, dadurch, dass keine räumliche Richtung ausgezeichnet ist

▶ Materiedichte, in völlig neue Formen von Energie oder Strahlung zerfällt und dabei sogar ihren negativen Druck verliert. Die beschleunigte Expansion würde dann irgendwann zum Stillstand kommen. Aber das ist Spekulation.

Keine Spekulation ist hingegen, dass die Quintessenz eine Zeitabhängigkeit der fundamentalen Konstanten der Physik vorhersagt. Gemäß dieser Vorhersage hätten zum Beispiel die elektrische Ladung und die Masse des Protons im frühen Universum nicht exakt die gleichen Werte wie heute. Die Begründung dafür liegt auf der Hand: Der Wirkungsweise der Quintessenz entsprechend hängen die fundamentalen physikalischen Konstanten vom Wert des Kosmonfeldes ab, und wenn dieses sich im Laufe der Zeit verändert, müssen die physikalischen Konstanten dieser Veränderung folgen. Der Effekt ist zwar nur gering, könnte aber durch geeignete Präzisionsbeobachtungen äußerst vielversprechende Perspektiven eröffnen. Denn gelänge es wirklich, die Zeitabhängigkeit der elektromagnetischen, der schwachen und der starken Wechselwirkung nachzuweisen, so würde nicht nur ein weiterer Eckpfeiler des Standardmodells schwer ins Wanken geraten, sondern sämtliche fundamentalen Gesetze der Physik könnten sich durch diese Zeitabhängigkeit ändern. Selbst geringe Änderungen könnten auf diese Weise schon deutliche Spuren hinterlassen. Alles könnte auf einmal vom Zustand des Kosmonfeldes abhängen. Wenn es so sein sollte, wissen wir auch, was die Dunkle Energie ist. Die Spitze des Eisbergs – „Qui desiderat pacem, praeparet bellum"[5].

Die Zukunft wird also zeigen, ob wir mit der Modifikation unseres derzeitigen Weltbildes nur an der Oberfläche der Spitze eines Eisbergs herumpoliert haben – oder nicht. Selbst wenn der erste Fall zutreffen sollte, wird damit natürlich nicht alles infrage gestellt. Genau genommen wird eigentlich gar nichts infrage gestellt. Einsteins Spezielle Relativitätstheorie hat die Newton'sche Mechanik nicht infrage gestellt, sondern dieser nur ihre Grenzen aufgezeigt. Das Gleiche gilt für Einsteins Allgemeine Relativitätstheorie und die Newton'sche Gravitationstheorie. Wir können also mit einer gewissen Gelassenheit davon ausgehen, dass auch der hervorragend bestätigten Allgemeinen Relativitätstheorie

---

5 „Wer den Frieden will, bereite sich auf den Krieg vor."

durch einen möglicherweise bevorstehenden weiterführenden Schritt nur ihre Grenzen aufgezeigt werden. Infrage gestellt wird sie auf keinen Fall!

Ebenfalls nicht infrage gestellt werden die Beobachtungsfakten, denn die haben Bestand. Es ist die Natur von Fakten, unverrückbar zu sein. Selbst die Beobachtungsfakten von Newton und Galilei haben für uns auch heute noch den gleichen Wert, den sie damals hatten. Wenn wir in diesem Sinne noch einmal auf unsere Entdeckungen zurückblicken, so erkennen wir, dass unter den zahlreichen Voraussetzungen, die die Entwicklung des Universums hatte, einige in besonderem Maße herausragen. Drei dieser Voraussetzungen haben wir, wegen ihres besonderen Stellenwerts, auf das Treppchen gestellt. Dabei handelte es sich beim ersten Platz um das Phänomen der Quantenfluktuationen, mit denen das Universum bereits geboren wurde, die also von Beginn an Präsenz zeigten. Auf den zweiten Platz kam die inflationäre Expansionsphase des Raums, die gleich nach dem Start des Big Bang loslegte – t = 10^{-35} s – und bei t = 10^{-32} s auch schon wieder vorbei war, dabei das Universum um den gewaltigen Faktor 10^{50} aufblähte und dadurch erst den Grundstein für die **Makrozeit** legte. Die Inflationsphase war nach unserer Anschauung der Bang des Big Bang. Auf den dritten Platz kam schließlich die Dunkle Materie, ohne die der Versuch, aus den Dichtefluktuationen, die aus den **Quantenfluktuationen** folgten, Sterne und Galaxien entstehen zu lassen, gescheitert wäre. Niemand hätte bei der Entdeckung der Dunklen Materie auch nur im Entferntesten daran gedacht, dass sie eine so wichtige Rolle bei der Entwicklung des Universums spielen könnte. Ja, dass die Entwicklung ohne sie gar nicht stattgefunden hätte. Bei der Dunklen Energie sind wir noch nicht so weit. Wir haben sie gerade einmal mit bedächtiger Freude entdeckt, aber welche Rolle sie im Gesamtgeschehen spielt und worin ihre Bedeutung liegt, haben wir noch nicht einmal ansatzweise verstanden – „timeo Danaos et dona ferentes"[6].

Wer denkt, dass damit die Verwirrung ihren Höhepunkt erreicht hat, der irrt gewaltig. Denn in Wirklichkeit beobachten wir gar keine Dunkle

---

6 „Fürchte die Danaer, auch wenn sie Geschenke bringen." – Warnung Laokoons vor dem Trojanischen Pferd.

Energie und auch keinen negativen Druck. In Wirklichkeit beobachten wir etwas ganz anderes!

Um Klarheit zu bekommen, was wir wirklich beobachten, müssen wir uns mit einigen modernen Hilfsmitteln der Astrophysik auseinandersetzen, die uns, zum Teil auf komplexem Weg, zeigen werden, wie das, was wir beobachten, mit der Dunklen Energie, dem negativen Druck und der beschleunigten Expansion des Universums zusammenhängt.

2.2 Kosmische Leuchttürme und die Entdeckung der Dunklen Energie

Astrophysiker werden grundsätzlich hellhörig – so wie jeder von uns hellhörig wird, wenn man ihm sagt, er habe im Lotto gewonnen –, wenn sie auf Objekte stoßen, die extragalaktisch beobachtet werden können und deren Helligkeit sie kennen. Die Astrophysiker nennen solche Objekte „Standardkerzen". Wenn diese Objekte auch noch präzise im nahezu gesamten sichtbaren Teil des Universums beobachtbar sind, dann bezeichnet der Astrophysiker diese seltenen Juwelen als „**kosmische Leuchttürme**". Bislang hat sich nur eines dieser seltenen Juwelen als nahezu lupenrein erwiesen, und dabei handelt es sich um **Supernovae vom Typ Ia**.

Lottogewinn? Juwelen? Die Astrophysiker haben eine merkwürdige Sicht der Dinge. Was könnte einen Zusammenhang zwischen diesen Begriffen und den kosmischen Leuchttürmen herstellen? Präzises Messen von Entfernungen stellt den Zusammenhang her! Der landläufige Begriff „mit astronomischer Genauigkeit" hat schon lange nichts mehr mit der modernen Astrophysik zu tun. Diese ist vielmehr von dem Begriff „grobe Abschätzung" geprägt. Grobe Abschätzungen reichen natürlich nicht aus, um Weltbilder zu stützen; da ist mehr gefragt, und das weiß die Astrophysik natürlich. Die Astrophysik ist also stetig auf der Suche nach Methoden, die aus einer „groben Abschätzung" eine „präzise Bestimmung" machen. Besonders wichtig ist dabei die genaue kosmologische Entfernungsbestimmung. Durch eine darauf beruhende systematische Vermessung kann zum Beispiel die Expansionsrate des

Universums in der Gegenwart und der Vergangenheit exakt bestimmt werden. Und das gegenwärtig vertrauensvollste, dafür geeignete Messinstrument sind Supernovae vom Typ Ia; und diese Objekte haben in ihrer Funktion als kosmische Leuchttürme unsere Welt verändert.

In Analogie zur Orgel, die „als Instrument" Töne liefert, liefern die kosmischen Leuchttürme „als Instrument" Entfernungen. Sie tun dies auf die gleiche Weise, wie der Rückschluss auf Entfernungen auch anhand von Glühwürmchen möglich ist. Qualitativ haben wir alle schon die Erfahrung gemacht, dass ein Glühwürmchen genau dann hell leuchtet, wenn es nicht weit von uns entfernt ist, wohingegen seine Helligkeit stark abnimmt, wenn sich seine Entfernung vergrößert. Das heißt, prinzipiell könnten wir Glühwürmchen „als Instrument" zur Entfernungsbestimmung verwenden. Wobei unsere intuitive Einschätzung, dass alle Glühwürmchen gleich hell leuchten, entscheidend ist. Erst diese Eigenschaft macht die Glühwürmchen zu einem Instrument. Die Glühwürmchen sind in gewisser Hinsicht geeicht oder normiert, sie leuchten nach feststehenden Regeln, und diese Regeln müssen uns bekannt sein. Zu genauen, quantitativen Aussagen kommt man bei der Entfernungsbestimmung, wenn man ein Lichtmessgerät zu Hilfe nimmt, das die Helligkeit eines Glühwürmchens in einem bestimmten Abstand kennt, das also geeicht ist. So vorbereitet ist die Entfernungsbestimmung keine Kunst mehr. Das Messgerät misst die Helligkeit und zeigt die Entfernung an. Bei einer präzisen Messung muss das Gerät allerdings auf viele Feinheiten achten, da bei einem von der Natur konstruierten Instrument eine eigene Idee von Normierung eingebracht wurde, die nur bedingt einer mit deutscher Gründlichkeit aufgestellten DIN-Norm gerecht wird. Es kann zum Beispiel entscheidend sein, ob die Helligkeit von einem größeren oder kleineren Exemplar der Gattung Glühwürmchen abgestrahlt wird. Dies zu erkennen, erfordert einen über der Betriebstemperatur liegenden IQ des Messgeräts. Man benötigt somit viele Messpunkte und eine gründliche Analyse, um zu einem präzisen Ergebnis zu kommen.

Auch Supernovae vom Typ Ia sind von der Natur konstruierte Instrumente. Natürlich konnten wir uns bereits davon überzeugen, dass diese Objekte, nicht zuletzt wegen ihrer stets gleich großen explosiven Masse – der **Chandrasekharmasse** –, eine intrinsische Normierung ihrer abgestrahlten Helligkeit aufweisen, allerdings wäre es naiv zu glauben, dass diese Normierung von besserer Qualität als die der Glühwürmchen ist. Das theoretische Konzept, das wir uns erarbeitet haben, hat zwar gezeigt, dass Supernovae vom Typ Ia alle gleich gebaut sind; aber das betraf nur den Idealfall. Der wirkliche Bauplan dieser Instrumente wird sehr individuell sein. Und die Regeln, denen die zugrunde liegende Norm folgt, müssen wir uns im Detail erst noch erarbeiten. Es besteht allerdings Zuversicht, dass auf der Grundlage dieser kritisch zu durchleuchtenden Normierung Entfernungen am Ende genau zu bestimmen sind. Wie groß diese Entfernungen sein können, verdeutlicht das folgende Bild, das fünf sehr weit entfernte Galaxien zeigt, die vor Kurzem Gastgeber von hochrotverschobenen Supernovae vom Typ Ia waren ($z = 0,5$ bis $z = 1,0$; $z = (\lambda_v - \lambda_{uv})/\lambda_{uv}$ – Kapitel 1.2.9 „Das Universum expandiert"). Vor Kurzem heißt, dass wir vor Kurzem Zeuge des Geschehens wurden. Das Geschehen selbst liegt allerdings 4 – 10 Milliarden Jahre zurück. Derartige kosmische Leuchttürme können wegen ihrer extrem großen Entfernung grundsätzlich als Messinstrument für die Expansionsrate des Universums verwendet werden.

Aus reiner Fleißarbeit haben vor einiger Zeit zwei Gruppen von Astrophysikern[7] diese Möglichkeit wahrgenommen. Sie haben nach einer Bestätigung des Standardmodells gesucht. Nachdem in diesem uns wohlbekannten Weltbild die Expansion des Universums einfach nur vom gesamten Energieinhalt abhängt und Energie wie Masse wirkt, die wegen ihres anziehenden Charakters die Expansion verlangsamen sollte, wollten sie lediglich diese langsame Abbremsung der Expansionsrate des Universums im Verlauf der Zeit bestätigen. Was sie also vorhatten, war die Durchführung eines dieser zeitraubenden „langweiligen" Beobachtungsprojekte, das von anschließender, mühevoller Auswertungsarbeit begleitet wird. Nachdem wir mittlerweile gelernt haben, dass jede Entdeckung ihren eigenen zeitlichen Rahmen hat, der mit dem technologischen Fortschritt einhergeht, sollte man jedoch stets mit einem Überraschungseffekt rechnen. Insbesondere dann, wenn man etwas auf eine bestimmte Art und Weise untersuchen will, die vorher so nicht angewendet werden konnte. Die Möglichkeit, Supernovae vom

---

7 Die Leiter dieser beiden Arbeitsgruppen sind Saul Perlmutter (Supernova Cosmology Project) und Brian Schmidt (High-Z Supernova Search).

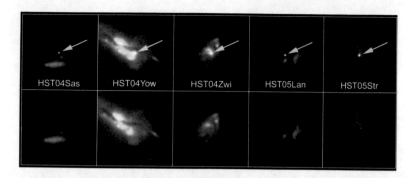

Abb. 2.2 Das Bild zeigt Muttergalaxien extrem entfernter kosmischer Leuchttürme, die darin enthaltenen beziehungsweise in der Nähe befindlichen explodierenden Sterne sind unübersehbar, da sie in der oberen Reihe jeweils mit einem Pfeil gekennzeichnet sind. Jeder geübte Bilderrätselfreund hätte sie aber sicherlich auch so gefunden. In der unteren Reihe sehen wir das Erscheinungsbild der Muttergalaxien, bevor die Sterne explodierten. Alle Bilder zeigen die Galaxien in einem Zustand, in dem sie sich vor 4 – 10 Milliarden Jahren befanden. Das heißt, es handelt sich bei den explodierenden Sternen um hochrotverschobene Supernovae vom Typ Ia (z = 0,5 bis z = 1,0), die wegen ihrer extrem großen Entfernung und ihrer dennoch bekannten Helligkeit als Messinstrument für die Expansionsrate des Universums verwendet werden können.

Ein vertrauenswürdiges Messinstrument muss natürlich einer Norm entsprechen, und die Regeln, denen die Norm folgt, müssen wir erkennen. Das heißt, wir müssen uns Kenntnis vom Bauplan der Instrumente verschaffen – im Idealfall sind die Instrumente alle gleich gebaut. Inwieweit dies auf die kosmischen Leuchttürme zutrifft, müssen wir noch kritisch und ohne Zweckoptimismus durchleuchten. Falls sie präzise normiert sind, so, wie das zum Beispiel bei Glühwürmchen der Fall ist, können wir, durch die Beobachtung dieser Objekte, Entfernungen genau bestimmen. Wenn ein Glühwürmchen hell leuchtet, so wissen wir naturgemäß, dass es sich in unserer Nähe befindet. Je schwächer es leuchtet, umso weiter weg wird es von uns sein. Zu genaueren Aussagen kommt man mit einem Lichtmessgerät, das die Helligkeit eines Glühwürmchens in einem bestimmten Abstand kennt, das also geeicht ist. Das funktioniert natürlich nur, wenn die Glühwürmchen auch selbst geeicht beziehungsweise normiert sind, also auf der Grundlage eines feststehenden Musters leuchten, das uns bekannt ist. Sollte das nicht der Fall sein, können wir unser Lichtmessgerät auch nicht auf Glühwürmchen eichen, und der Sinn eines Glühwürmchens wäre infrage gestellt. Dem ist natürlich nicht so, und deshalb sind die Glühwürmchen beim Verständnis der Entdeckung der Dunklen Energie für uns mehr als hilfreich.

Typ Ia in sehr großer Entfernung beobachten zu können, war das Neue; und das, wonach sie gesucht haben, war nicht das, was sie fanden!

2.2.1 Die Lichtkurven und ihr radioaktiver Charakter

Es geht also darum, das Standardmodell zu bestätigen!

Dabei interessiert uns in besonderem Maße und möglichst präzise, wie die Expansion des Universums im Verlauf der Zeit durch seinen gesamten Energieinhalt gemächlich abgebremst wird. Das Motto ist also: Gesucht wird! Spätestens jetzt hätte sich auch der willigste Doktorand verabschiedet und würde sich nach einem spannenderen Thema umsehen. Aber wir sind zäh! Wir kämpfen uns da durch und müssen als Erstes unsere Positionierung im Hinblick auf umfangreiche, tiefreichende und möglichst genaue Entfernungsbestimmungen anhand der **kosmischen Leuchttürme** überprüfen.

Wenn wir von dem Wissen, das wir uns über die explodierenden **Weißen Zwerge** angeeignet haben, ausgehen, dann sollten sich diese Störenfriede im Prinzip als homogene Gruppe präsentieren. Zumindest, wenn wir einen Blick auf ihre Lichtkurven werfen! Was für Kurven oder doch lieber einen Latte Macchiato? Nachdem wir hier nur schwerlich einen bekommen werden, sollten wir zwangsläufig mit den Lichtkurven vorlieb nehmen: Als Lichtkurve einer Supernova bezeichnet man den zeitlichen Verlauf ihrer Helligkeit. Dieser Verlauf ist von einem starken Maximum, das wenige Tage nach der Explosion erscheint, gekennzeichnet. Das Maximum spiegelt den eigentlichen Ausbruch der Supernova wider, wobei die zeitliche Verzögerung von der Schwierigkeit zeugt, die das Licht beim Durchgang durch die dichte Nickelhülle hat – das Licht braucht eben einige Tage, um sich aus dieser schweren Hülle herauszukämpfen. Obwohl bereits beim Ausbruch die gesamte Energie, die das Phänomen der **Supernovae Typ Ia** charakterisiert, innerhalb von nur wenigen Sekunden erzeugt wird, wird dennoch nur ein Teil dieser Energie sofort frei gegeben. Ein Großteil dieser Energie wird gespeichert. Der Speicher heißt Nickel, und der gibt nach und nach die gespeicherte Energie in Form von radioaktiver Strahlung frei; diese Strahlung beobachten wir durch das sanfte Abklingen der Lichtkurve, das sich über knapp 40 Tage hinzieht. Supernovae Typ Ia sollten sich also nach unserem Verständnis über ihre Lichtkurven als homogene Gruppe präsentieren. Das sollten sie! Tun sie es aber auch?

Aus astronomischer Sicht weisen Supernovae Typ Ia zwei Besonderheiten auf, die sie zu einzigartigen Objekten im Universum machen. Die erste Besonderheit betrifft die Stärke ihrer Explosion, die so gewaltig ist, dass wir sie selbst im „Hochrotverschobenenalter" des frühen Universums noch gezielt beobachten können. Die zweite Besonderheit betrifft die Standardisierbarkeit dieser „Chandrasekharmassenbomben", die sich daraus ergibt, dass nur Weiße Zwerge, deren aus Kohlenstoff und Sauerstoff bestehende Kernmasse exakt der Chandrasekharmasse entspricht, auch als Supernovae Typ Ia explodieren können (Kapitel 1.5.3 „Sterne ohne Radius"). Damit steht dieser Gruppe von Sternen stets exakt der gleiche Brennstoffvorrat zur Verfügung, wodurch eine intrinsische Normierung gewährleistet wäre. „Wäre" bringt natürlich zum Ausdruck, dass ein Haken bei der Sache ist; diesen Haken haben uns die numerischen Simulationen der Supernova-Typ-Ia-Explosionen, die zeigten, dass der Ablauf der Explosion sehr komplex und von physikalischen Feinheiten abhängig ist, verdeutlicht. Die dabei aufgeworfene Frage, inwieweit der gesamte Brennstoffvorrat immer gleich und auch immer vollständig verbrannt wird, ließ deutliche Zweifel an einem standardisierten Explosionsszenario aufkommen (Kapitel 1.5.4 „Die thermonukleare Explosion eines Sterns"). Die Qualität der Normierung der Supernovae Typ Ia wird also nicht so sein, wie es uns die Basistheorie vorgaukelt. Auch wenn das theoretische Konzept gezeigt hat, dass Supernovae vom Typ Ia alle gleich gebaut sind, so betraf das bei genauerem Hinsehen nur das Ausgangsprodukt: die Weißen Zwerge. Wir müssen also davon ausgehen, dass der Idealfall, in dem alles so umgesetzt wird, wie es zu erwarten wäre, wie immer vom Realfall, der ein sehr individuelles, diversifiziertes Bild ergibt, ins Abseits gestellt wird. Wir müssen also davon ausgehen, dass das Erscheinungsbild der Typ Ia Supernovae diversifiziert sein wird, und dieser Punkt ist naturgemäß mit den Lichtkurven eng verknüpft. Auch sie werden ein diversifiziertes Erscheinungsbild abliefern. Die alles entscheidende Frage ist nun, ob wir die prinzipiell vorhandene, intrinsische Normierung der Supernovae Typ Ia so nachkalibrieren können, dass präzise Entfernungsbestim-

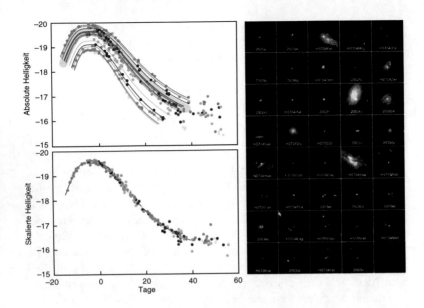

Abb. 2.3   Die Bilder zeigen die Lichtkurven von kosmischen Leuchttürmen geringer **Rotverschiebung**. Die Lichtkurve einer Supernova stellt den zeitlichen Verlauf ihrer Helligkeit dar. Dieser Verlauf zeigt ein starkes Maximum, das den Ausbruch der Supernova widerspiegelt. Der weitere Verlauf ist von der radioaktiven Strahlung von Nickel und dessen Zerfallsprodukten gekennzeichnet. Die radioaktive Strahlung klingt dabei nach und nach sanft ab, und dieser Prozess zieht sich über knapp 40 Tage hin. Supernovae Typ Ia sollten sich über ihre Lichtkurven eigentlich als homogene Gruppe präsentieren, tun dies, wie im Bild links oben zu sehen ist, jedoch nur in eingeschränktem Maße. Wie im Bild links unten gezeigt wird, kann dieses Problem durch eine einfache Nachkalibrierung jedoch behoben werden. Grundlage für diese Möglichkeit zur Nachkalibrierung ist die Tatsache, dass die Lichtkurven von Natur aus intrinsisch mit der Nickelmasse bereits kalibriert sind: Die produzierte Nickelmasse ist sowohl zur frei werdenden Peakenergie als auch zur Summe der über einige Monate frei werdenden radioaktiven Energie proportional. Das bedeutet letztlich, dass die Breite einer Lichtkurve mit ihrer Höhe korreliert ist; und dieses Verhalten muss lediglich, wie im Bild links unten geschehen, richtig umgesetzt werden. Auf der rechten Seite sehen wir die Bilder (Images) von 39 entfernten kosmischen Leuchttürmen. Über die Analyse dieser Images konnte man zum einen die Supernova-Typ-Ia-Explosionen aufspüren, zum anderen liefert die zeitliche Veränderung dieser Beobachtungen die links dargestellten Lichtkurven.

mungen möglich werden. Die Antwort ist ja! Und wir haben uns zudem die der Nachkalibrierung zugrunde liegenden Regeln bereits erarbeitet. Wir müssen die dazugehörigen Bausteine nur noch richtig zusammensetzen. Und der wichtigste Baustein betrifft die Korrelation zwischen der Stärke der Explosion und der gespeicherten radioaktiven Energie. Diese Korrelation beschreibt also die Beziehung zwischen der Stärke der Explosion durch den gesamten Massendefekt, der sich aus der Umwandlung des Kohlenstoff-Sauerstoff-Brennstoffs in Nickel ergibt, und der radioaktiven Energie, die dieselbe Nickelmasse liefert. Damit ist die produzierte Nickelmasse sowohl zur frei werdenden Peakenergie als auch zur Summe der über einige Monate frei werdenden, radioaktiven Energie proportional (Kapitel 1.5.5 „Radioaktivität sichert das Überleben"). Und nachdem es damit ausschließlich die Nickelmasse ist, die die Explosion einer Supernovae Typ Ia charakterisiert, können die Lichtkurven auch mit der Nickelmasse kalibriert werden, und zwar ohne, dass wir diese kennen müssten! Die Aussage, die dahintersteht, heißt, dass die Breite einer Lichtkurve mit ihrer Höhe korreliert ist. Dies können wir problemlos überprüfen; und diese Überprüfung zeigt, wie wir im Bild deutlich erkennen können, dass dem auch so ist!

Auf der Grundlage dieser theoretisch motivierten Nachkalibrierung der mit einer intrinsischen Schwankungsbreite verzierten Normierung der Supernova-Typ-Ia-Explosionen können nun sogar *Entfernungen im „Hochrotverschobenenalter" präzise bestimmt werden*. Man benötigt dafür lediglich drei Messgrößen: die charakteristische Breite und die Höhe am Maximum der Lichtkurve sowie die Rotverschiebung z.

2.2.2 Das Hubble-Diagramm und die Geschichte der kosmischen Expansion

In den Spuren von Edwin Hubble!

Wir haben nun die Voraussetzungen geschaffen, um anhand der **kosmischen Leuchttürme** präzise, umfangreiche und tiefreichende Entfernungsbestimmungen durchführen zu können, wobei es vor allem die überraschend große Ähnlichkeit der Majorität der beobachteten Typ-Ia-Supernovae ist, die die entscheidende Grundlage für deren Einsatz als Entfernungsindikatoren im kosmologischen Sinne liefert. Diese Eigenschaft macht **Supernovae vom Typ Ia** zu nahezu perfekten kosmischen Leuchttürmen, und damit sollten sie auch für einen sensiblen Test des Expansionsverhaltens des Universums tauglich sein. Das war der Ansatz für die groß angelegten Beobachtungsprojekte der beiden Forschergruppen um Saul Perlmutter und Brian Schmidt.

Was nun den Kontext des Expansionsverhaltens im Verlauf der Zeit betrifft, bedeutet dies, dass man anhand von Supernova-Typ-Ia-Beobachtungen tief in die Vergangenheit zurückgehen muss, und zwar in eine Epoche, als das Universum erst ein Drittel seines heutigen Alters hatte. Es bedarf also eines gewaltigen Zeitschritts von fast 10 Milliarden Jahren, um die Entwicklung der Expansion transparent werden zu lassen. Wie wir im Kapitel 2.2 „Kosmische Leuchttürme und die Entdeckung der Dunklen Energie" gesehen haben, liegt ein solcher Schritt aber durchaus im Leistungsbereich der kosmischen Leuchttürme – mit diesen Objekten kann man in das „Hochrotverschobenenalter" fast problemlos bis zu einem z-**Wert** von 1,5 vorstoßen.

Zur tatsächlichen Durchführung der Entfernungsbestimmungen fehlt allerdings noch eine Kleinigkeit: Man muss die kosmischen Leuchttürme zum richtigen Zeitpunkt entdecken, wobei der richtige Zeitpunkt dadurch gekennzeichnet ist, dass auch das Maximum der Lichtkurve beobachtet werden kann!

Die Suche nach diesen Objekten sollte allerdings ein Kinderspiel sein, denn es haben sich ja schließlich seit der Entstehung der ersten dafür geeigneten Sterne – diese Epoche begann vor circa 12 Milliarden Jahren – viele 100 Millionen dieser Explosionen ereignet. Da sollte es doch möglich sein, ein paar Hundert davon auf die Schnelle zu finden. Wenn wir in den Himmel schauen, stellen wir jedoch fest, dass diese Haltung doch sehr blauäugig ist, denn wir sehen keine Leuchttürme! Wo sind sie geblieben? Genau, sie bleiben nicht, sondern vergehen nach wenigen Monaten wieder. Zudem gibt es auch noch ein kleines Handicap; und das besteht darin, dass die Leuchttürme, pro Galaxie gesehen, so rar wie Trüffel im Wald sind. In unserer Galaxie findet zum Beispiel nur alle 50 Jahre eine Supernova-Typ-Ia-Explosion statt. Da hilft es wenig, mit starrem Blick in den Himmel zu schauen und zu hoffen, denn derart seltene Auftritte erschweren die Suche nachhaltig. Man muss sich also geschickt anstellen, um die Suche in einem vernünftigen, zeitlichen Rahmen zu halten; und das bedarf eines klaren Plans. Der Plan besteht darin, die Suche mit System und vor allem automatischen Teleskopen durchzuführen.

Mit diesen automatischen Teleskopen werden zunächst Referenzaufnahmen von sehr vielen Sternfeldern aufgenommen; diese Referenzaufnahmen werden in regelmäßigen Zeitabständen mit wiederholt durchgeführten Beobachtungen verglichen. Als Resultat liefern diese Vergleiche automatisch ein Differenzmuster, das das Neue zeigt. Aus einem bestimmten Sternfeld kann man auf diesem Weg problemlos die neuen Lichtquellen herausfiltern. Da kann jedoch alles Mögliche dabei sein: aktive galaktische Kerne, Novae, Supernovae Typ II, Ib oder Ic. Es ist unglaublich, was sich im Universum so alles herumtreibt, und es gilt jetzt, die Spreu vom Weizen zu trennen. Dafür benötigt man Spektren, die die Fingerabdrücke der Objekte darstellen; das ist die Stunde der Großteleskope, die für die Durchführung dieses Schritts ihre wahre Berechtigung erfahren. Über die erhaltenen spektralen Beobachtungen können die Supernova-Typ-Ia-Kandidaten nun identifiziert werden (Kapitel 2.3.2 „Die Spektraldiagnostik der kosmischen Leuchttürme"); dabei wird die ebenfalls erforderliche **Rotverschiebung** gleich mitbestimmt (Kapitel 1.2.9 „Das Universum expandiert") – martialisch gesprochen, werden also hier „zwei Fliegen mit einer Klappe geschlagen". Für die positiv identifizierten Supernova-Typ-Ia-Objekte benötigt man letztlich nur noch die Lichtkurven, und die werden in einem finalen Schritt mit speziell dafür vorgesehenen Teleskopen möglichst präzise bestimmt.

Auf diesem Weg konnten die beiden erwähnten Forschergruppen bislang über 100 mittel- bis hochrotverschobene kosmische Leuchttürme für ihre Untersuchung beobachten.

Das im Bild „Beobachtungsgrößen" dargestellte Ergebnis dieser Untersuchung ist – zurückhaltend formuliert – verblüffend! Nahezu alle Supernovae vom Typ Ia mittlerer bis hoher Rotverschiebung erscheinen uns lichtschwächer, als sie uns nach dem Standardmodell der Kosmologie erscheinen sollten. Es war doch aber gerade das Standardmodell, das hinsichtlich seines Expansionsverhaltens im Verlauf der Zeit bestätigt werden sollte, und jetzt stellt sich heraus, dass die neuen Beobachtungswerte außerhalb seiner Reichweite liegen: Sie liegen im Bild im blauen Bereich oberhalb der Grenzlinie, die alle plausiblen Universen

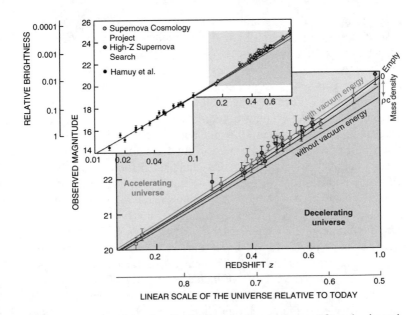

Abb. 2.4   Dieses Bild zeigt die beiden Beobachtungsgrößen der kosmischen Leuchttürme. In vertikaler Richtung ist die Helligkeit („observed magnitude"), die nach oben hin abnimmt, und in horizontaler Richtung die **Rotverschiebung z** dargestellt. Die gezeigten hochrotverschobenen Objekte erreichen dabei z-Werte bis eins, wobei z-Werte von 0,1 bereits Entfernungen von 1 Milliarde Lichtjahren entsprechen. Das kleinere, oben eingebettete Diagramm zeigt im unteren Teil Objekte, die wir als lokal ansehen, wohingegen im oberen Bereich die hochrotverschobenen Leuchttürme diesen gegenübergestellt werden. Es ist deutlich zu erkennen, dass die Objekte im oberen Bereich von der vorgegebenen Linie der lokalen Objekte nach oben wegdriften. Dies ist insofern verblüffend, da damit die meisten hochrotverschobenen Leuchttürme im blauen Bereich zu liegen kommen; der ist dadurch gekennzeichnet, dass er weniger Energie als ein leeres Universum enthält. Die Objekte positionieren sich in diesem Bereich, da sie sich für uns als lichtschwächer darstellen, als sie es dem kosmologischen Standardmodell zufolge sein dürften. (Ein interessanter Vergleich zeigt uns, dass das von Edwin Hubble ursprünglich erstellte Diagramm noch nicht einmal im links oben dargestellten, für kleine z-Werte hochaufgelösten Teil erfasst wird (Kapitel 1.2.9 „Das Universum expandiert"). Edwin Hubbles Werte endeten bei einem z-Wert von 0,004, was einer Fluchtgeschwindigkeit von 1 200 km/s entspricht, wobei hier erst bei einem Wert von 0,01 begonnen wird – und das bei den lokalen Objekten!)

unter sich hat. Es ist sogar so, dass nahezu alles, was neu ist, in einem Bereich liegt, der mit unserem Universum nichts zu tun haben kann, da unser Universum ja schließlich Masse und positive Energie enthält, die die Expansion des Universums abbremsen. Demgegenüber scheinen all diese Objekte zu einem Universum zu gehören, das von einer negativen Energie, die anti-gravitativ wirkt, geprägt ist.

Was das ursprüngliche Ziel betrifft, wird man mit diesen Beobachtungswerten nicht viel weiter kommen. Aber die Erkenntnis, dass diese Objekte selbstverständlich unserem Universum zugehörig sind, nötigt uns dazu, ein neues Ziel anzuvisieren. Das neue Ziel ist darauf ausgerichtet, das zu verstehen, was man nicht gesucht, aber gefunden hat. Wir akzeptieren damit, dass die Untersuchung weit entfernter, explodierender, massearmer Sterne dazu geführt hat, etwas Anti-Gravitatives zu entdecken, das mit einer negativen Energie in Verbindung gebracht werden muss!

Aus der Sicht des ursprünglichen Plans muss man sich dieses merkwürdige Ergebnis zunächst etwas genauer ansehen; und dazu bedarf es eines Diagramms, das *die Geschichte der kosmischen Expansion* widerspiegelt. In dieses Diagramm tragen wir die Beobachtungsgrößen der hochrotverschobenen kosmischen Leuchttürme ebenfalls ein.

Wir hatten ja bereits festgestellt, dass wir de facto weder die Dunkle Energie noch den negativen Druck oder gar die beschleunigte Expansion des Universums direkt beobachten. Dass wir in Wirklichkeit etwas ganz anderes beobachten, hatten wir demzufolge bereits vermutet. Jetzt wissen wir auch, was es ist, das wir tatsächlich beobachten. Es sind Lichtlaufzeiten und Rotverschiebungen – sonst nichts! Sonst nichts hat allerdings auch Edwin Hubble beobachtet, und aus seinen Helligkeiten und Rotverschiebungen konnten wir immerhin auf nicht weniger als die Expansion des Universums schließen. Und so, wie die Datensätze von Edwin Hubble etwas Besonderes waren, so sind es auch diese; und das Besondere an diesen ist, dass die Helligkeit weit entfernter, hochrotverschobener kosmischer Leuchttürme erheblich lichtschwächer bei uns ankommt, als sie es dem jeweiligen Wert der Rotverschiebung zufolge tun sollte (Bild „Weltmodelle" sowie Legende). Das ist es!

Das ist letztlich alles, was wir beobachten. Gleichwohl hat es uns erschüttert; und diese Erschütterung war von vergleichbarer Intensität wie die Erschütterungen, die Galileo Galilei, Isaac Newton, Albert Einstein

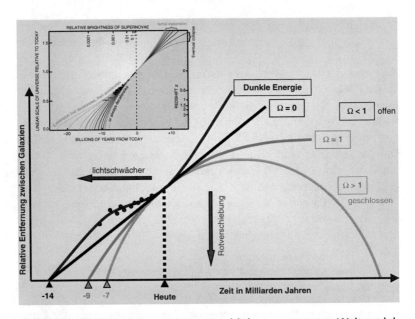

Abb. 2.5 Das Bild zeigt uns eine Auswahl der sogenannten Weltmodelle, die die Geschichte der kosmischen Expansion widerspiegeln. Dargestellt ist die relative Entfernung zwischen den Galaxien, die ein Maß für die Veränderung des Ausdehnungsfaktors R und damit die Expansion darstellt – gegen die kosmische Zeit –, also das Alter des Universums, wobei der Zeitpunkt null den jetzigen Zustand des Universums charakterisiert. Das Referenzmodell für uns wird durch die Kurve $\Omega = 1$ festgelegt. Dieses Weltmodell stellt ein flaches, abgebremstes Universum dar, das jedoch keinem negativen Druck ausgesetzt ist (Einschub 9 „Das flache Universum"). Modelle, die durch einen größeren oder kleineren Ω-Wert charakterisiert sind, müssen dementsprechend als geschlossen (in diesem Fall wird zu einem bestimmten Zeitpunkt die Expansion durch die Gravitationswirkung zum Stillstand kommen und sich umkehren, das heißt, das Universum wird ab diesem Zeitpunkt kontrahieren – Kapitel 1.4.3 „Das Bremspedal der Expansion") beziehungsweise offen betrachtet werden. Den Extremfall eines offenen Universums stellt das $\Omega = 0$-Modell dar, das ein vollkommen leeres Universum, also eines, in dem weder Masse noch Energie vorzufinden ist, darstellt. Bei diesem Modell erfolgt die Expansion des Universum folglich vollständig ungebremst, und damit sind auch die Relativgeschwindigkeiten bezüglich des Hubble-Gesetzes zeitlich konstant – eine normierte Größe dieser Geschwindigkeiten wird durch die jeweilige Tangente an die Weltmodellkurven

◄───────────────────────────────────

festgelegt[8] (die Tatsache, dass die Relativgeschwindigkeiten zeitlich konstant sind, bedeutet nicht, dass dies auch für die **Hubble-Konstante** gilt – im Kapitel 1.4.3 „Das Bremspedal der Expansion" hatten wir ja bereits festgestellt, dass die Hubble-Konstante grundsätzlich eine zeitabhängige veränderliche Größe ist). Oberhalb des $\Omega = 0$-Modells sollte es nun grundsätzlich keine weiteren Weltmodelle geben, da der Raum ja bereits leer ist. Gleichwohl gibt es da ein Weltmodell, und das beschreibt *unser Universum!* Dieses Modell, das durch die rote Kurve repräsentiert wird, *beinhaltet also weniger als Nichts, und das bedeutet, dass es einen negativen Druck beinhalten muss!* Den Weg zu diesem Modell weisen uns die roten Punkte; und die stellen die Ergebnisse der Supernovabeobachtungen dar. Entscheidend dabei ist die Positionierung dieser Punkte, die über die zugeordneten Messgrößen – die Rotverschiebung und die beobachtete Helligkeit – erfolgt, wobei die Tatsache, dass die abgestrahlte Helligkeit dieser Objekte ebenfalls bekannt ist, eine fundamentale Bedeutung hat. Denn wir können aus dieser Kenntnis die Zeit, die das Licht gebraucht hat, um uns zu erreichen, bestimmen. Die Lichtlaufzeit ergibt sich also direkt aus dem Vergleich der abgestrahlten und der gemessenen Helligkeit der Supernovae (Kapitel 2.2 „Kosmische Leuchttürme und die Entdeckung der Dunklen Energie"). Bei diesem Vergleich zeigt sich nun, dass das Licht länger unterwegs gewesen ist, als es selbst im Falle eines leeren Universums, das sich ja ungebremst ausdehnt, hätte unterwegs gewesen sein dürfen: Die relative Helligkeit einer Supernova ist damit proportional zur Zeit, und dementsprechend ist diese Größe im Diagramm auch in horizontaler Richtung zu erkennen. Die Lichtlaufzeiten sind demnach für weit entfernte kosmische Leuchttürme deutlich größer als erwartet, und das bedeutet, dass diese Objekte erheblich lichtschwächer beobachtet werden, als sie dem Wert ihrer Rotverschiebung zufolge beobachtet werden sollten (die **Rotverschiebung** z ist im Diagramm in vertikaler Richtung zu erkennen, da ihr Wert indirekt proportional zum relativen Ausdehnungsfaktor ist). Erklärt werden kann dieses Verhalten nur durch eine zumindest zeitweise erfolgte, beschleunigte Expansion des Universums! Und das bedeutet, speziell im Hinblick auf das $\Omega = 0$-Modell, dass ein negativer Druck in unserem Weltmodell seine Spuren hinterlassen hat! Ein genauer Blick auf die Position der Beobachtungspunkte offenbart dabei, dass das Universum – gemäß der Steigung der roten Kurve – anfänglich größere Relativgeschwindigkeiten hatte und damit schneller expandiert ist, als dies bei einem leeren Universum der Fall gewesen wäre, um dann – gekennzeichnet ▶

───────────────

8 Da die Änderung des Abstands zwischen Galaxien proportional zum Ausdehnungsfaktor ist, stellen sich die Relativgeschwindigkeiten bezüglich des Hubble-Gesetzes folgendermaßen dar: $v = (\dot{R}/R)r = H(t)r$

und Edwin Hubble ausgelöst haben. Um das zu sehen, ist allerdings ein theoretisches Konzept erforderlich. Alles Weitere ist also Theorie!

Es ist die Theorie, die uns sagt, dass diese Ergebnisse mit unserem Weltbild nicht vereinbar sind. Es ist die Theorie, die uns sagt, dass die Lichtlaufzeiten sogar im Falle eines leeren Universums erheblich kürzer wären und dass demzufolge etwas nicht stimmt. Etwas stimmt mit unserem Weltbild also nicht! Die Theorie sagt uns somit, dass Handlungsbedarf besteht, wenn wir dieses Ergebnis verstehen wollen; und das wollen wir – wir wollen dieses Ergebnis sogar unbedingt verstehen! Dazu müssen wir, im Vertrauen auf das Standardmodell, Weltmodelle berechnen, die mit diesem Ergebnis verträglich sind. Wie wir im Kapitel 2.1 „Dunkle Energie, negativer Druck und die beschleunigte Expansion" gesehen haben, beruhen diese Rechnungen auf der Lösung der vollständigen Bewegungsgleichung der Allgemeinen Relativitätstheorie, wobei die wesentlichen, anhand dieser Rechnungen zu bestimmenden Parameter Ω_m und Ω_Λ heißen. Der Vergleich mit dem leeren Universum hat uns gezeigt, dass Ω_Λ größer null sein muss, da ein negativer Druck bei der Anpassung des Modells an die Beobachtungswerte der kosmischen Leuchttürme unvermeidbar ist (Bild „Weltmodelle" sowie Legende). Es gibt nun in der Tat ein Weltmodell, das diesen Rahmenbedingungen hinreichend gerecht wird: Dieses Modell entspricht in einfacher Form der im Bild rot dargestellten Kurve, und dies ist das aktuelle Weltmodell für unser Universum. Welche Werte dieses Modell für die Parameter Ω_m und Ω_Λ liefert, zeigt uns das Bild der kosmologischen Parameter.

Das aktuelle Weltmodell, das auf der Grundlage eines flachen Universums und den Beobachtungsergebnissen der kosmischen Leuchttür-

←

durch die Majorität der Beobachtungspunkte – vergleichsweise langsamer zu expandieren. Erst in jüngster Zeit nimmt die Steigung der roten Kurve wieder zu; und das bedeutet, dass die Relativgeschwindigkeiten bezüglich des Hubble-Gesetzes, und damit die Beschleunigung der Expansion, wieder erheblich anwachsen. Wie sich die Extrapolation der derzeitigen beschleunigten Expansionsphase auswirkt, zeigt die zukunftsorientierte Verlängerung der roten Kurve, *die unser aktuelles Weltmodell darstellt.*

me erstellt wurde, zeigt uns endlich das vorweggenommene Ergebnis. Es zeigt uns, dass das Verhältnis der im Universum vorhandenen Massendichte zur **kritischen Massendichte** bei 30 % liegt, wohingegen die dementsprechende Energiedichte der Dunklen Energie mit 70 % erheblich mehr beiträgt; und das ist das Ergebnis, das unser so wohlvertrautes Weltbild auf den Kopf gestellt hat! Nach diesem Ergebnis hängt die Veränderung der Ausdehnung des Raums, die eine Beschleunigung der Expansion des Universums bewirkt, nicht einfach nur vom abbremsenden Charakter des gesamten Energieinhalts ab, wie es dem Standardmodell genehm gewesen wäre. Nein, im neuen Weltbild hängt die Expansionsrate des Universums vielmehr davon ab, welche Energieform maßgeblich ist!

Und da hat die Dunkle Energie einen grundsätzlich anderen Charakter als alle anderen Energieformen, die wir kennen, offenbart. Es ist der negative Druck, der wie eine abstoßende Gravitationskraft wirkt, der sie auszeichnet und der dementsprechend die Expansion des Universums beschleunigt! Dabei befolgt der Beschleunigungsverlauf, wie im Bild „Weltmodelle" deutlich zu erkennen ist, offensichtlich merkwürdigen Regeln: Die Expansion wurde anfänglich so stark beschleunigt, dass die Relativgeschwindigkeiten diejenigen eines leeren Universums deutlich überstiegen. Daraufhin erfolgte eine stärkere Abbremsung, als dies bei einem $\Omega_m = 1$- und $\Omega_\Lambda = 0$ Weltmodell der Fall gewesen wäre; und schließlich steigt die Beschleunigung der Expansion in jüngster Zeit wieder sehr deutlich an. Wenn dieses Verhalten sich etabliert, dann ist zu erwarten, dass es jetzt erst so richtig losgeht! Hinter diesem Beschleunigungsverlauf steckt ganz offensichtlich eine fein ausgeklügelte Physik, die durch eine simple Konstante wie die „kosmologische Konstante Λ" sicherlich nicht umgesetzt werden kann. Wohl aber durch die **Quintessenz** und ihr **Kosmonfeld** (Kapitel 2.1.3 „Das Standardmodell vor dem Aus?")!

Auch wenn es den Anschein erwecken könnte, sind wir damit noch nicht am Ende einer an manchen Stellen leicht porös wirkenden Geschichte angelangt. Einer Geschichte, bei der wir den Versuch unternommen haben, die Dunkle Energie in unser Weltbild einzuordnen und das Geheimnis um ihren Entdeckungsprozess zu durchleuchten. Beides

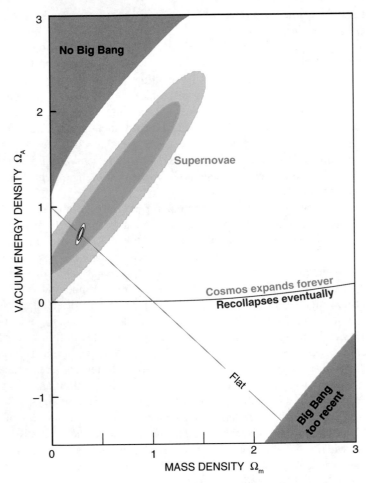

Abb. 2.6 Diese Darstellung zeigt uns den möglichen Bereich der kosmo-logischen Parameter Ω_m und Ω_Λ. Dieser mögliche Bereich wird maßgeb-lich durch die Tatsache, dass unser Universum flach ist (Kapitel 1.4.4 „Der Bang des Big Bang" und Kapitel 1.5.2 „Die Gravitationsenergie – Mo-tor der Sternentwicklung"), eingeschränkt, und zwar auf die diagonal verlaufende Linie, die als Summe der kosmologischen Parameter stets eins ergibt. Ohne diese wichtige Information auszunutzen, zeigen uns die hellblauen und dunkelblauen Bereiche, auf der Grundlage der Aus-

ist uns im Großen und Ganzen nicht schlecht gelungen, aber es fehlt noch etwas – es fehlt noch ein wesentlicher Baustein. Ein wichtiger Puzzlestein, den wir noch setzen müssen ! Allerdings haben wir uns um diesen bislang noch nicht sonderlich gekümmert. Wir haben ihn vielmehr schlichtweg ignoriert. Aber das könnte sich rächen, denn er könnte an unserem Fundament kratzen – einem Fundament, bei dem wir teilweise auf stabilisierende Stahleinlagen verzichtet haben und es damit angreifbar machten. Der fehlende Baustein betrifft die Vorläufersterne – *die Vorläufersterne der kosmischen Leuchttürme!* Wir wissen zwar, dass es sich dabei um spezielle **Weiße Zwerge** handelt, deren Masse der **Chandrasekharmasse** entsprechen muss; aber wir wissen auch, dass diese Masse für Weiße-Zwerg-Sterne nur schwer zu erreichen ist (Kapitel 1.5.3 „Sterne ohne Radius"). Wir wissen also nicht wirklich, woher diese Weiße-Zwerg-Sterne eigentlich kommen und was ihre Geschichte ist. Und rächen könnte sich dies im Zusammenhang mit der Extrapolation, die wir durchgeführt haben. Denn wir haben letztendlich die Erkenntnisse, die wir vom Verhalten der kosmischen Leuchttürme, die sich in unserem direkten Umfeld ereignen, auf die entsprechenden Objekte des frühen Universums übertragen. Dieses Vorgehen entspricht einer Extrapolation, und die ist brandgefährlich, wenn man die Ausgangssituation nicht kennt!

Zudem haben wir, und das steht in direktem Zusammenhang mit dem fehlenden, wichtigen Baustein, das Potenzial einer belastungserprobten Analysetechnik der Astrophysik noch nicht annähernd ausgeschöpft; diesbezüglich angesprochen fühlen sollte sich die Spektraldiagnostik.

---

wertung der Beobachtungsergebnisse der kosmischen Leuchttürme, die stufenweise Einschränkung des Parameterraums. Fügt man jedoch diese beiden Informationen zusammen, so wird der Parameterraum durch das darauf basierende, aktuelle Weltmodell (rot dargestellt im Bild, das die Geschichte der kosmischen Expansion widerspiegelt) auf den kleinen gelben Bereich reduziert. *Als Ergebnis erhalten wir* $\Omega_m = 0{,}3$ und $\Omega_\Lambda = 0{,}7$! Dies stellt endlich das mehrfach diskutierte Ergebnis dar, das unser Weltbild durch die Tatsache, dass das Universum beschleunigt expandiert, so nachhaltig verändert hat.

2.3   Kosmische Leuchttürme im frühen Universum und Heute

Die spontane Fusion von Kohlenstoff ist es! Sie ist der Lieferant für den gewaltigen Energieschub, der einen speziellen **Weißen Zwerg**, dessen Masse gleich der **Chandrasekharmasse** ist, zu einer Supernova-Typ-Ia-Explosion werden lässt[9] (Kapitel 1.5.3 „Sterne ohne Radius")!

Aber woher kommen diese Vorläufersterne der **kosmischen Leuchttürme**?

Massereiche Sterne können es nicht sein, da sie in diesen speziellen Zustand erst am Ende ihrer Fusionsbrennkette, die erst bei Eisen endet, geraten können. Das Kohlenstoffbrennen läuft bei ihnen unauffällig ab, denn ihre Gravitationswirkung ist groß genug, um die erforderliche Brenntemperatur und den dazu passenden Druck, deren Größen einen harmlosen Verlauf der Kohlenstofffusion gewährleisten, einzustellen (Kapitel 1.5.2 „Die Gravitationsenergie – Motor der Sternentwicklung"). Weniger massereiche Sterne wie unsere Sonne enden dagegen zum richtigen Zeitpunkt, also nach dem Heliumbrennen, als Weiße – aus Kohlenstoff und Sauerstoff bestehende – Zwerge, denn ihre Gravitationswirkung reicht nicht aus, um die Temperatur, den Bedürfnissen des Kohlenstoffbrennens entsprechend, hochzufahren. Nachdem ihre Gravitationswirkung dafür nicht ausreicht, ist in dieser Entwicklungsphase ganz offensichtlich die Masse dieser Sterne auch die problematische Größe. Wie die Theorie der Sternentwicklung zeigt, liegt die Masse der Sterne, die diesen Weg beschreiten – und das sind nahezu alle Sterne – in der Tat grundsätzlich unterhalb der Chandrasekharmasse; und das ist gut so! Denn andernfalls würde die überwiegende Mehrheit der Sterne als Supernova Typ Ia enden. Und das wäre fürchterlich! Es wäre nicht nur fürchterlich, weil sich pausenlos an allen Ecken und Enden ein derartiges Schreckensschauspiel ereignen würde und wir keine Möglichkeit hätten, in Deckung zu gehen. Es wäre vor allem fürchter-

---

9   Nachdem dieser spezielle Weiße Zwerg mit der Chandrasekharmasse nicht nur eine außergewöhnliche Masse besitzt, sondern auch keinen spezifizierbaren Radius vorzuweisen hat und zudem nicht mehr als gebundenes System zu betrachten ist, stellt er streng genommen auch keinen Stern mehr dar! Es handelt sich dabei also in Wirklichkeit um einen „Unstern" und damit ein sehr spezielles Objekt.

lich wegen der „Metallverseuchung"; und der Rädelsführer dieser Metallverseuchung wäre schnell ausgemacht, er wäre „Eisen"! Eisen, das, von den Supernovaexplosionen freigesetzt, die Zusammensetzung des Interstellaren Mediums mittlerweile so stark verändert hätte, dass neben dem vorhandenen Wasserstoff überwiegend Gebilde wie Miniaturnägel durch das All fliegen würden. Aus dieser Substanz hätte schon lange nichts brauchbares Stellares mehr entstehen können, denn die Sternentstehungsgebiete des Universums bestünden ja zu einem großen Teil aus nicht weiter verbrennbarer Asche – Asche, dem Synonym für Eisen (Kapitel 1.5.1 „Der Massendefekt – Energiequelle des Lebens"). Als Betroffene dürfen wir erfreulicherweise feststellen, dass dem nicht so ist. Das Universum ist von einem Zustand der Metallverseuchung weit entfernt! Daraus folgt aber, dass nur eine extrem kleine Untergruppe der Weißen Zwerge die Chandrasekharmasse auch erreichen kann. Um welche Untergruppe es sich dabei handelt, ist gegenwärtig jedoch unklar. Dies herauszufinden und zweifelsfrei zu klären, markiert den Stand der aktuellen Forschung. Gleichwohl hat sich die Astrophysik auf ein spezielles Szenario, das diese Untergruppe der Weißen Zwerge repräsentieren soll, „eingeschossen" und favorisiert dies. Mit einem Einblick in dieses Szenario werden wir versuchen zu klären, inwieweit ein tragfähiges Gebäude dahintersteht. In einem weiteren Schritt werden wir uns zudem mit einer alternativen Möglichkeit, diese explosive Untergruppe der Weißen Zwerge einzugrenzen, befassen.

Weshalb ist das Verständnis der Vorläufersterne eigentlich so wichtig für den Umgang mit den kosmischen Leuchttürmen? Das ist einfach einzusehen: So lange wir nicht sicher wissen, woher die Vorläufersterne der kosmischen Leuchttürme kommen, so lange können wir auch nicht sicher sein, dass das Verhalten dieser Objekte im frühen Universum exakt gleich dem ist, wie wir es heute im Bereich des Superhaufens, zu dem wir gehören, wahrnehmen. Was sollte sich nun aber geändert haben in der Zeit vom frühen Universum bis zur Gegenwart? Die Verteilung der Elemente hat sich geändert!

Damals, im primordialen „Hochrotverschobenenalter", haben sich andere Sternpopulationen ausgebildet. Sternpopulationen, die mangels einer effizienten Kühlung der im Interstellaren Medium sich strukturierenden Molekülwolken, aus denen sie entstanden sind, vermehrt massereichere Sterne als die heutigen Sternpopulationen enthielten. Dies führte somit zu einer anderen Ausgangsmassenverteilung der Sterne, als wir sie heute bei effizienterer Kühlung der Molekülwolken, die nunmehr über schwerere Elemente abläuft, vorfinden. Aus diesem Grund können im gegenwärtigen Zeitalter im Mittel auch kleinere Objekte wie unsere Sonne entstehen. Diese chemische Entwicklung des Universums haben wir maßgeblich den Supernovaexplosionen zu verdanken, die durch ihre selbstzerstörerische Art die Zusammensetzung des Interstellaren Mediums permanent verändern (Kapitel 1.4.5 „Die Entwicklung des Universums im Schnelldurchlauf" sowie Kapitel 1.5 „Kosmische Leuchttürme und ihr explosiver Charakter"). Es wäre naiv zu glauben, dass die Vorläufersterne der Supernovae vom Typ Ia von diesen Vorgängen unberührt geblieben sind. Auch sie werden folglich eine Entwicklung ihrer Entstehungsweise mitgemacht haben. Dementsprechend muss davon ausgegangen werden, dass die damaligen Vorläufersterne zumindest nicht von gleicher chemischer Zusammensetzung waren, wie es die heutigen sind.

Dieser Punkt ist naturgemäß mit den Lichtkurven eng verknüpft. Natürlich konnten wir uns davon überzeugen, dass Typ Ia Supernovae, nicht zuletzt wegen ihrer stets gleichen Ausgangsmasse – der Chandrasekharmasse –, eine intrinsische Normierung aufweisen. Wir haben jedoch auch zur Kenntnis genommen, dass diese Normierung dennoch nachkalibriert werden musste. Das theoretische Konzept, das wir uns erarbeitet haben, hat zwar gezeigt, dass Supernovae vom Typ Ia grundsätzlich gleich gebaut sind, aber das betraf nur den Idealfall. Die realen Supernovae vom Typ Ia zeigen sehr wohl eine intrinsische Schwankungsbreite in ihrem Erscheinungsbild, und die kann sehr wohl auch einem Alterungsprozess unterliegen. Das heißt, die Kalibrierung, die wir für „erdnahe" Supernovae gefunden haben, kann sich intrinsisch durchaus von einer Kalibrierung, die sich für Typ Ia Supernovae des frühen Universums ergibt, unterscheiden.

Die angesprochene Unsicherheit stellt natürlich die Existenz der Dunklen Energie nicht infrage, denn dass „**Chandrasekharmassen**" auch im frühen Universum explodiert sind, bezweifelt zum einen niemand. Zum anderen liegen in hinreichendem Maße Beobachtungsbefunde vor, die allesamt dies bestätigen. Demgegenüber stellt die bestehende Verunsicherung allerdings zumindest eine weitergehende, präzisere Quantifizierung der Dunklen Energie, die fortwährend im Gange ist, infrage. Wir müssen die physikalischen Abläufe und die entstandenen Endprodukte der Supernovae Typ Ia sehr genau nachvollziehen und analysieren, um sicher sein zu können, dass die kosmischen Leuchttürme des frühen Universums genau von der gleichen Art sind, wie es die sind, die wir gegenwärtig in unserer näheren Umgebung beobachten. Und diese Untersuchung schließt die Klärung über das Wesen der Vorläufersterne selbstverständlich mit ein!

2.3.1 Das Rätsel der Vorläufersterne der kosmischen Leuchttürme

Die Unkenntnis über den Werdegang der Vorläufersterne der Supernovae vom Typ Ia ist die größte Schwachstelle im Konzept!

Und es ist nicht so, dass nur wir keine Kenntnis vom Werdegang dieser Vorläufersterne der kosmischen Leuchttürme haben – die Astrophysik hat es auch nicht!

In einer solch unkomfortablen Situation muss fraglos überlegt gehandelt werden, und unsere Überlegung basiert darauf, dass wir keinen schwerwiegenden Fehler machen wollen. Den machen wir sicherlich nicht, wenn wir ganz unbeschwert noch einmal bei null anfangen, und das heißt, dass wir die Fakten, bei denen wir Klarheit haben, nochmals zusammenstellen und interpretieren müssen. Von denen gibt es aber gar nicht viele. Wir stellen vielmehr fest, dass es nur zwei wesentliche Fakten gibt, bei denen wir die Vorläufersterne der Supernovae vom Typ Ia betreffend wirklich Klarheit haben:

- Supernovae Typ Ia zeigen in ihrem Spektrum keine Signaturen, die auf Bestandteile von Wasserstoff oder Helium hinweisen – dies ist Fakt eins (Kapitel 2.3.2 „Die Spektraldiagnostik der kosmischen Leuchttürme").
- Es gibt keinen Reststern, der eine Supernova-Typ-Ia-Explosion übersteht – dies ist Fakt zwei.

Es ist nicht zuletzt der fehlende Reststern, der den entscheidenden Hinweis auf eine thermonukleare Kohlenstoff-Sauerstoff-Explosion liefert, da nur auf diesem Weg die erforderliche Energie, die nötig ist, um einen Stern auch komplett zu zerstören, aufgebracht werden kann. Fakt eins ergänzt diese Aussage dahin gehend, dass es sich bei den Vorläufern um Sterne handeln muss, die am Ende ihrer Entwicklung stehen, da der allgegenwärtige Brennstoff – Wasserstoff – bereits vollständig verbraucht wurde; und da weder **Neutronensterne** noch **Schwarze Löcher** als Trophäen verbleiben, kommen als Kandidaten – wie bereits vermutet – nur **Weiße Zwerge** in Betracht. Unsere Ausgangsbasis ist also wasserdicht und durch die Beobachtung abgesichert! Ebenfalls durch die Beobachtung abgesichert ist die Tatsache, dass nur eine extrem kleine Untergruppe der Weißen Zwerge die Chandrasekharmasse erreichen kann, da uns andernfalls, salopp gesprochen, das Universum um die Ohren fliegen würde (Kapitel 2.3 „Kosmische Leuchttürme im frühen Universum und Heute").

Das war es, was wir auf direktem Weg durch die Beobachtung absichern können. Ab jetzt müssen wir indirekt agieren, indem wir einer theoretischen Überlegung folgen und versuchen, diese durch Beobachtungsfakten zu stützen oder aber zu falsifizieren. Wir müssen also ab jetzt eigenständig nach wissenschaftlichen Prinzipien vorgehen! Wer aber soll dieses Projekt leiten? Der am besten qualifizierte Freiwillige scheint der Vorläuferstern selbst zu sein. Also sollten wir uns in unserem Vorgehen durch sein Votum beziehungsweise sein Veto leiten lassen – wobei wir die Hoffnung hegen, dass er sich dadurch verrät und letztlich selbst aufspürt.

Die Aufgabe besteht also darin, eine infrage kommende Untergruppe der Weißen Zwerge herauszufiltern und zu überprüfen, ob die dazugehörigen Objekte die Chandrasekharmasse erreichen können. Nachdem diese Untergruppe gegenwärtig nicht bekannt ist, koppeln wir uns mit diesem Schritt nicht nur an den Stand der aktuellen Forschung an, sondern wir stellen diesen sogar in den Schatten – vorausgesetzt, es gelingt uns herauszufinden und zu klären, wie der Werdegang der Objekte dieser Untergruppe aussieht.

Was uns der Vorläufer bereits mitgeteilt hat, ist seine Masse, die der Chandrasekharmasse entspricht. Also müssen wir eigentlich nur die Massenverteilung der Weißen Zwerge analysieren und die Gruppe von Sternen herausfiltern, die über der Grenzmasse liegen – Voilà! An dieser Stelle fangen wir uns jedoch das erste Veto unseres Projektleiters ein, denn sowohl die Beobachtung als auch die Analyse der Weißen Zwerge ist problematisch. Es gibt sogar gleich drei Punkte, die unseren Vorschlag, wie man das Rätsel der Vorläufersterne auflösen kann, torpedieren:

1. Weiße Zwerge sind nicht hell genug, um weithin sichtbar zu sein. Es ist also nicht möglich, hinreichend viele zu beobachten, um auf diesem Weg ihre Sterngrößen zu bestimmen und damit ihre Massenverteilung einzusehen.

2. Es gibt, von wenigen Spezialfällen abgesehen, keine verlässliche Methode, die Entfernung oder den Radius von einzelnen Weißen Zwerge zu bestimmen – dies wäre die Grundvoraussetzung, um die individuellen Massen dieser Objekte zu ermitteln.

3. Die Theorie der Sternentwicklung stellt zwar eine Möglichkeit dar, um für einzelne Weiße Zwerge die Massenverteilung abzuschätzen. Diese legt allerdings eine maximale Masse von einer Sonnenmasse für Weiße Zwerge als obere Grenze fest. Die Mehrheit der Weißen Zwerge hat, der Theorie zufolge, eine Masse von 0,6 Sonnenmassen. Den Weißen Zwergen fehlt es also – selbst im günstigsten Fall – zu mehr als 50 % an Masse, um die Chandrasekharmasse zu erreichen! (Wegen des Hemmschuhs der ersten beiden Punkte konnte die Theorie der Sternentwicklung hinsichtlich dieser Aussage bislang nicht verlässlich überprüft werden.)

Die Weißen Zwerge verstecken sich also, und die Theorie der Sternentwicklung macht uns das Leben schwer. Es bleibt also nur die Möglichkeit, dass wir uns ein komplizierteres Szenario überlegen, das die Existenz der Vorläufersterne der Supernovae Typ Ia erklären kann. Und da hat sich die Astrophysik auf ein spezielles Szenario, das diese Untergruppe der Weißen Zwerge repräsentieren soll, „eingeschossen", und das favorisiert sie natürlich auch: Die Grundlage für dieses Szenario sind Doppelsternsysteme. Mit einem Einblick in dieses Szenario werden wir – zusammen mit unserem Projektleiter – nun versuchen zu klären, inwiefern dieses Szenario auch ein tragfähiges Gebäude liefert.

Abb. 2.7 Das Bild illustriert das Schema der Akkretion der Materie von einem Begleitstern (links im Bild) auf den Weißen-Zwerg-Stern, der sich im Zentrum der durch diesen Prozess entstandenen Akkretionsscheibe befindet (weißer zentraler Bereich im Bild). Der Weiße Zwerg saugt förmlich Materie von dem benachbarten Roten-Riesen-Stern ab, wobei es der Drehimpuls der Sternmaterie ist, der die rotierende Gasscheibe – Akkretionsscheibe – um den Weißen Zwerg ausbildet.

Doppelsternsysteme als Vorläuferkandidaten

Weiße Zwerge und **Rote Riesen**?
Die unmittelbaren Vorgänger der Supernovae Typ Ia betreffend gibt es also ein Standardszenario. In diesem Szenario geht man davon aus, dass ein Weißer Zwerg und ein Roter Riese ein enges Doppelsternsystem bilden. In diesem Doppelsternsystem ist es der Weiße Zwerg, der sich schneller entwickelt, wohingegen sein Partner, der Rote Riese, demgemäß die kleinere Ausgangsmasse hatte (Kapitel 1.5.2 „Die Gravitationsenergie – Motor der Sternentwicklung"). Und dennoch zahlt er die Zeche, der Rote Riese, und das ist das Besondere an diesem System! In diesem Standardszenario strömt Materie vom Roten Riesen zum Weißen Zwerg, und das geschieht primär aus einem Grund: Der Rote-Riesen-Stern hat eine derart gewaltige Größe, dass seine äußeren Bereiche

sich einem ungebundenen Zustand nähern. Diese Schwachstelle nutzt der Weiße Zwerg aus und zapft ab, und damit nimmt seine Masse natürlich stetig zu; davon lässt er sich so lange nicht abbringen, bis er die **Chandrasekharmasse** erreicht hat. Wie wir wissen, wird sich der Weiße Zwerg damit letztendlich deutlich übernehmen, und als Konsequenz wird er instabil werden – und damit wird er die Lizenz zum Zünden erhalten.

Ein solches Doppelsternsystem stellt auch IK Pegasi, unser bedrohlicher Nachbar, dar (Kapitel 1.5 „Kosmische Leuchttürme und ihr explosiver Charakter"). Er ist allerdings nur auf der Grundlage dieses Szenarios bedrohlich. Sieht man davon ab, ist er nur ein zumeist unauffälliger, von gelegentlichen kleineren Ausbrüchen beseelter, Querulant im Universum. Ob IK Pegasi in einer Entfernung von gerade einmal 150 Lichtjahren tatsächlich einen potenziellen Kandidaten für eine Supernova-Typ-Ia-Explosion darstellt, hängt allerdings von Details ab. Diese Details muss uns das Standardszenario zwar noch offenbaren; gleichwohl spiegelt es bereits jetzt eine nette und runde Geschichte wider. Aber hat diese auch etwas mit der Wirklichkeit zu tun? Was meint unser Projektleiter – er legt erneut ein Veto ein, warum macht er das?

Er macht es, weil es nicht genügend geeignete Doppelsternsysteme gibt, die die an ihnen gemessen große Zahl der Supernova-Typ-Ia-Explosionen erklären könnten! Diese erschreckende Erkenntnis stellte die Grundmotivation dafür dar, groß angelegte Beobachtungsprogramme ins Leben zu rufen, um mit diesen nach geeigneten Doppelsternvorläufern zu suchen. Die Hoffnung dabei war, dass man von diesen Objekten doch mehr findet, als die Hochrechnungen andeuteten. Des Weiteren hoffte man, dass sich auch ein größerer Bruchteil der gefundenen Objekte als „vorläufergeeignet", also eng genug, erweist, als die vorliegenden Fakten erkennen ließen.

Das vielversprechendste Beobachtungsprogramm stützte sich dabei auf den Röntgensatelliten „Chandra": Akkretion führt in Doppelsternsystemen über die gesamte Akkretionsphase hinweg, die bei circa 10^7 Jahren liegt, zur Emission von Röntgenstrahlung, die mit modernen Röntgensatellitenteleskopen wie „Chandra" beobachtet werden können. Die Röntgenstrahlung wird beim Auftreffen der nachfließenden Materie auf den Weißen Zwerg durch die dabei auftretenden hohen Temperaturen erzeugt. Die Auswertung der Messungen, die für sechs speziell ausgewählte Galaxien durchgeführt wurden, ergab nun aber, dass die Röntgenstrahlung um den Faktor 50 zu klein ist. Zu klein bedeutet, dass die Röntgenstrahlung um den Faktor 50 größer sein müsste, um die Anzahl der im gegebenen Zeitraum von 10^7 Jahren sich zu ereignenden Supernova-Typ-Ia-Explosionen zu erklären. Das heißt also, dass die Vorläufersterne der Supernovae vom Typ Ia nur zu 5 % akkretierende Doppelsternsysteme sein können! Damit hat unser Projektleiter wieder einmal recht gehabt, denn dieses Ergebnis wirft das Doppelstern-Akkretionsszenario als Lösungsansatz für das Rätsel der Supernova-Typ-Ia-Vorläufersterne aus dem Rennen.

Ob akkretierende Doppelsternsysteme als Vorläufersterne für Supernovae Typ Ia überhaupt geeignet sind, ist auch aus einem anderen Grund äußerst zweifelhaft: Neben dem Phänomen der Supernova Typ Ia werden auch kleinere, sich periodisch wiederholende, explosionsartige Ausbrüche beobachtet, die man Novae nennt. Diese Novaausbrüche werden nun nachweislich von Weißen Zwergen, die der akkretierende Teil in Doppelsternsystemen sind, ausgelöst. Das theoretische Modell dazu ist unmittelbar einsichtig: Durch den Massentransfer auf den Weißen Zwerg vergrößert sich dessen äußere Wasserstoffschale, die über dem Kohlenstoff-Sauerstoff-Kern liegt. Aufgrund der gewaltigen Gravitationsanziehung des Kerns verdichtet sich diese Schale, wodurch sich die Temperatur so schnell und deutlich erhöht (Kapitel 1.5.2 „Die Gravitationsenergie – Motor der Sternentwicklung"), dass schlagartig der Prozess des Wasserstoffschalenbrennens ausgelöst wird. Die daraus resultierende Miniexplosion nennt man Flash, und durch diesen Flash wird die gesamte vom Weißen Zwerg mühevoll akkretierte Masse wieder abgestoßen. Der Weiße Zwerg befindet sich also wieder in seiner Ausgangssituation und muss, im Hinblick auf eine mögliche Supernova-Typ-Ia-Explosion, wieder von vorne anfangen. Statt dieses Ziel jemals zu erreichen, stellt sich jedoch ein periodischer Vorgang ein, an dessen Ende sich jeweils ein Flash ereignet. Die Zeitskala dieses periodischen Vorgangs hängt maßgeblich von der Geschwindigkeit des Massentransfers ab, und am Ende dieses Schleifenzyklus verbleibt ein Doppelsternsystem, das aus zwei Weißen Zwergen besteht. Damit scheidet das Akkretionsszenario nicht nur als Lösungsansatz für das Rätsel der Supernova-Typ-Ia-Vorläufersterne aus; es disqualifiziert sich sogar als Erklärungsansatz für pekuliare Explosionen, die nicht ins genormte Raster passen und gelegentlich beobachtet werden.

Das Nova-Geschehen lässt nun aber das Doppelsternszenario in neuem Gewand wieder auferstehen, denn wir haben als Endergebnis zwei eng verbundene Weiße Zwerge erhalten, und die können zusammen eine Masse aufbringen, die über der Chandrasekharmasse liegt. Um allerdings etwas bewirken zu können, müssen die beiden Weißen Zwerge erst einmal verschmelzen. Der Schlüssel dazu sind Gravitationswellen, die vom System ausgesendet werden, was dazu führt, dass der Bewegungsimpuls im Laufe der Zeit verloren geht und die beiden Objekte in einer Spirale aufeinander zustürzen, um letztlich eine Einheit zu bilden – der Projektleiter schüttelt bereits den Kopf und legt abermals ein Veto ein – wo also ist der Haken? Dieses Szenario hat in der Tat zwei gravierende Probleme: Zum einen zeigen Beobachtungen, dass es auch von diesen Systemen nicht genügend gibt – ein einfaches Argument in dieser Richtung haben wir bereits, denn die Vorgänger dieser Objekte waren ja die in nicht hinreichendem Maße vorhandenen, akkretierenden Doppelsternsysteme. Das zweite Problem wiegt allerdings sogar noch schwerer, denn das Verschmelzen zweier Weißer Zwerge führt natürlich nicht zur Chandrasekharmasse, sondern entweder zu einem Neutronenstern oder aber einer Supernova, die in einem Massenbereich liegt, bei dem die Chandrasekharmasse selbst nur die untere Grenze darstellt. Derartige Supernovae fallen damit definitiv aus dem Rahmen und können also lediglich die erwähnten beobachteten Ausrutscher erklären, die bei der Analyse der kosmischen Leuchttürme jedoch sowieso aussortiert werden.

Das Doppelsternszenario zerrinnt uns also zwischen den Fingern! Wir dürfen aber nicht vergessen, dass es sich dabei um das Standardszenario der Astrophysik handelt; und die weiß sich zu wehren; dementsprechend hat sie auch einen letzten Rettungsanker ausgeworfen; und dieser Rettungsanker heißt: Die Hoffnung stirbt zuletzt. Nachdem dieses Motto die Astrophysik in der Vergangenheit schon mehr als einmal gerettet hat, wurde also ein Beobachtungsprogramm gestartet, in dessen Rahmen akkretierende Doppelsternsysteme gemäß ihrer emittierten Röntgenstrahlung individuell beobachtet werden. Im Jahr 2007 passierte es dann tatsächlich: Eine Supernova Typ Ia brach in einem akkretierenden Doppelsternsystem aus! Der Überraschungseffekt war gewaltig, aber er verflog auch schnell, denn man wusste jetzt, dass die Karten neu gemischt waren. Nach einer kurzen, intensiven

Diskussion kam jedoch ein Rückzieher: Die Supernova SN 2007on lag daneben! Eine präzise Messung ergab, dass die Supernova sich knapp neben dem Doppelsternsystem ereignet hat.

Man könnte nun sagen, knapp daneben ist auch vorbei und damit die Sache abhaken, aber das wäre ein Fehler, denn diese Beobachtung ist trotz des vermeintlichen Fehlschlags von extremer Wichtigkeit: Die Helligkeit des kosmischen Leuchtturms zeigt uns die Entfernung an, es kann also nicht sein, dass ein mögliches, anderes Doppelsternsystem, das den Vorläuferstern bereitgestellt hätte, deutlich weiter entfernt war und aus diesem Grund nicht beobachtet wurde. Das heißt aber, dass der wirkliche Vorläuferstern in der gleichen räumlichen Region wie das beobachtete Doppelsternsystem lag. Wenn er also ebenfalls Bestandteil eines Doppelsternsystems gewesen wäre, hätte man es entdeckt; und das heißt, dass der Vorläuferstern dieses kosmischen Leuchtturms kein Doppelsternsystem war! Statt eines Belegs, der das Doppelsternszenario stützt, erhalten wir also jetzt einen Beleg, der dieses Szenario mehr denn je infrage stellt. Ja, es wird durch diesen Beleg regelrecht ausgehebelt. Ein Doppelsternsystem war es also nicht, das den Unstern mit seiner Chandrasekharmasse ausgebildet hat und dieser dann das bekannte Explosionsszenario in Form der Supernova SN 2007on durchlief.

Aus unserer Sicht ist damit jedenfalls sowohl das Akkretionsszenario als auch das Doppelsternszenario an sich, als grundlegender Lösungsansatz für das Rätsel der Supernova-Typ-Ia-Vorläufersterne, endgültig aus dem Rennen – das Votum des Projektleiters war ebenfalls eindeutig! Wenn es aber keine Doppelsternsysteme sind, was sind aber dann die Vorläufersterne der kosmischen Leuchttürme?

Zentralsterne Planetarischer Nebel

Das Standardszenario hat also nicht gegriffen; die Doppelsternszenarien haben uns nicht weitergebracht, und die Situation scheint aussichtslos zu sein!

Sie scheint es in der Tat zu sein, aber da gab es einen Satz: „Wegen des Hemmschuhs der ersten beiden Punkte konnte die Theorie der Sternentwicklung hinsichtlich dieser Aussage bislang nicht verlässlich überprüft werden." Die Aussage war, dass die Theorie der Sternentwicklung eine maximale Masse von einer Sonnenmasse für Weiße Zwerge als obere Grenze festlegt; und der Hemmschuh bestand darin, dass die Weißen Zwerge sich verstecken und ihre Massen nur in wenigen Ausnahmefällen bestimmt werden können. Und jetzt sind wir es, die einen Rettungsanker werfen; und der besteht darin, dass wir davon ausgehen, dass die Vorläufersterne gar keine beobachtbaren Weißen Zwerge werden, sondern bereits vorher explodieren! Sie explodieren, bevor sie die finale Grabstätte des Weißen-Zwerg-Stadiums erreicht haben – der Projektleiter lächelt.

Gemäß dieser Vorstellung wären die Vorläufersterne also doch Einzelsterne, und ihr Entwicklungsstadium läge zwischen dem der **Roten Riesen** und dem der **Weißen Zwerge**; und Sterne, die sich in diesem Stadium befinden, nennt man „**Zentralsterne Planetarischer Nebel**"!

Der Werdegang der Zentralsterne Planetarischer Nebel beginnt bereits im Wirkungsbereich ihrer Vorläufersterne, den Roten Riesen, und zwar am sogenannten Asymptotischen-Riesenast, auf dem ein Stern die kühlste Oberflächentemperatur besitzt, die er annehmen kann. Dabei versteckt sich der bereits vollausgebildete Weiße Zwerg im Inneren des Roten Riesen und entledigt sich auf dem Asymptotischen-Riesenast eines Großteils seiner Hüllen. Er wirft dort nahezu die Hälfte seiner Masse in Form eines Planetarischen Nebels ab, der für wenige 10 000 Jahre ein farbenprächtiges Schauspiel liefert. Daraufhin nähert sich dann der Zentralstern geflissentlich dem Weißen-Zwerg-Stadium. Auf dem Weg dorthin ist er jedoch nicht untätig, sondern verbrennt in seiner verbliebenen Hülle stetig Wasserstoff und Helium in Schalen, die sich über dem Kohlenstoff-Sauerstoff-Kern ausgebildet haben.

Die alles entscheidende Frage betrifft nun die Masse dieser Sterne: Was ist die obere Grenze der Masse bei den Zentralsternen? Und, kann die Masse dieser Objekte auf der Grundlage von Beobachtungen bestimmt werden?

Im Hinblick auf die Zentralsterne Planetarischer Nebel bleiben von den drei Punkten, die wir bei den Weißen Zwergen für die Lösung des Rätsels der Vorläufersterne als kritisch eingestuft haben, nur zwei übrig. Denn Zentralsterne sind hell genug, um weithin sichtbar zu sein. Es ist also problemlos möglich, ein entsprechend großes Sample von Objekten zu beobachten und zu analysieren. Die verbliebenen Punkte sind:

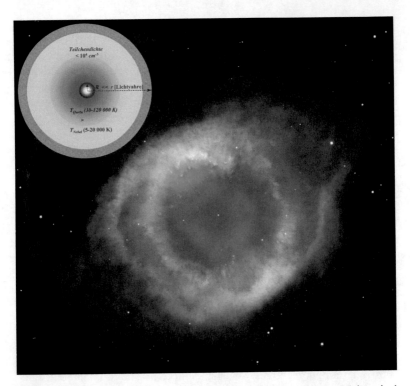

Abb. 2.8 Das Bild zeigt den Helix-Nebel, dessen mittlere Dichte bei 10 000 Teilchen/cm³ liegt. In der Mitte des Bildes sieht man den Zentralstern als weißen Punkt. Dieser wird von seinem Planetarischen Nebel umgeben, den er durch seine Strahlung zum Leuchten anregt. Der Durchmesser des Nebels beträgt circa 3 Lichtjahre bei einem Abstand des Objekts von circa 600 Lichtjahren. Die Farben entsprechen den Ionisationszonen des Nebels, wobei zunächst zweifachionisierter Sauerstoff (O III – im inneren Bereich blau dargestellt) zu erkennen ist – dies deutet auf eine höhere Temperatur von circa 20 000 Kelvin hin –, wohingegen im äußeren Bereich die Emission von Wasserstoff und einfachionisiertem Stickstoff (N II – im Bild rot dargestellt) dominiert – dies entspricht einer kühleren Temperatur von circa 10 000 Kelvin. Damit leuchtet der Nebel sehr intensiv, und dies lässt auf eine hohe Temperatur des Zentralsterns von circa 40 000 Kelvin schließen. Genauere Aussagen über das Objekt erhält man aus der Spektraldiagnostik des Zentralsterns.

1. Es gibt keine verlässliche Methode, um die Entfernung oder den Radius von einzelnen Zentralsternen zu bestimmen – auf diesem Weg könnte speziell das obere Ende der Massenverteilung dieser Objekte bestimmt werden.

2. Die Theorie der Sternentwicklung spielt auch bei den Zentralsternen nicht mit und legt auch hier als obere Grenze in vollständig analoger Weise zu den Weißen Zwergen eine maximale Masse von etwas mehr als einer Sonnenmasse fest. Es fehlen also nach wie vor, selbst im günstigsten Fall, fast 50 %, um die **Chandrasekharmasse** zu erreichen! (Es ist auch hier so, dass die Theorie der Sternentwicklung hinsichtlich der Aussage, die den Grenzwert der Masse betrifft, bislang nicht verlässlich überprüft werden konnte!)

Der letzte Punkt unterstreicht das Dilemma, das letztlich zu den Doppelsternszenarien geführt hat. Aber, wir haben unseren Rettungsanker nicht umsonst geworfen, denn die erste Aussage gilt nicht mehr! Für Zentralsterne großer Helligkeit gibt es eine neu entwickelte Methode, anhand der die Massen für solche Objekte bestimmt werden können. Die Grundlage für diese Methode ist die Spektraldiagnostik in Verbindung mit der numerischen Simulation der expandierenden Atmosphären heißer Sterne; und zu dieser Gruppe von Sternen gehören auch die hellen Zentralsterne. Um nun die Ergebnisse der spektraldiagnostischen Analyse einer ausgewählten Gruppe von Zentralsternen verstehen zu können, müssen wir uns in Form eines Crashkurses mit dieser Methode zuerst etwas vertraut machen.

Die Spektraldiagnostik als Werkzeug und Experiment

Die numerische Simulation von Spektren ist eines der wichtigsten Werkzeuge der modernen Astrophysik!

Wir könnten jetzt natürlich großspurig auftreten und behaupten, dass dies allein ein hinreichender Grund für uns ist, dass wir uns mit einem so bedeutenden Werkzeug, wie es die Spektraldiagnostik darstellt und derer wir uns im Kapitel 1.2.9 „Das Universum expandiert" auch bereits bedient haben, noch intensiver auseinandersetzen werden. Wir haben jedoch ein konkretes Ziel: Wir wollen die Massen einer bestimmten Untergruppe der **Zentralsterne Planetarischer Nebel** bestimmen; und dabei wollen wir überprüfen, ob diese Massen auf welchem Weg auch immer sich der Chandrasekharmasse nähern können. Dazu müssen wir allerdings verstehen, wie man die Massen bestimmter Sterne anhand einer spektraldiagnostischen Analyse überhaupt bestimmen kann; und dazu müssen wir verstehen, was mit Spektraldiagnostik gemeint ist und worauf sie sich begründet.

Nachdem wir einen Einstieg in dieses Gebiet bereits gefunden haben, können wir an dieser Stelle gleich in den zweiten Gang schalten und stellen dabei fest, dass die weitverzweigten Wurzeln der Spektraldiagnostik unter anderem in der Präzisionsspektroskopie verankert sind!

Diese stellt ein Beobachtungsverfahren dar, das anhand der Farbzerlegung[10] einzelner Lichtquellen untersucht, wie Photonen und Materie miteinander wechselwirken. Die wichtigste Wechselwirkung zwischen Strahlung und Materie beruht auf der resonanten Absorption und Emission von Photonen. Durch die Messung der Strahlung untersucht man in der Spektroskopie die Energie der Photonen, die sich aus Energiedifferenzen von quantenmechanischen Zuständen ergeben (Bild – Grotrian-Diagramm; Skizze „Atom" im Kapitel 1.2.9 „Das Universum expandiert"), wobei sich individuelle Spektren einzelner Elemente erheblich unterscheiden können (Bild – UV-Spektrum einer Megasonne).

Ein Gesamtspektrum erhält man demgemäß durch die Auftragung einer zur spektralen Helligkeit proportionalen Größe – Intensität – gegen eine die Energie charakterisierende Größe, infrage kommen dabei die Frequenz und die Wellenlänge. Ein Spektrum stellt also einen charakteristischen Fingerabdruck des betrachteten Objekts dar, der bei Betrachtung der wellenlängenabhängigen Helligkeit durch wohldefinierte, das physikalische Verhalten der Energiequellen widerspiegelnde, Strukturen gekennzeichnet ist, die zudem Spitzen und Senken aufweisen. Diese Strukturen nennt man Spektrallinien. Da das beobachtete Spektrum charakteristisch für die Art, die Zusammensetzung

---

10 Die Spektroskopie misst die Energieverteilung der Strahlung – diese Entdeckung geht auf Joseph von Fraunhofer zurück, der 1814 im Spektrum der Sonne dunkle Linien untersuchte und erkannte, dass diese eine wichtige Bedeutung haben müssen.

und den physikalischen Zustand der Materie ist, kann deren Verhalten anhand des Spektrums genau untersucht und analysiert werden; und das ist der tiefere Grund, weshalb die Spektroskopie in allen Wellenlängenbereichen eine der wichtigsten Methoden der astrophysikalischen Diagnostik darstellt.

Das Ziel der Spektraldiagnostik besteht also darin, aus dem gemessenen Spektrum konkrete Rückschlüsse auf den Zustand der Lichtquellen zu ziehen – dies betrifft zum Beispiel die innere Struktur der Quellen, ihre Temperatur- und Dichtewerte, ihre stoffliche Zusammensetzung oder auch ihre dynamische Bewegung (**Rotverschiebung** – Kapitel 1.2.9 „Das Universum expandiert"). Das weitergehende Ziel besteht darin, aus der genauen Lage, der Stärke und der Form der Spektrallinien ursächliche oder grundlegende physikalische Größen, wie zum Beispiel die stellaren Parameter, zu bestimmen und damit gezielt Hypothesen oder sogar Theorien zu überprüfen.

Für diesen Schritt ist das bloße Betrachten des Spektrums allerdings nicht hinreichend. Dieser Schritt erfordert die numerische Simulation des physikalischen Zustands der Gesamtheit der Quellen, wobei das Resultat ein synthetisch berechnetes Spektrum darstellt, das daraufhin mit einem beobachteten verglichen werden kann, um auf diesem Weg die Größen, die den physikalischen Zustand fixieren, zu adjustieren und somit ihre wahren Werte zu finden.

Dass Sterne nicht alle gleich sind, ist uns an vielen Stellen klar geworden. Dementsprechend gibt es auch nicht „den", sondern verschiedene Zugänge zur stellaren Spektraldiagnostik. Ein sehr spezieller Zugang wird uns dabei durch die Simulation der Hüllen heißer, heller Sterne geboten, zu denen massereiche Sterne – sogenannte **Megasonnen** –, Zentralsterne Planetarischer Nebel sowie Supernovae, zählen. Der Zugang ist in diesen Fällen speziell, da die Atmosphären dieser Objekte sich durch ein extrem hohes Verhältnis der Photonendichte zur Gasdichte auszeichnen. Dies ist auf enorme Energieproduktionsraten zurückzuführen. Daraus resultiert nun eine Reihe von tief greifenden, physikalischen Besonderheiten, die die Simulation der Hüllen dieser Objekte in entscheidendem Maße prägen. Das Bild – Simulation der expandierenden Atmosphären heißer Sterne – gibt zunächst einen Überblick über das Netzwerk der gekoppelten Gleichungssysteme, die die Grundlage für die Simulationsmodelle darstellen. Auf die Kerninhalte

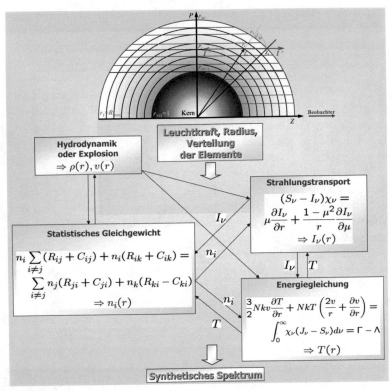

Abb. 2.9 Das Bild zeigt eine schematische Darstellung des extrem nicht linearen Gleichungssystems, das das theoretische Grundgerüst für die *Simulation der expandierenden Atmosphären heißer Sterne* darstellt. Diese Modellrechnungen basieren auf einem räumlichen Gitter, das die gesamte Hülle einer Megasonne, eines Zentralsterns oder einer Supernovae umfasst (oberes Bild). Auf diesem Gitter spielt sich dann die Physik ab, die durch die Thermodynamik, die Hydrodynamik, die Atomphysik, die Plasmaphysik und den Strahlungstransport beschrieben wird. Zwei Punkte gestalten diese Modellrechnungen nicht ganz einfach. Dies betrifft zum einen die Rückkopplungen, die die physikalischen Größen eines Bereichs auf einen anderen bewirken, wobei deren Änderungen auf die Berechnung der ursprünglichen Größen wieder zurückwirken. Diese wechselseitigen Abhängigkeiten und Rückkopplungen sind im Bild durch die gezeigten Verbindungslinien zu erkennen, wobei das Strahlungsfeld *I* beispielsweise in die Ratengleichungskoeffizienten R_{ij} (die-

dieses Systems wird in der Legende eingegangen, und einige Punkte werden wir uns zudem etwas genauer ansehen.

Die Atmosphären heißer Sterne expandieren! Im Falle der Megasonnen und der Zentralsterne ist dies auf die Absorption von Photonen durch viele Millionen von Spektrallinien zurückzuführen (Bild – Grotrian-Diagramm). Hierbei findet ein Impulsübertrag vom Strahlungsfeld auf die Materie statt, der diese auf enorme Geschwindigkeiten beschleunigt. Dies führt dazu, dass die äußeren atmosphärischen Schichten der Hüllen abgelöst werden. Die dabei auftretenden Geschwindigkeiten liegen bei 1 000 bis 4 000 km/s und die Massenverlustraten bei bis zu 100 Erdmassen pro Jahr (Skizze). *Die Tatsache, dass Megason-*

◄───

se beschreiben die Stärke einzelner, atomarer Resonanzreaktionsraten – Kapitel 1.5.1 „Der Massendefekt – Energiequelle des Lebens") und die Energiegleichung eingeht. Zum anderen beeinflussen die Verteilungsfunktionen n_i (diese beschreiben die Stärke der Besetzung einzelner atomarer Energieniveaus – Kapitel 1.2.9 „Das Universum expandiert") den Strahlungstransport und ebenfalls die Energiegleichung (mathematisch stellt das Gesamtsystem ein ineinander verstricktes Integro-Differentialgleichungssystem dar). Den zweiten nicht ganz einfachen Punkt bringt die Thermodynamik ins Spiel, da diese im vorliegenden Fall durch die Nichtgleichgewichtsthermodynamik (im Bild repräsentiert durch das Statistische Gleichgewicht) beschrieben werden muss. Diese bestimmt nach nicht ganz einfachen Regeln die Verteilungsfunktionen n_i der atomaren Zustände der Atmosphärenmaterie – hier gehen zum Teil äußerst komplexe Atommodelle von insgesamt weit über 100 Ionisationsstufen der Elemente ein (nächstes Bild). Letztlich ist das ganze System vom Verlauf des Geschwindigkeitsfeldes $v(r)$ und der Dichte $\rho(r)$ abhängig, wobei diese Größen im Falle der **Megasonnen** und der **Zentralsterne** durch ein hydrodynamisches Modell, und im Falle einer Supernova durch ein Explosionsmodell, berechnet werden. Die hier vorgestellten Simulationsmodelle zur Berechnung synthetischer Spektren bieten nun die Möglichkeit, diese berechneten Spektren mit beobachteten zu vergleichen. Auf diesem Weg sind präzise Rückschlüsse auf die Sterngrößen möglich. *Bei der Bestimmung dieser Größen stehen vor allem die Masse der Sterne sowie der Radius, die Oberflächentemperatur und die chemischen Zusammensetzung der Elemente im Mittelpunkt.* All diese Größen können durch diese quantitative Interpretation der Beobachtungsdaten bestimmt werden; und *diese Vorgehensweise nennt man spektraldiagnostische Analyse.*

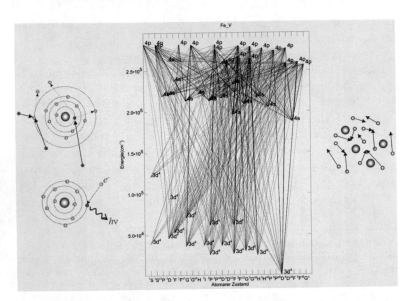

Abb. 2.10   Das Bild zeigt im Zentrum ein sogenanntes *Grotrian-Diagramm* für das vierfachionisierte Element Eisen. Obwohl es etwas komplex wirkt, ist dieses Grotrian-Diagramm nichts anderes als eine Erweiterung der Skizze „Atom" im Kapitel 1.2.9 „Das Universum expandiert". Dargestellt sind in vertikaler Richtung die Anregungsenergien der atomaren Zustände und in horizontaler Richtung die dazugehörigen quantenmechanischen Termbezeichnungen. Die dargestellten Verbindungslinien zeigen dabei erlaubte Strahlungsübergänge, die beispielsweise die Grundlage für die Berechnung der Spektrallinienprofile und der Expansion der Atmosphäre bilden, da deren Struktur maßgeblich von den Verteilungsfunktionen der atomaren Zustände abhängen. Die Verteilungsfunktionen sind wiederum von allen mikrophysikalischen Prozessen (zum Beispiel die hier dargestellten Vorgänge im atomaren Bereich) und makrophysikalischen Größen (zum Beispiel $v(r)$ und $\rho(r)$) in nicht lokaler Weise abhängig, und dieses Verhalten führt letztlich zu dem extrem nicht linearen Verhalten des im vorherigen Bild skizzierten Gleichungssystems. Die Skizze auf der rechten Seite soll Stöße zwischen den Teilchen illustrieren (die roten Kugeln sollen dabei Atome und die grauen Kugeln Elektronen darstellen; die mit den Elektronen verbundenen Pfeile vermitteln ferner den richtigen Eindruck, dass es die Elektronen sind, die sich rasend schnell bewegen und dementsprechend für die Stöße verantwortlich sind). Diese liefern genauso wie die Ionisations- und Rekombinations- sowie Anregungsprozesse, die auf der

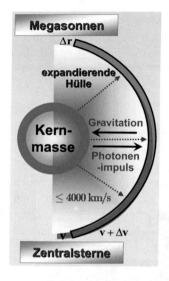

nen und Zentralsterne expandierende Atmosphären aufweisen, die durch den Strahlungsimpuls beschleunigt werden, stellt sich hierbei als Geschenk der Natur heraus, da durch diese Eigenschaft die Möglichkeit geboten wird, die Masse dieser Sterne zu bestimmen! Aus einem Geschenk der Natur die Masse von Sternen bestimmen – wie soll das gehen?

Im Zusammenhang mit der Spektral-diagnostik ist dabei zunächst wichtig, dass die Bewegung der Lichtquellen auch wahrgenommen wird. Dies ist der Fall! Die Bewegung der Quellen zeigt sich in der Form der Linien – bei der als Si IV gekennzeichneten Linie im Zentrum des Bildes „UV-Spektrum einer Megasonne" liegt der auffälligen, breiten Form der Linie, die ein zweigeteiltes Absorptionsverhalten und ein rechts daneben liegendes Emissionsverhalten aufweist, ein ganz be-

---

linken Seite skizziert sind, die An- und Abregungsenergien für die atomaren Zustände, die letztlich die Verteilungsfunktionen n_i bestimmen (die skizzierten Prozesse auf der linken Seite stellen eine Vergrößerung einzelner Prozesse der rechten Seite dar, wobei die obere Skizze unelastische Stöße, bei denen ein Teil der Stoßenergie zu internen An- und Abregungsprozessen im Atom oder Ion führen, veranschaulicht; es sind genau diese Energiedifferenzen, die im Grotrian-Diagramm in vertikaler Richtung dargestellt sind, wobei in horizontaler Richtung die Vielfalt dieser möglichen Veränderungen erfasst wird – der Energieaustausch mit Photonen ($h\nu$), der in der unteren Skizze auf der linken Seite illustriert wird, führt zu analogen, mikrophysikalischen Prozessen wie die unelastischen Stöße sowie die Ionisationen und Rekombinationen, bei denen jeweils ein Elektron aus dem Atomverband entfernt beziehungsweise, falls möglich, hinzugefügt wird; dabei wird die Bindungsenergie beim Einfangen eines Elektrons in die Elektronenhülle freigesetzt; um das Elektron wieder aus dem Atom zu entfernen, muss hingegen der gleich große Energiebetrag zugeführt werden; dabei gilt: Je höher die Ladung eines Ions ist, desto höher ist auch die Bindungsenergie der noch vorhandenen Elektronen).

stimmtes Bewegungsmuster zugrunde! Je nachdem, wie schnell sich Teile der Lichtquellen bewegen, verändert sich die Struktur der Spektrallinien. Man kann also über die Rotverschiebung nicht nur auf einfache Art feststellen, wie schnell sich ein Objekt entfernt, man kann über den gleichen Mechanismus auch Rückschlüsse auf die zugrunde liegende intrinsische Dynamik der Objekte ziehen.

Es besteht grundsätzlich die Möglichkeit, durch die Analyse der Struktur der Spektrallinien Rückschlüsse auf die Ursache der dynamischen Bewegung der Lichtquellen zu ziehen. Die grundlegende Idee dazu ist sogar leicht einzusehen: Dynamische Bewegungen werden maßgeblich von der Gravitation und damit der Masse der Objekte beeinflusst, und das bedeutet, dass umgekehrt auch ein Rückschluss auf die Masse der Objekte über die Struktur der Spektrallinien möglich ist. Die Masse wird dabei über die Fluchtgeschwindigkeit (Einschub 5 „Der Schwarzschild-Radius und die Plancklänge") des Sterns ins Spiel gebracht; und die ist direkt proportional zum Verlauf des Geschwindigkeitsfeldes, das die Expansion darstellt. Das heißt letztendlich, dass sich die Masse des Sterns im Profil jeder einzelnen Spektrallinie, die im expandierenden Teil der Atmosphäre gebildet wird, widerspiegelt!

Die Berechnung des Geschwindigkeitsverlaufs $v(r)$ erfordert nun eine konsistente Behandlung der Beschleunigung infolge der Absorption von Photonen durch die Spektrallinien. Da diese Berechnung parallel und analog zur Berechnung des synthetischen Spektrums erfolgt, unterliegt die Massenbestimmung damit keinerlei systematischer Fehler, solange das synthetische Spektrum im Einklang mit der Beobachtung ist. Der grundlegende Test für die Bestimmung der Masse ist also der Vergleich des berechneten mit dem beobachteten Spektrum! Diese müssen präzise übereinstimmen!

Die Spektraldiagnostik ist also das wesentliche Experiment, das dem Zusammenhang der Masse des Sterns und der Struktur der Spektrallinien die notwendige Grundlage gibt. Sie ist der wesentliche Schlüssel, um das Rätsel der Vorläufersterne zu lösen.

Durch die Forderung, dass das berechnete und das beobachtete Spektrum präzise übereinstimmen müssen, wird die Messlatte allerdings extrem hoch gelegt. Um diesem Qualitätsmaßstab gerecht zu werden,

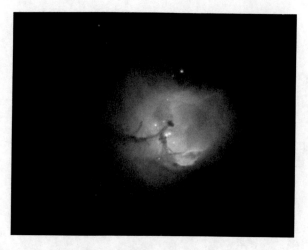

Abb. 2.11 Der Nebel N81 in der Kleinen Magellanschen Wolke wird von der Strahlung der im Zentrum liegenden Megasonnen (zu erkennen an den helleren Bereichen im Zentrum des Bildes) nicht nur zum Leuchten angeregt, sondern durch deren Strahlungsdruck auch ausgehöhlt wie ein Kokon. Der Nebel selbst ist ein übrig gebliebener Teil der Wolke, aus der die Megasonnen vor nicht einmal 1 Million Jahren entstanden sind.

müssen alle möglichen Wechselwirkungen und physikalischen Effekte korrekt dargestellt und simuliert werden. Inwieweit dies gelungen ist, muss nunmehr das angekündigte Experiment zeigen! Der ausstehende Nachweis, dass die dargelegte Vorgehensweise auch das notwendige Rüstzeug für präzise Analysen der Spektren der Zentralsterne darstellt, wird anhand einer Megasonne erbracht, da für diese Sterngruppe deutlich mehr Detailstudien durchgeführt wurden.

Das Bild – UV-Spektrum einer Megasonne – verdeutlicht die Funktionsweise der Spektraldiagnostik anhand der Megasonne α Camelopardalis. Der Status quo der beschriebenen Analysetechnik zeigt, dass das beobachtete UV-Spektrum mit dem berechneten synthetischen Spektrum en détail übereinstimmt. Durch die Qualität des Vergleichs wird also der Nachweis erbracht, dass die Berechnung der Strahlungsbeschleunigung, die parallel und analog zur Berechnung des synthetischen Spektrum erfolgt und die die Grundlage für eine

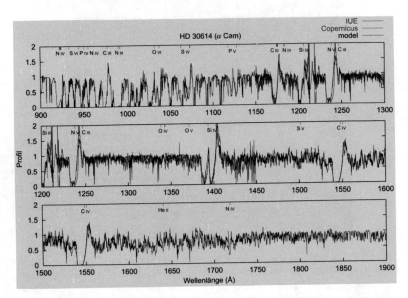

Abb. 2.12 Das Bild zeigt ein berechnetes, synthetisches *UV Spektrum einer Megasonne* (schwarze Linie), das mit zwei beobachteten Spektren des Objekts α Camelopardalis (rot und blau) verglichen wird. Dargestellt ist die spektrale Helligkeit des Sterns gegen die Wellenlänge (Kapitel 1.2.9 „Das Universum expandiert"). Charakteristische Strukturen (Spektrallinien) wichtiger Ionisationsstufen sind im Bild durch Symbole markiert und gekennzeichnet. *Da das Geschwindigkeitsfeld sehr sensitiv von der Sternmasse abhängig ist und die Form der Spektrallinien sehr sensitiv vom Geschwindigkeitsfeld abhängt, spiegelt sich die Masse des Sterns im Profil jeder einzelnen Spektrallinie wider.* Aufgrund der nahezu perfekten Übereinstimmung der gezeigten Spektren ist die auf diesem Weg erfolgte Bestimmung der Masse damit sehr präzise.

korrekte Massenbestimmung darstellt, von feiner Güte ist. Anhand dieses konsistent berechneten, realistischen, synthetischen Spektrums konnte damit erstmalig die Masse, ein Großteil der Elementhäufigkeiten, die Oberflächentemperatur, der Radius und die Entfernung dieses Sterns in Übereinstimmung mit bekannten Fakten sehr genau bestimmt werden, Dieses Ergebnis stellt einen zweifelsfreien Beleg dafür da, dass ein leistungsfähiges Verfahren für die quantitative Ana-

lyse von Megasonnen und Zentralsternen Planetarischer Nebel zur
Verfügung steht.

Zentralsterne Planetarischer Nebel als Vorläuferkandidaten

Die grundlegenden Informationen über die Beschaffenheit heißer Sterne liefert ihr Spektrum! Und dieser grundlegenden Informationen werden wir uns nun auch bedienen, um auf diesem Weg die Sterngrößen der hellsten **Zentralsterne Planetarischer Nebel** einzugrenzen und damit dem Rätsel der Supernova-Typ-Ia-Vorläufersterne auf die Spur zu kommen!

Es gilt nun, Antworten auf die alles entscheidenden Fragen zu finden: Was ist die wirkliche obere Grenze der Masse der Zentralsterne? Und, kann die Masse heller Zentralsterne auf der Grundlage von Beobachtungen bestimmt werden?

Wir konnten uns gerade davon überzeugen, dass zumindest die Antwort auf die zweite Frage ein klares Ja ist! Nachdem es keinen prinzipiellen Unterschied zwischen **Megasonnen** und hellen Zentralsternen gibt – beide Gruppen von Objekten haben hohe Oberflächentemperaturen, und bei beiden Gruppen befinden sich die Atmosphären der Sterne in einem expandierenden Zustand –, können alle Sterngrößen, die für Megasonnen spektroskopisch bestimmbar sind, auch für helle Zentralsterne spektroskopisch bestimmt werden; und das schließt ihre Masse mit ein! Mit dem dargestellten Simulationsprogramm zur Berechnung konsistenter, realistischer, synthetischer Spektren expandierender Atmosphären heißer Sterne steht uns also das notwendige Werkzeug zur präzisen, unabhängigen Massenbestimmung von hellen Zentralsternen Planetarischer Nebel zur Verfügung. Damit haben wir erstmalig die Möglichkeit, die von der Theorie der Sternentwicklung für Zentralsterne vorgegebene, obere Grenze der Masse ausschließlich auf der Grundlage der UV-Spektren dieser Sterne zu überprüfen und damit Zentralsterne Planetarischer Nebel als mögliche Supernova-Typ-Ia-Vorläufersterne vorzustellen.

Was wir dazu brauchen, ist ein Sample von Zentralsternen, und das unterziehen wir dann einer umfassenden Analyse, die als Ergebnis die

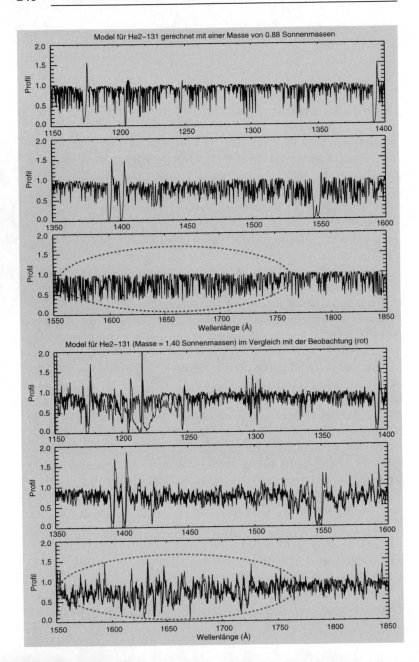

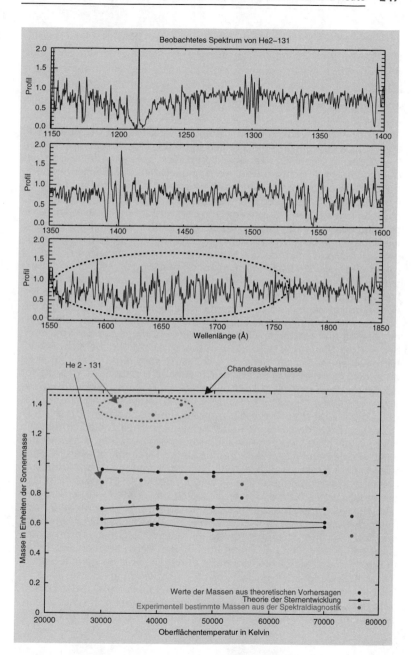

Sterngrößen – bestehend aus der Masse, dem Radius, der Oberflächentemperatur und der chemischen Zusammensetzung der Elemente – liefert. Mit handverlesen meinen wir dabei, dass das Sample so geschickt ausgewählt wird, dass wir nicht die fast 100 % Zentralsterne erwischen, deren Masse bei circa 0,6 Sonnenmassen liegt, sondern

←——————————————————————————————————

Abb. 2.13 Diese Bilderzusammenstellung verdeutlicht die spektraldiagnostische Bestimmung der Massen eines Samples von Zentralsternen Planetarischer Nebel. Das zentrale Bild dieser Zusammenstellung ist das Diagramm unten rechts, das in Abhängigkeit der Oberflächentemperatur die Massen des Zentralstern-Samples zeigt. Dabei stellen die roten Punkte und Linien die Vorgaben der Sternentwicklung dar – gezeigt sind die möglichen Entwicklungswege von Zentralsternen. Die blauen Punkte zeigen die Lage der Sterne, die sie gemäß der Verwendung der Entwicklungswege der Sternentwicklung haben sollten. Das heißt, für diese gezeigten Modelle wurde die Masse der Sterne vorgegeben und nicht spektraldiagnostisch bestimmt! Das auf diesem Weg berechnete UV-Spektrum des Zentralsterns He2-131 ist in Schwarz links oben dargestellt. Wie klar zu sehen ist, ist dieses Spektrum vollständig inkompatibel mit der Beobachtung, die im Bild oben rechts das beobachtete UV-Spektrum des Zentralsterns He2-131 in Rot zeigt. Dies ist besonders deutlich am Inhalt des blauen und schwarzen Ovals zu erkennen; die Ovale kennzeichnen den für die Diagnostik besonders wesentlichen Spektralbereich. Die Inhalte sollten im Prinzip identisch sein, es ist aber mit bloßem Auge zu erkennen, dass dies nicht im Mindesten zutrifft. Daraus folgt, dass *die für das Modell angenommene Sternentwicklungs-Masse nichts mit der wirklichen Masse des Sterns zu tun hat!* Ein ganz anderes Ergebnis zeigt das Bild unten links: Hier wurde das synthetische UV-Spektrum des Zentralsterns konsistent berechnet (schwarze Linien). Das heißt, alle Sterngrößen inklusive der Masse wurden rein spektroskopisch bestimmt. Dieses Modell wird, wie dargestellt, mit dem beobachteten UV-Spektrum von He2-131 (rote Linien) direkt verglichen. Wie bei den Megasonnen ist die nahezu perfekte Übereinstimmung der gezeigten Spektren offensichtlich. Dies gilt insbesondere für die Linien, die durch das grüne Oval hervorgehoben wurden. *Dieses Ergebnis stellt die Grundlage für die präzise Bestimmung der Masse dieses Zentralsterns dar.* Die Ergebnisse dieser konsistenten Analysen sind als grüne Punkte im Massen-Diagramm rechts unten dargestellt. Der grüne und blaue Pfeil weisen dabei auf den deutlichen Unterschied der Masse hin, die diese durch die Analyse gegenüber der Sternentwicklung erfahren hat (*die Sternentwicklungs-Masse liegt bei 0,9 und die Beobachtungs-Masse bei 1,4 Sonnenmassen*). Das grün eingerahmte Oval im Diagramm zeigt unten rechts das mehr als überraschende Ergebnis dieser Analyse: *Zusammen mit drei weiteren Objekten des*

wir wollen die anderen haben, die, die zu einer extrem kleinen, masse-
reicheren Untergruppe gehören. Das scheint eine schwierige Auswahl
zu sein; und dennoch gibt es ein einfaches Kriterium dafür, und das
kennen wir bereits! Im Kapitel 1.5.2 „Die Gravitationsenergie – Motor der Sternentwicklung" haben wir gesehen, dass ein Stern umso
heller leuchtet, je stärker er komprimiert wurde; und je größer die
Masse eines Sterns ist, umso stärker kann er sich auch selbst kompri-
mieren. Wir suchen also schlichtweg die hellsten Zentralsterne; und
das ist keine schwierige Aufgabe, denn die Hellsten sind natürlich
immer am leichtesten zu finden. Die Analyse selbst läuft analog zu
der ab, die wir bereits eingesehen haben; und die wesentlichsten Ergebnisse dieser Analyse sind im Bild dargestellt und in der Legende
beschrieben.

Das Ergebnis der spektraldiagnostischen Analyse lässt keinen Zweifel
daran erkennen, dass es eine kleine Untergruppe von Zentralsternen
Planetarischer Nebel gibt, die die Kriterien, die an die Vorläufersterne
der **kosmischen Leuchttürme** angelegt werden, erfüllen. Aus Sicht
der Sternentwicklung ist dies ein außerordentlich überraschendes Ergebnis, denn die Tatsache, dass Zentralsterne Massen aufweisen können, die im Bereich der **Chandrasekharmasse** liegen, hatte niemand
auf der Rechnung! Niemand stimmt nicht ganz, denn unser Projektleiter lächelt immer noch, zeigt sich ansonsten aber bedeckt und sagt
nichts.

Dieses überraschende Ergebnis folgt aus der Analyse spektraler
Beobachtungen von Zentralsternen Planetarischer Nebel. Das zentrale Ergebnis dieser Analyse waren dabei die Massen dieser Objekte;
und da zeigte sich, dass einige wenige Objekte, die als Untergruppe
der Zentralsterne Planetarischer Nebel angesehen werden können,
sehr wohl Massen aufweisen, die an die Chandrasekharmasse heranreichen.

←————————————————————————————

*ausgewählten Samples von Zentralsternen liegt die aus der Beobachtung
bestimmte Masse dieses Zentralsterns extrem nahe an der* **Chandrasekharmasse** *und damit an der Explosionsschranke für Supernovae vom Typ
Ia. Dieses Ergebnis ist im Hinblick auf die bislang unverstandenen Supernova-Typ-Ia-Vorläufersterne fraglos von großer Bedeutung!*

Wie konnte sich ein solcher Zentralstern aber überhaupt so weit entwickeln, wenn er doch in seinem Kern einen Weißen Zwerg ausgebildet
hat, dessen Masse gleich der Chandrasekharmasse ist? Oder anders gefragt: Wieso ist der Stern nicht schon längst vorher explodiert? Die Antwort auf diese Frage ist allerdings nicht schwer nachzuvollziehen: Der
Stern hatte zu keinem Zeitpunkt eine aus Kohlenstoff und Sauerstoff
bestehende Kernmasse, die an die Chandrasekharmasse heranreicht! Es
ist die Gesamtmasse des Sterns, die im Bereich der Chandrasekharmasse liegt. Der entartete Kern selbst hatte hingegen zu jedem Zeitpunkt
eine kleinere Masse als die kritische Masse (Kapitel 1.5.3 „Sterne ohne
Radius"). Und so, wie im Falle eines Doppelsternsystems, Masse, die
dem Begleitstern entzogen wurde, vom Weißen Zwerg akkretiert wird,
so mehrt sich die Kohlenstoff-Sauerstoff-Kernmasse des Zentralsterns
durch Heliumbrennvorgänge, die in Schalen um den Kern ablaufen und
fortwährend weiteren Kohlenstoff produzieren, sukzessive. Sie mehrt
sich so lange, bis der Kern die kritische Größe der Chandrasekharmasse
erreicht hat. Was dann passiert, ist für uns nichts Neues (Kapitel 1.5.4
„Die thermonukleare Explosion eines Sterns"). So könnte es also sein,
und so könnte es auch ablaufen; derzeitige Beobachtungsbefunde und
deren spektraldiagnostische Analyse stützen dieses Szenario. Nicht ge-
stützt wird es hingegen von der Theorie der Sternentwicklung. Hier passen Zentralsterne, deren Gesamtmasse – bestehend aus der Hüllen- und
der Kernmasse – im Bereich der Chandrasekharmasse liegt, nicht ins
Konzept. Es bahnen sich also Kampfabstimmungen von unabsehbarer
Dauer an. Kampfabstimmungen, bei denen die Lager klar ausgemacht
sind: Es sind dies zum einen die Gläubigen der Theorie der Sternentwicklung und zum anderen die Verfechter der spektraldiagnostischen
Analyse von Beobachtungsbefunden. Der Punkt ist nur, macht es Sinn,
über Fakten abzustimmen? Fakten sind, wie sie sind – und Eddington
hin oder her –, sie sind unverrückbar, es ist die Natur von Fakten, unverrückbar zu sein! Es geht also ausschließlich darum, bestehende Fakten
zu erhärten. Man sollte es jedoch nicht dabei belassen, alleinig die Beobachtungsbefunde fortwährend einer kritischen Überprüfung zu unterziehen. Es sollte auch die Tragfähigkeit des theoretischen Konzepts,
das diese Beobachtungsbefunde derzeit nicht erklären kann, überprüft
werden. Denn fraglos gehört auch eine in diesem Bereich durch die

Beobachtung derzeit nicht abgesicherte Theorie, aus objektiver Sicht, auf den Prüfstand!

Was das Erhärten der bestehenden Fakten betrifft, gibt es aber auch noch einen anderen beobachtungstechnischen Zugang; und der wird uns durch die kosmischen Leuchttürme selbst geboten, und zwar in Form von spektraldiagnostischen Analysen der in großem Umfang vorliegenden Supernovaspektren.

2.3.2 Die Spektraldiagnostik der kosmischen Leuchttürme

Wir haben es also geschafft!

Wir haben uns, ausgehend von einem begründeten Verdacht, eine präzise Vorstellung erarbeitet, die klar darlegt, woher die Vorläufersterne der Supernovae Typ Ia kommen und wie sich ihr Werdegang gestaltet. Genau genommen haben wir uns sogar mehr als eine Vorstellung erarbeitet, denn wir konnten unser Szenario nachhaltig durch Beobachtungsfakten, die auf einer Vielzahl von spektralen Signaturen beruhen, stützen.

Die Beobachtungen haben sich also festgelegt – und sie haben darüber hinaus klare Aussagen gemacht:

- Es gibt nicht genügend geeignete Doppelsternsysteme!
  Diese Erkenntnis stellte die Motivation dafür dar, mit einem groß angelegten Beobachtungsprogramm nach den Doppelsternvorläufern zu suchen. Die Hoffnung dabei war, dass es von diesen Objekten doch mehr gibt, als man nachweisen kann, und dass sich all diese als vorläufergeeignet erweisen. Doch der Schuss ging nach hinten los! Statt eines Belegs, der das Doppelsternszenario stützt, erhielt man einen Beleg, der dieses Szenario nicht nur in große Bedrängnis bringt, sondern es sogar regelrecht aushebelt.

- Es gibt eine kleine Untergruppe von **Zentralsternen Planetarischer Nebel**, die die Kriterien, die für die Vorläufersterne angelegt werden müssen, erfüllen!

Dieses überraschende Ergebnis folgte aus der Analyse von spektralen Beobachtungen einer Gruppe Zentralsterne Planetarischer Nebel. Das zentrale Ergebnis dieser Analyse waren dabei die Massen dieser Objekte. Und da zeigte sich, dass einige Objekte, die als kleine Untergruppe der Zentralsterne anzusehen sind, sehr wohl Massen aufweisen, die an die **Chandrasekharmasse** heranreichen.

Sie sind also nicht das Problem, die Beobachtungsbefunde; und dennoch reicht es nicht aus! Das Gefundene reicht nicht aus, um sicher sagen zu können, dass es sich bei den Vorläufersternen der Supernovae Typ Ia tatsächlich um eine kleine Untergruppe der Zentralsterne Planetarischer Nebel handelt. Um dies sicher sagen zu können, fehlt uns zumindest ein weiterer Beleg – einer von zwei möglichen. Ein starker und wirklich überzeugender weiterer Beleg wäre ein Supernova-Typ-Ia-Ereignis, das nachweislich auf einem Weißen Zwerg unserer Untergruppe basiert. Dieser Nachweis wird jedoch nicht so ohne Weiteres zu erbringen sein, da nur eine sehr beschränkte Anzahl dieser Objekte unter Beobachtung stehen und sich diese auch noch im weiteren Umfeld unserer lokalen Umgebung tummeln[11]: Bei zwei Supernova-Typ-Ia-Ereignissen pro Jahrhundert und Galaxie landen wir dann wieder bei der Trüffelsuche – diesmal müssen wir wegen der weitergehenden Einschränkungen allerdings in einem extrem unwirtlichen Terrain wie der Antarktis danach suchen[12]. Angesichts dieser Unbequemlichkeiten sollten wir uns eventuell doch eher auf den zweiten Beleg konzentrieren. Doch auch dessen Vorlage ist von einer

11   Zentralsterne Planetarischer Nebel sind das Gegenteil von kosmischen Leuchttürmen, und dementsprechend können sie nur in unserem näheren Umfeld spektral beobachtet werden.

12   Anstelle der Zentralsterne könnten rein prinzipiell auch deren Planetarische Nebel, die grundsätzlich extragalaktisch beobachtbar sind, überwacht werden. Unsere Untergruppe der Zentralsterne stellt jedoch eine sehr kleine Gruppe dar – es ist nicht zu erwarten, dass mehr als einer von 10 000 dazuzurechnen ist. Und nachdem die Informationen von den Zentralsternen ohne eine mögliche Analyse fehlen, käme diese Überwachung einer Sisyphosarbeit gleich. Grundsätzlich könnte man jedoch indirekte Beobachtungsbefunde durch den spektroskopischen Nachweis des Planetarischen Nebels, der von den späten Hüllen der Supernovae aufgesammelt wird, erhalten. Zaghafte Hinweise in diese Richtung hat man zwar bereits gefunden; es ist jedoch äußerst schwierig, das Material des Nebels und die ausgedehnte Hülle des ehemaligen Roten Riesen auseinanderzuhalten.

gewissen Unnachgiebigkeit geprägt. Die Rede ist von der Theorie der Sternentwicklung, die unseren Beobachtungsbefund theoretisch erklären und damit ebenfalls absichern könnte. Es ist nun nicht so, dass diese Theorie, aus einer gewissen subjektiven Haltung heraus, unsere vorliegenden Befunde nicht für schlüssig erachtet. Es ist vielmehr so, dass die Theorie der Sternentwicklung keinen Spielraum sieht, uns Massen, die für Zentralsterne im Bereich der Chandrasekharmasse liegen, anzubieten.

Wir haben uns also eine präzise Vorstellung davon erarbeitet, woher die Vorläufersterne der Supernovae Typ Ia wirklich kommen, mehr aber auch nicht! Der letzte Beweis fehlt, und der muss offensichtlich auf noch indirekterem Weg als dem, den wir bereits gegangen sind, erbracht werden. Nachdem die Frage nach den Vorläufersternen aber nicht nur eine wichtige Frage für das Verständnis der Entstehung von Supernova-Typ-Ia-Explosionen und damit für eine weitergehende Quantifizierung der Dunklen Energie ist, sondern auch eine wichtige Frage im Hinblick auf unsere eigene Existenz darstellt – und die in diesem Zusammenhang zu stellende Frage lautet: Sind wir vor IK Pegasi sicher, oder ist das der Name der Apokalyptischen Reiter? –, müssen wir in dieser Situation unseren letzten Trumpf aus dem Ärmel ziehen; und unser letzter Trumpf ist die Spektraldiagnostik – die Spektraldiagnostik der Supernovaspektren selbst!

Mit der Spektraldiagnostik der Supernovaspektren werden nun drei primäre Ziele verfolgt:

1. Die Identifizierung der kosmischen Leuchttürme!
    Anhand ihrer Fingerabdrücke – Spektren – können und müssen die Supernova-Typ-Ia-Kandidaten identifiziert und ihre **Rotverschiebung** gemessen werden. Dieser Punkt geht über eine einfache Identifizierung deutlich hinaus, denn so lange das Rätsel der Vorläufersterne nicht wasserdicht gelöst ist, bleibt die Situation im Zusammenhang mit der Tatsache, dass wir die Erkenntnisse vom Verhalten der kosmischen Leuchttürme in unserem direkten Umfeld auf die Objekte des frühen Universums übertragen, brandgefährlich. Die Spektraldiagnostik erhält damit einen extrem hohen Stellenwert, da nur sie gewährleisten kann, dass letztlich keine Äpfel mit Birnen verglichen werden.

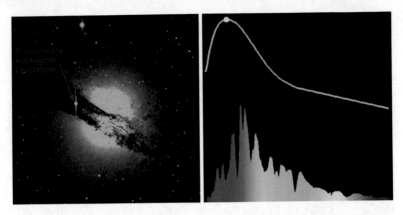

Abb. 2.14 Das Bild auf der linken Seite zeigt die Galaxie Centaurus A, in der vor geraumer Zeit ein Weißer Zwerg als **Supernova Typ Ia** explodiert ist – naturgemäß sind wir erst kürzlich von diesem Ereignis in Kenntnis gesetzt worden. Das obere Bild auf der rechten Seite zeigt den zeitlichen Verlauf der Gesamthelligkeit – die Lichtkurve – dieses **kosmischen Leuchtturms** (die Gesamthelligkeit ist in vertikaler Richtung im Verlauf der Zeit dargestellt). Im Maximum dieser Lichtkurve war die Supernova so hell wie die gesamte Galaxie, in der der Stern explodiert ist. Das untere Bild auf der rechten Seite zeigt das Spektrum – den spektralen Fingerabdruck – des Leuchtturms bei maximaler Helligkeit. Dargestellt ist die spektrale Helligkeit in Abhängigkeit der Wellenlänge, die von links nach rechts ansteigt – je kleiner die Wellenlänge ist, umso größer ist die damit verbundene Energie; die Energie ist also im blau dargestellten Bereich am größten. Von links nach rechts sehen wir also so etwas wie einen Regenbogen, wobei die Höhe der Farben ihrer individuellen Helligkeit entspricht. Die darüber dargestellte Gesamthelligkeit ergibt sich dabei durch die Summation der Helligkeitswerte bei jeder Wellenlänge multipliziert mit dem kleinen Wellenlängenbereich, auf den sich der jeweilige Helligkeitswert bezieht – man erhält die Gesamthelligkeit also durch Integration des Spektrums.

2. Die Überprüfung der numerisch simulierten Explosionen von **Weißen Zwergen**!
Durch die Bestimmung der räumlich und geschwindigkeitsabhängig variierenden Verteilung der chemischen Elemente in den Supernova-Typ-Ia-Hüllen sollen mögliche Unterschiede im Explosionsablauf von lokalen und weit entfernten Objekten heraus-

gearbeitet werden. Dies ist prinzipiell möglich, da Supernovae Typ Ia in ihren Spektren eine Vielfalt von Signaturen zeigen, die präzise, quantitative Hinweise auf die Bestandteile der Explosions-Hüllen sowie deren Dichte- und Geschwindigkeitsverlauf enthalten.

3. Die Ergänzung der Hinweise auf die Vorläufersterne! Computersimulationen von Supernova-Typ-Ia-Explosionen (Kapitel 1.5.4 „Die thermonukleare Explosion eines Sterns") haben gezeigt, dass die chemische Zusammensetzung der Vorläufersterne einen maßgeblichen Einfluss auf den Ablauf der Explosion hat – die Explosion reagiert sehr sensitiv auf Veränderungen der chemischen Ausgangsverteilung der Elemente. Deutliche Spuren von Neon können zum Beispiel den Explosionsverlauf beeinflussen. Wenn nun die Spektren der kosmischen Leuchttürme in ihrer diffizilen Vielfalt weitgehend übereinstimmen, dann können wir auch sicher sein, dass wir es mit denselben Objekten zu tun haben. Gleichwohl können aber kleinere, spektrale Unterschiede größere Ursachen haben. Es geht also darum, eine exakte Übereinstimmung der theoretisch berechneten und der beobachteten Spektren zu erzielen. Auf diesem Weg können spektrale Veränderungen, auch hinsichtlich der kleinsten Ungereimtheiten, so abgeglichen werden, dass physikalische Rückschlüsse möglich sind. Damit besteht grundsätzlich die Möglichkeit, Unterschiede hinsichtlich der Zusammensetzung der Vorläufersterne aufzudecken, die wiederum Hinweise auf die Vorläufersterne selbst geben können.

Mit der Spektraldiagnostik werden also hochgesteckte Ziele verfolgt. Genau genommen wird alles, was nur schwer zu belegen und zu überprüfen ist, an die Spektraldiagnostik weiterverwiesen. Sie stellt demnach das entscheidende Experiment dar, das unseren Theorien das notwendige Fundament verleiht. Und das trifft nicht nur auf die Theorie der Vorläufersterne der kosmischen Leuchttürme zu, sondern auch auf die Theorie der Dunklen Energie selbst! Die Spektraldiagnostik ist damit eines der wesentlichen Schlüssel-Werkzeuge, die die Existenz der Dunklen Energie untermauern oder aber diese ins Wanken bringen können.

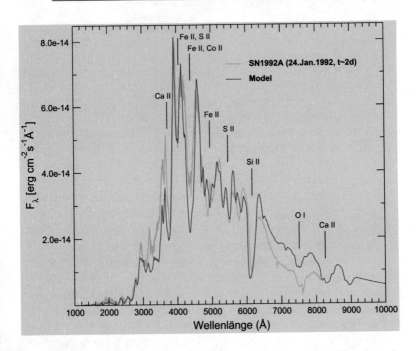

Abb. 2.15 Das Bild zeigt nochmals das Spektrum eines lokalen, kosmischen Leuchtturms (SN192A) bei maximaler Helligkeit in grüner Darstellung – in vertikaler Richtung ist die spektrale Helligkeit und in horizontaler Richtung die Wellenlänge angegeben. In diesem Bild neu ist das in Blau gezeigte synthetisch berechnete Spektrum. Das Wesentliche an dieser Darstellung ist der mögliche Vergleich der beiden Spektren. Wird dieser Vergleich sehr präzise durchgeführt und werden daraufhin die Modellparameter so verändert, dass wesentliche physikalische Größen bestimmt werden können, so bezeichnet man dieses Vorgehen als Spektralanalyse. Von grundlegender Bedeutung für dieses Vorgehen ist die Identifizierung der spektralen Signaturen: Im Bild wurden die herausragenden Linien der Elemente Sauerstoff (O), Schwefel (S), Kalzium (Ca), Silizium (Si), Kobalt (Co) und Eisen (Fe) aus diesem Grund markiert. Ein wichtiger Aspekt betrifft auch das, was wir nicht sehen! *Wir sehen keine Signaturen, die auf die Elemente Wasserstoff oder Helium hinweisen.* Diese Tatsache unterstreicht unsere Hypothese, dass es sich bei den Vorläufern um Sterne handeln muss, die am Ende ihrer Entwicklung stehen, da sie ihren primären Brennstoff – Wasserstoff – bereits verbraucht haben, nachhaltig. Spektralanalysen, wie die hier illustrierte, sind von grundlegender Bedeutung, um Unterschiede im Explosionsablauf von lokalen und weit entfernten Super-

Andererseits ist es aber auch so, dass das Konzept, auf dem die Spektraldiagnostik basiert, kein einfaches ist. Seine Umsetzung bedarf vielmehr
eines grundlegenden Aufbaus und einer nachhaltigen Pflege, um ein
Werkzeug zu entwickeln, das den Anforderungen auch gerecht werden
kann. Gegenüber der im Kapitel 2.3.1, Abschnitt „Die Spektraldiagnostik als Werkzeug und Experiment" bereits realisierten Vorgehensweise
sind im Hinblick auf Supernova-Typ-Ia-Hüllen allerdings vielschichtige
Erweiterungen und Veränderungen nötig, um auch hier mit gleicher Güte
zum Ziel zu kommen. Die wesentlichste Veränderung stellt dabei die
Ersetzung des stellaren hydrodynamischen Modells durch ein adäqua-
tes Supernova-Typ-Ia-Explosionsmodell dar; eine der entscheidenden
Erweiterungen betrifft die Berücksichtigung der energetischen Prozesse, die sich aus dem radioaktiven Zerfall von Nickel – und in dessen
Schlepptau Kobalt – ergeben.

Bei der Entwicklung der Explosionsmodelle konnten wir bereits einsehen, dass es dabei nicht nur um das sture Abarbeiten und Einbinden
von physikalischen Prozessen geht, sondern dass auch komplexe Rück-
kopplungsprozesse durchschaut und die Vorgehensweisen entsprechend
angepasst werden müssen (Kapitel 1.5.4 „Die thermonukleare Explosion eines Sterns"). So ist es auch hier – auch die Entwicklung der
Spektraldiagnostik-Hüllenmodelle ist ein Prozess im Werden; und bei
diesem Prozess hat man sich daran gewöhnt, schrittweise auf Erfolge
zu verweisen. Wir können folglich nicht erwarten, dass das Erreichen
der Ziele genauso frohgemut verkündet wird, wie wir die Zielsetzungen
selbst proklamiert haben. Aber wir werden uns auch nicht mit weniger
Fakten zufriedengeben als denen, die zur Verfügung stehen; und wie es
in der Wissenschaft üblich ist, gibt es auch hier vorläufige Ergebnisse
und Zwischenschritte, und mit denen werden wir uns im Folgenden kurz
befassen.

Der entscheidende Schritt bei der Verfolgung der genannten Ziele ist der detaillierte Vergleich der beobachteten mit den synthetischen

←───

nova-Objekten zu erforschen und damit mögliche Unterschiede hinsichtlich der chemischen Zusammensetzung der Vorläufersterne aufzudecken.
Mit den derzeit verfügbaren Teleskopen können jedoch noch keine hochaufgelösten Supernova-Typ-Ia-Spektren selbst bei mittlerer Rotverschiebung aufgenommen werden. Aus diesem Grund sind Analysen, wie die
hier gezeigte, gegenwärtig noch auf den lokalen Bereich beschränkt.

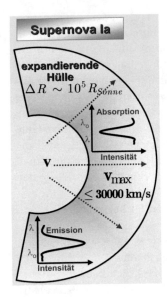

Spektren. Der Ausgangspunkt für diesen Vergleich sind sowohl realistische Explosionsmodelle als auch quantitativ überzeugende Simulationen der expandierenden Hüllen der Supernovae (Skizze). Diese beiden theoretischen Blöcke müssen also physikalisch genau umgesetzt und präzise aufeinander abgestimmt werden. Das heißt, alle physikalischen Größen und Vorgänge, die zur Charakterisierung einer Simulation des Explosionsvorgangs und der sich daraus ergebenden Struktur der expandierenden Supernovahülle notwendig sind, müssen mit großer Genauigkeit untersucht und berücksichtigt werden. Als Beispiel verdeutlicht das gezeigte Bild den Stand der Dinge bei der Umsetzung dieses Konzepts.

Der Vergleich der gezeigten Spektren, bei dem die Theorie der Beobachtung gegenübergestellt wird, macht deutlich, dass die quantitative Diagnostik von Typ-Ia-Supernovaspektren in den Startlöchern steht: Bei dem Vergleich handelt es sich um die Supernova 1992a, wobei das Spektrum im Bereich des Maximums der Lichtkurve aufgenommen wurde. Die spektralen Strukturen des synthetischen und des beobachteten Spektrums stimmen teilweise so gut überein, dass man auch das synthetische Spektrum als Referenzspektrum betrachten könnte. Wie im Bild zu sehen ist, zeigt das Spektrum neben den erwarteten Signaturen der schweren Elemente Kobalt und Eisen auch herausragende Strukturen von mittelschweren Elemente wie Sauerstoff, Schwefel, Kalzium und Silizium. Diese Spektrallinien werden speziell während der ersten Wochen nach der Explosion beobachtet; sie machen deutlich, dass vor allem im äußeren Bereich nicht das gesamte Material verbrannt ist, wobei unvollständige Brennvorgänge, die zum Beispiel als Endprodukt Silizium ergeben, ebenfalls stattgefunden haben. Dies liefert uns wichtige Hinweise auf die Art und Weise der thermonuklearen Verbrennung, die die Stärke der Explosion festlegt. Zudem kann man auf diesem Weg Informationen über die physikalischen Bedingungen, die während der Explosion im Weißen Zwerg vorherrschten, gewinnen. Als erstes diagnostisches Ergebnis in dieser Richtung konnte aus dem gezeigten Vergleich des beobachteten und des synthetischen Spektrums die chemische Zusammensetzung dieser Supernova ermittelt werden, wobei die Struktur vieler spektraler Details daraufhin deuten, dass die chemischen Elementhäufigkeiten räumlich geschichtet sind. Die schweren Elemente sind dabei auf den inneren Bereich konzentriert (Skizze). Dieses Ergebnis verdeutlicht, dass eine Durchmischung der Elemente während der Explosion kaum stattgefunden hat; dies ist ein wichtiger Anhaltspunkt für die Einschränkung der physikalischen Prozesse, die für die Explosionsmodelle relevant sind. Details dieser Art werden uns, nach entsprechender Feinabstimmung der Modelle, die Möglichkeit bieten, auch die chemische Zusammensetzung der Elemente der Vorläufersterne einzuschränken. Weitergehende Aussagen liegen derzeit allerdings im Bereich der Spekulation. Um daraus „harte Zahlen" werden zu lassen, müssen sowohl die Explosionsmodelle als auch die Spektraldiagnostik-Hüllenmodelle noch deutlich weiterentwickelt werden. Auch die vergleichende Erforschung von lokalen und weit entfernten Supernova-Objekten ist gegenwärtig kein Selbstläufer, da die derzeit verfügbaren Teleskope keine hochaufgelösten Supernovae-Typ-Ia-Spektren – wie das Gezeigte – bei höherer Rotverschiebung aufnehmen können. Teleskope, die dazu in der Lage sein werden, befinden sich jedoch bereits in der Planung.

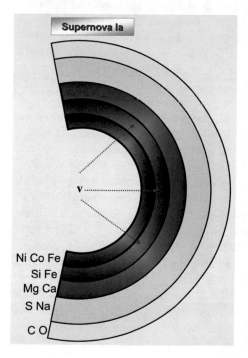

Damit können wir uns natürlich nicht zufriedengeben, denn es steht ja die Identifizierung der kosmischen Leuchttürme noch aus! Diesen Punkt müssen wir vordringlich klären, und zwar hier und jetzt! Denn die Supernovae, die wir im „Hochrotverschobenenalter" beobachten, sind im frühen Universum explodiert, als unser Sonnensystem noch nicht einmal entstanden war; und aus diesem Grund haben wir keinerlei Garantie, dass dies die gleichen Explosionen sind, wie die, die wir lokal beobachten. Zumindest in diesem Punkt brauchen wir eine klare Antwort, denn von dieser Antwort hängt nicht mehr und nicht weniger als die Existenz der Dunklen Energie ab.

Erfreulicherweise ist es nun so, dass die Qualität der gegenwärtig verfügbaren Spektren von hochrotverschobenen kosmischen Leuchttürme auf jeden Fall von hinreichender Güte ist, um sicherzustellen, dass auch sie die typischen Merkmale der Supernovae Typ Ia, die uns mittlerweile wohlbekannt sind (Abb. 2.15), aufweisen – verglichen mit dem hier gezeigten Spektrum müssen wir diese Spektren allerdings mit dem Prädikat „lausig" versehen. Zusammen mit dem zweiten Standbein, den Lichtkurven, konnte man sich damit zweifelsfrei davon überzeugen, dass es „Chandrasekharmassen" waren, die auch im frühen Universum explodiert sind! Die Existenz der Dunklen Energie konnte also nicht zuletzt durch den Einsatz einer in gewisser Weise noch grobmotorisch praktizierten Form der Spektraldiagnostik, die bei einem professionellen Blick dennoch aussagekräftig ist, ohne die geringsten Zweifel untermauert werden!

Anders sieht es bei dem möglichen Alterungsprozess, dem das Erscheinungsbild der kosmischen Leuchttürme im Verlauf der Zeit unterworfen sein kann, aus. Die heutigen Supernovae Typ Ia können gegenüber den kosmischen Leuchttürme im frühen Universum also immer noch eine andere intrinsische Schwankungsbreite in ihrem diversifizierten Erscheinungsbild aufweisen (Kapitel 2.2.1 „Die Lichtkurven und ihr radioaktiver Charakter"). Dies würde bedeuten, dass die Kalibrierung, die wir für die lokalen Supernovae gefunden haben, sich von einer Kalibrierung der kosmischen Leuchttürme im frühen Universum unterscheiden würde. Falls dem so ist, müssten sich Spuren von diesem Verhalten auch im Spektrum zeigen. Die diffizile Vielfalt der spektroskopischen Signaturen würde also eine diagnostisch erkennbare Veränderung erfahren – kurzum, die Fingerabdrücke der Supernovae würden sich unterscheiden –; und dies nachzuweisen, wird die Stunde der Spektraldiagnostik sein! Der zukunftsorientierte Charakter dieser Aussage bringt klar zum Ausdruck, dass für einen solchen Schritt lausige Spektren unbrauchbar sind – lausige Spektren sind dadurch gekennzeichnet, dass die Qualität des Signals fast im Rauschen untergeht; ein defekter Antennenverstärker kann einem 30-Zoll-Flachbildfernseher mühelos ein solches Bild verschaffen. Es muss also die nächste Generation der Großteleskope abgewartet werden, um diesen Schritt Realität werden zu lassen.

Für die weitergehende Präzisierung der Größe und dem zeitlichen Verlauf der Dunklen Energie werden solche Analysen von entscheidender Bedeutung sein. Denn auf diesem Weg können die physikalischen Abläufe und die Verteilung der Elemente bei den Endprodukten der Explosionen der Supernovae Typ Ia sehr genau nachvollzogen und analysiert werden. Diese Untersuchungen werden also zeigen, inwieweit die kosmischen Leuchttürme des frühen Universums exakt von gleicher Art waren, wie es die heutigen sind. Und das Mittel für diese Art der Untersuchung stellt die Spektraldiagnostik als belastungserprobte Analysetechnik der Astrophysik dar!

Epilog

Dass wir Teil des Ganzen sind, wird uns immer dann bewusst, wenn das Ganze bei uns marginale Spuren hinterlässt, die wir jedoch als existenzbedrohende Katastrophen ansehen. Eine solche Bedrohung kann sich zum Beispiel auch aus einem im Universum gelegentlich auftretenden Unwetter ergeben. Der Name für derartige Unwetter entstammt dabei keiner Buchstabenserie, wie dies bei „Katrina" oder „Andrew" der Fall war, der Name ist in diesem Universums-Fall immer derselbe: Man nennt diese Unwetter schlichtweg „Supernova Typ Ia". Dabei handelt es sich um eine thermonukleare Bombe, und wie so oft war die Natur auch in diesem Fall nicht kleinlich und präsentiert uns damit etwas, dass in jeder Hinsicht von allerfeinster Güte ist. Im Zusammenhang mit diesen Objekten kann sich genau dann eine Bedrohung für uns ergeben, wenn sich ein solches Ereignis vor unserer Haustür abspielt, sein Zentrum also nicht weiter als 200 Lichtjahre entfernt ist. Die marginalen Spuren dieses Auftritts würden als Folgeerscheinung unsere Atmosphäre etwas aus dem Gleichgewicht bringen, und zwar vor allem durch Absorption der bei diesem Vorgang freigesetzten Gammastrahlung, die allerdings eine gewaltige Intensität aufweisen würde. Unsere Atmosphäre müsste sich daraufhin in mancher Hinsicht neu sortieren; und dies würde auch so manche negative Auswirkung auf unsere Biosphäre nach sich ziehen, was den derzeit vorherrschenden Lebensformen auf unserem Planeten nicht zugute käme. In konkreter Hinsicht hat der Schläfer dieser Bedrohung sogar einen Namen, sein Name ist IK Pegasi. IK Pegasi gilt als potenzieller Kandidat für eine bevorstehende erdnahe Supernova-Typ-Ia-Explosion, wobei der Begriff Explosion in diesem Zusammenhang eher eine Verniedlichung des wahren Geschehens darstellt. Wie so viele andere Bedrohungen dieser Art wird auch diese die wenigsten von uns wirklich nachhaltig erschüttern, und das liegt daran, dass wir in der Vergangenheit gelernt haben, damit umzugehen. An den Umgang mit derartig schwerwiegenden Bedrohungen haben wir uns aber nicht zuletzt deshalb gewöhnt, weil wir stets auf Entwarnungssignale hoffen und warten; solche gibt es auch im vorliegenden Fall und die kommen aus der Spektraldiagnostik, einer wichtigen Analysetechnik der Astrophysik. Entgegen allen Erwartungen scheinen die Vorläufersterne – die Schläfer – der kosmischen Leuchttürme, wie die Supernovae vom Typ Ia ihrem Erscheinungsbild nach auch genannt werden, keine Doppelsternsysteme wie IK Pegasi zu sein, sondern eine Untergruppe der Zentralsterne Planetarischer Nebel. Damit wäre IK Pegasi also gar keine tickende Zeitbombe! Ein zweites Entwarnungssignal betrifft sogleich auch die neuen Vorläuferkandidaten dieser thermonuklearen Bomben: Alle Sterne aus dieser Gruppe befinden sich in respektablem Abstand zu unserem Planeten. Es wäre aus unserer uneigennützigen Sicht also durchaus wünschenswert, dass der derzeitige, die Vorläufersterne der Supernovae vom Typ Ia betreffende Disput unter den Astrophysikern zugunsten der Zentralsterne Planetarischer Nebel entschieden wird. Demgegenüber sind für die Astrophysik, die Superlativen zu schätzen weiß, diese thermonuklearen Bomben ausschließlich ein Segen. Denn sie haben zur aufregendsten und vielleicht spektakulärsten Entdeckung der letzten Jahrzehnte geführt, der Entdeckung der Dunklen Energie.

Von dieser wissen wir, dass sie wie eine Art Materie mit negativem Druck wirkt; und wir kennen ihren Anteil an der Gesamtenergie des Universums, und der ist nicht nur dominierend, sondern sogar von kritischer Größe: Gäbe es auch nur um einen unbedeutenden Faktor mehr an Dunkler Energie, so hätten sich beispielsweise niemals Galaxien ausbilden können. Denn das Universum wäre in der entscheidenden Phase der zögerlichen Materiegruppierung viel zu schnell expandiert, sodass diese Grundstrukturen, die die Keime für die heutigen Superhaufen von Galaxien darstellten, sofort wieder zerrissen worden wären, und zwar bevor sie ihre Aufgabe ordnungsgemäß erfüllen hätten können. Obwohl die Dunkle Energie dominiert, hat sie sich offensichtlich dennoch zurückgehalten; schwerwiegenden Schaden wollte sie anscheinend nicht anrichten – zumindest damals nicht. Heute befinden wir uns in einer Phase, in der die Dunkle Energie mit ihrem negativen Druck die energetische Kontrolle im Universum übernommen hat, auch wenn sie dabei ausgesprochen dezent vorgeht. Das ist es, was wir erkannt haben; und wir wissen auch um die Bedeutung des Energiehaushalts im Universum und dass hierbei natürlich eine dominierende Größe auch eine wichtige Rolle spielen muss. Was wir noch nicht erkannt haben ist, worin ihre Bedeutung wirklich liegt und welche Rolle sie im Gesamtgeschehen der Entstehung und der Entwicklung des Universums tatsächlich spielt. Ja, wir wissen noch nicht einmal, wie sie zu ihrem negativen Druck gekommen ist. Aber wir wissen um die erschreckend anmutenden Auswirkungen eines negativen Drucks! Wir wissen darum, weil es schon einmal eine Phase in der Entstehung und Entwicklung des Universums gab, in der der negative Druck von sich reden machte; und da hat sich gezeigt, welche unglaubliche Macht hinter ihm steckt; und da hat sich gezeigt, dass sich diese Macht auch noch potenziert, wenn man ihn mit der Gravitationsenergie zusammenarbeiten lässt. All dies hat uns sein Wirken während und kurz nach der Inflationsphase, die Teil des Entstehungsprozesses des Universums war, gelehrt; damit konnte nur durch ihn der heute beobachtbare Teil des Universums aus einer extrem geringen Startmasse von lediglich zehn Kilogramm entstehen. Das Universum entstand damit zwar nicht wirklich aus dem Nichts, aber ein Großteil davon irgendwie schon; denn ein Großteil der Teilchen entstand aus der Energiedichte des falsch positionierten Higgsfeldes, das das Universum in seiner Entstehungsphase auf vergleichbare Art dominierte, wie das Wasser die Ozeane dominiert. Es musste wachsen: Das falsch positionierte Higgsfeld musste sich ungehindert inflationär vergrößern, um den heute beobachtbaren Teil des Universums mit 10^{90} Teilchen versorgen zu können. Und hier hatte der negative Druck zwei Funktionen zu erfüllen: Er musste als treibende Kraft, als Gaspedal der Inflation fungieren; und er musste die Energiedichte des sich gewaltig mehrenden Higgsfeldes durch seinen eigenen, entgegengerichteten Energiebeitrag kompensieren, um einen vorzeitigen Energietod des durchdacht wachsenden Universums zu verhindern. Nachdem das falsch positionierte Higgsfeld sich durch einen Phasenübergang richtig positioniert und aus der frei gewordenen Energie den Inhalt des Universums erzeugt hatte, brach dadurch der negative Druck zusammen und beendete die Inflationsphase. Jetzt drohte doch der Energietod, der nach der Unschärferelation in extrem kurzer Zeit alle Teilchen wieder ins Nichts geschickt hätte, denn er war verletzt; die Energieerhaltung war durch den Wegfall des ebenfalls zusammengebrochenen Kompensationseffekts verletzt. In solchen Fällen wehrt sich die Natur mit der Unschärferelation, die ein derart schweres Vergehen sofort ausgleicht. Außer jemand anderes besetzt den fehlenden Part; und genau das geschah. Die ebenfalls negative Gravitationsenergie der soeben erzeugten, nunmehr masseorientierten Teilchen übernahm die Rolle des negativen Drucks, und sie war zudem von exakt der gleichen Größe. Dieses Szenario hat uns also gezeigt, was ein negativer Druck vermag. Im Zusammenwirken mit der ebenfalls negativen Gravitationsenergie kann er nahezu komplette Universen aus dem Nichts – zumindest einem sehr speziellen Nichts – entstehen lassen!

Das ist aber noch nicht alles. Es gibt in diesem Zusammenhang etwas noch Ursächlicheres als den negativen Druck, und das ist der Auslöser des negativen Drucks – die Quantenfluktuationen! Diese Strukturen stellen das dar, was eigentlich nicht da sein sollte; nachdem dieses Nichts aber nicht null werden kann, ist es allgegenwärtig und beeinflusst dadurch das Geschehen. Im frühen Universum war diese Beeinflussung, und sogar Steuerung, sehr vielschichtig. So hätte es zum Beispiel ohne die Quantenfluktuationen keinen negativen Druck und damit keine inflationäre Expansion gegeben, und ohne die gäbe es kein Universum. Falls doch, hätte keine Entropieerniedrigung, die die Grundlage für den Beginn der Makrozeit war, stattgefunden; und ohne Zeit wäre ein solches ohnehin fragwürdiges Universum vollkommen nutzlos. Letztlich hätte es auch keine Strukturbildung, die die Grundlage für Galaxien- und Sternentstehung war, gegeben, denn diese ist ebenso aus den Quantenfluktuationen, die während der Inflationsphase um einen gewaltigen Faktor auseinandergezerrt wurden, entstanden. Interessanterweise haben die Quantenfluktuationen auf diesem Weg sich eigentlich selbst auseinandergezerrt, denn sie waren ja auch maßgeblich an der Inflationsphase beteiligt. Das Nichts der Quantenfluktuationen ist ganz offensichtlich ein sehr spezielles Nichts.

Wir erkennen damit, dass die Quantenfluktuationen in einer wichtigen Phase schon einmal den Weg geebnet haben. Könnte es sein, dass sie auch der Dreh- und Angelpunkt bei der Dunklen Energie sind? Nach dem, was wir eingesehen haben, sollten wir zumindest nicht überrascht sein, wenn sich herausstellt, dass auf eine noch zu klärende Art und Weise die Quantenfluktuationen, deren Existenz zu der einzig uns bekannten Form eines negativen Drucks führt, sich auch als Ursache für die Dunkle Energie empfehlen!

Eventuell haben wir mit der physikalischen Grundlage der Quintessenz und ihrem Kosmonfeld den Fisch sogar schon am Haken. Wenn dem so ist, dann wird die Zukunft unseres Universums davon abhängen, ob die Quintessenz in der Tat eine Entwicklung durchmacht, im Zuge derer sich völlig neue Formen von Energie und Strahlung ausbilden, und ob dabei möglicherweise der derzeitige negative Druck verloren geht. Als Konsequenz würde dann die beschleunigte Expansion irgendwann zum Stillstand kommen. Welche Auswirkungen das hätte, bleibt derzeit offen.

Es könnte aber auch sein, dass von „Dem", was da draußen wirklich „Ist", noch nicht einmal der abgedrehteste Theoretiker die geringste Vorstellung hat. Verwunderlich wäre das nicht, denn die präzise Beschreibung der Entwicklung des Universums stellt eine der gewaltigsten Aufgaben dar, der wir uns stellen können; wobei die Komplexität, die die immer weitergehende Präzisierung erfordert, uns unsere Grenzen der Vorstellungen und Einsichten aufzeigt. Herauszufinden, wohin der Weg geht, lässt uns dennoch keine Ruhe, denn wir wollen vor allem verstehen, wie unsere Erkenntnisse zusammenpassen. Was uns dabei zu denken geben sollte, ist jedoch die Einfachheit der konstituierenden Gleichungen, die sich bei der Entwicklung des Universums als Herzstück der kosmologischen Beschreibung erwiesen haben. Jeder Student steht beim ersten Kontakt ungläubig vor der scheinbaren Tatsache, dass mit einem so einfachen Konzept die Entwicklung des Universums rahmengebend beschrieben werden kann. Kann es wirklich sein, dass ausgerechnet die Entwicklung des Universums auf eine so einfache Art vorhersagbar ist? Niemand hat die Entdeckung der Dunklen Energie, und auch bereits die der Dunklen Materie, vorhergesagt. Diese Härtetests wurden nicht bestanden! Die Entdeckung des Dunklen, Unbekannten deutet darauf hin, dass dieses Konzept – das Standardmodell –, obwohl es noch trägt, angeschlagen ist. Aus objektiver Sicht hat sich die bestehende Theorie des Standardmodells zwar noch einmal aus der Affäre gezogen, aber dafür waren erstmalig Kunstgriffe nötig. Daraus lernen wir, dass bei der Sammlung und Strukturierung unserer Erkenntnisse das große Ziel, zu verstehen, wie die Entwicklung des Universums im Detail abläuft, erst mit dem endgültig letzten Schritt zu erreichen ist. Wir sollten bei diesem fortwährenden Hürdenlauf mit noch so mancher Überraschung rechnen; wobei die Vorstellung, die wir gegenwärtig haben, und die wir als modern und fortschrittlich betrachten, aus zukünftiger Sicht, ein klägliches Bild abgeben könnte. Gleichwohl befinden wir uns auf dem richtigen Weg, denn wir nehmen sie ernst, die neuen Dunklen Entdeckungen. Dies zwar mit bedächtiger Freude, aber letztendlich wird auch sie, die Dunkle Energie, eine spannende Geschichte zu erzählen haben – eine Geschichte, die darlegt, worin ihre wahre Bedeutung im Gesamtgeschehen liegt.

Die ferne Zukunft unseres Universums wird allerdings davon nicht abhängen. Sie wird nur davon abhängen, wann der Zustand der größten Unordnung erreicht wird. Oder anders formuliert, wann die durch die Phase extremer Expansion gewonnene Ordnung wieder verloren gegangen ist. In diesem Zustand wird es dunkel und kalt, denn in ungefähr 10^{14} Jahren werden die letzten Sterne wegen Brennstoffmangel erlöschen. Was dann übrig bleibt, ist Asche. Asche, die aus Schwarzen Löchern, kalten Neutronensternen, Schwarzen Zwergen und verwaisten, toten Planeten bestehen wird. In diesem Zustand stirbt das Universum so etwas wie einen Entropietod, was gleichbedeutend damit ist, dass die Makrozeit dann zum Stillstand kommen wird. Der Ordnungsgewinn, den uns der geniale Trick der inflationären Expansion im Zusammenspiel mit den Quantenfluktuationen geschenkt hat und der den Schalter für die Makrozeit umgelegt hat, ist also auch nur vergänglich. Somit steht jedem System, das eine Entwicklung durchlebt, nur die beschränkte Zeit zur Verfügung, die den Übergang von der anfänglichen Ordnung zur systemzerstörenden Unordnung fixiert; wobei dieser Übergang durch die Entwicklung selbst erzwungen wird. Ein solches System stellen auch wir selbst dar, und deshalb ist auch die uns zur Verfügung stehende Zeit, trotz aller Tricks, derer wir uns bedienen, beschränkt. Es ist also die Entropie, die das letzte Wort hat –„brevis nobis a natura vita data est"[1].

---

1   „Uns ist von der Natur ein kurzes Leben gegeben."

Glossar

Baryonen Teilchen, die aus **Quarks** zusammengesetzt sind – Hauptbestandteil der Baryonen sind die aus jeweils drei Quarks aufgebauten Protonen und Neutronen.

Big Bang Anfang der **Expansion** des Universums. Der Ort des Big Bang ist überall, er ist das Universum – der Big Bang dauert immer noch an. Der Ideengeber und „Vater des Big Bangs" war George Gamow.

Chandrasekharmasse Im Falle des Übergangs zur vollständig relativistischen **Entartung** des Fermidrucks gibt es eine kritische Masse, oberhalb der ein **Weißer Zwerg** oder ein **Neutronenstern** dem Gravitationsdruck nicht mehr standhalten kann – diese Masse nennt man Chandrasekharmasse. Bei einem aus Kohlenstoff und Sauerstoff bestehenden Weißen Zwerg hat diese Masse den Wert $M_{Ch} = 1.457 M_\odot$. Da der theoretisch berechnete Radius eines solchen Sterns gleich null ist, muss er kollabieren und dabei entweder von den Kernkräften abgefangen oder zum **Schwarzen Loch** werden.

Druck Druck ist Kraft pro Fläche, und demzufolge ist Druck mal Volumen gleich Kraft mal Weg. Kraft mal Weg ist aber eine Form der Energie, und nachdem Energie wie Masse wirkt – stets anziehend –, gilt dies auch für den Druck.

Dunkle Energie Trotz Einbeziehung der **Dunklen Materie** fehlte dem Universum Energie, um seinen beobachteten flachen Zustand zu erklären – es fehlten fast 70 %. Durch die Entdeckung der Dunklen Energie

wurde diese Lücke geschlossen, aber die Dunkle Energie liefert nicht
nur den fehlenden Energieanteil, sie liefert auch etwas, womit niemand
gerechnet hat, und zwar negativen Druck – derzeit verstehen wir beides nicht tief genug, weder die Dunkle Energie noch ihren **negativen
Druck**.

Dunkle Materie Die Gesamtmasse aller Sterne und Gaswolken reicht
bei Weitem nicht aus, um Sternansammlungen zusammenzuhalten. Sie
würden unablässig auseinanderfliegen. Um die Entstehung von Galaxien zu ermöglichen, wird nahezu zehnmal mehr Masse benötigt, als
auf direktem Weg entdeckt wurde. Die Dunkle Materie, die etwa 80 %
der Gesamtmasse (dies entspricht allerdings nur 25 % der Gesamtenergie) im Universum ausmacht, schließt diese Lücke. Obwohl diese Ansammlung von Dunkler Materie nahezu das Zehnfache der leuchtenden
Materie darstellt, wird selbst dieses gewaltige energetische Äquivalent
von der allgegenwärtigen Dunklen Energie vollkommen in den Schatten gestellt – das hypothetische Teilchen, das die „Dunklen Materie"
darstellen soll, nennt sich **WIMP**.

Entartungsdruck Gemäß der **Unschärferelation** muss jedes Teilchen, dem aufgrund einer sehr hohen Dichte nur ein geringer Raum zur
Verfügung steht, einen großen Impuls aufweisen $\Delta p \Delta x \geq h / 2\pi$. Dieser Effekt wird durch das Pauli-Prinzip, das der quantenmechanischen
Besonderheit, dass alle Fermionen (Elektronen, Protonen, Neutronen)
verschiedene Zustände einnehmen müssen, Rechnung trägt, auch noch
verstärkt, da die Fermionen auf zum Teil sehr hohe Impulsniveaus ausweichen müssen. Hohe Impulswerte führen auch zu einem hohen Druck
(Fermidruck), der von der Temperatur unabhängig ist und dennoch
den thermischen Druck deutlich übersteigen kann. Bei extrem hoher
Packungsdichte der Fermionen müssen die Geschwindigkeiten derart
hoch werden, dass gemäß der Speziellen Relativitätstheorie der relativistische Impuls berücksichtigt werden muss. In diesem Fall spricht
man von einem vollständig relativistischen Entartungsdruck.

Entropie Die zeitliche Entwicklung bedingt eine Entropieerhöhung,
wobei die Entropie ein Maß für die Unordnung des Systems darstellt. Je
größer die Entropie ist, desto größer ist auch die Unordnung im System.
Hat die Entropie ihren größtmöglichen Wert erreicht, das heißt, ist die

Unordnung im System nicht mehr zu überbieten, so findet auch keine weitere zeitliche Entwicklung mehr statt, es wird kein Zeitablauf und damit keine **Makrozeit** mehr wahrgenommen. In makroskopischer Hinsicht vergeht bei Erreichen dieses Zustands keine Zeit mehr, und es gibt in diesem Fall keine Reihenfolge von Augenblicken mehr, und auch ein **Zeitpfeil** ist nicht mehr feststellbar.

Expansion Abstrakte Vorstellung von einem sich an jedem Ort ausdehnenden Raum, wobei die Materie sich vollkommen passiv verhält und in ihrem lokalen Raumbereich ruht.

Explosion Das grundlegende Verhalten einer Explosion ist von einer plötzlich frei werdenden großen Energiemenge geprägt, die eine zerstörerische Kraft auf ihr Umfeld ausübt und die die darin befindliche Materie strukturell verändert und die die nicht mehr weiter veränderbaren Teile in alle Richtungen wegschleudert. Die Explosion selbst breitet sich dabei mit einer bestimmten Geschwindigkeit aus, die naturgemäß zur frei werdenden Energiemenge proportional ist. Sie ist aber auch indirekt proportional zur Dichte des die Explosion umgebenden Mediums.

Fermidruck siehe **Entartungsdruck**

Gluonen siehe **Quark**

Higgs-Boson siehe **Higgsfeld**

Higgsfeld Masselose Teilchen wie das **Photon** bewegen sich grundsätzlich mit der Grenzgeschwindigkeit c durch den Raum. Wäre das bei allen Teilchen so, würden wir diese Ruhelosigkeit als durchaus störend empfinden, denn völlig masselose Teilchen können keine gebundenen Systeme bilden – unsere Erscheinungsform wäre damit reichlich konturenlos. Es wird also Masse benötigt, denn die macht die Teilchen träge, und träge Teilchen sind immer langsamer als die Grenzgeschwindigkeit c und können sich damit binden. Masse ist also so etwas wie eine Bremse für Teilchen. Und diese Bremswirkung wird durch das Higgsfeld vermittelt, das die Teilchen im gesamten Universum wie ein Brei umgibt. Dieser Higgsfeld-Brei macht die Teilchen träge, und dadurch bekommen sie die Eigenschaft Masse. Nachdem Masse gleich Energie ist, kommt die Masse der Teilchen folglich aus der Wechselwirkungsenergie mit dem Higgsfeld. Die unterschiedlichen Massen der Teilchen – zum Beispiel Elektronen oder **Quarks** – können auf jeweils verschieden starke Wechselwirkungen mit dem Higgsfeld zurückgeführt werden, und daraus ergeben sich unterschiedliche Wechselwirkungsenergien beziehungsweise Massen. Das Higgsfeld unterscheidet sich von anderen Feldern, beispielsweise dem elektromagnetischen Feld, dadurch, dass es auch ohne Partner oder äußere Einwirkung eine Feldstärke besitzt, die grundsätzlich von null verschieden ist. Die Quanten des Higgsfeldes sind also allgegenwärtig – Quanten vermitteln die Wechselwirkungseigenschaft der Quantenfelder, so gehören zum elektromagnetischen Feld die Photonen, zur starken Wechselwirkung die **Gluonen**, zur **Quintessenz** das **Kosmon** und zum Higgsfeld das **Higgs-Boson**. Das Besondere an diesem Teilchen ist, dass es nicht nur die Entstehung der Masse der anderen Teilchen erklärt, es hat vielmehr aufgrund der Wechselwirkung mit sich selbst auch eine Masse. Diese Besonderheit war nicht zuletzt beim Start des **Big Bang** und der **Inflationsphase** entscheidend; so, wie die zweite Besonderheit, die sich darin zeigt, dass das Higgsfeld den Zustand eines falschen **Vakuums** einnehmen kann. Nach unserem Verständnis würde unser Universum ohne diese Eigenschaft nicht existieren. Um aus der geschilderten Vorstellung eine wissenschaftliche Tatsache zu machen, müsste man das Higgs-Teilchen allerdings früher oder später nachweisen. Das wird auf der ganzen Welt versucht, man wurde aber noch nicht fündig.

Hubble-Gesetz Edwin Hubble konnte mit einem Diagramm zeigen, dass die Galaxien sich in alle Richtungen von uns und voneinander entfernen und dass dies umso schneller geschieht, je weiter sie von uns entfernt sind – je größer der Abstand zwischen zwei Galaxien im Universum ist, umso weiter entfernen sie sich innerhalb eines bestimmten Zeitintervalls auch voneinander. Es gibt eine Galaxienflucht, bei der die Fluchtgeschwindigkeit mit zunehmendem Abstand wächst! Konkret fand Hubble die Beziehung *Geschwindigkeit* = H_0 × *Entfernung*. Sie besagt, dass der Raum selbst sich ausdehnt und dabei die Galaxien quasi ortsfest mitbewegt. Die sich aus der kosmologischen **Rotverschiebung** ergebenden sogenannten „Fluchtgeschwindigkeiten der Galaxien" sind eine direkte Konsequenz der Ausdehnung des Raums beziehungsweise der Expansion des Universums. Die „Flucht der Galaxien" ist also keine Bewegung in einem fixen Raum, die speziell von uns weg erfolgt.

Hubble-Konstante Die Beziehung $v = H_0 r$, die einen linearen Verlauf zwischen den Entfernungen r der Galaxien und den als Geschwindigkeiten v interpretierten **Rotverschiebungen** z zeigt, legt die heutige Hubble-Konstante H_0 fest; deren aktueller Wert liegt bei 22 Kilometer/Sekunde/Megalichtjahr – dieser Wert gilt allerdings nur für eine beschränkte zeitliche Epoche (die Hubble-Konstante H_0 ist eigentlich keine Konstante, sondern eine zeitabhängige Funktion $H(t)$, und dem wird durch die Angabe des Index 0, der den derzeitigen Wert $H(t_0)$ kennzeichnet, Rechnung getragen).

Inflation Die Inflationsphase war der Bang beim **Big Bang**, sie hat dem Universum seinen Anfangsimpuls gegeben und es damit auf den Expansionsweg gebracht. Ohne sie wäre das Universum nach dem Start des Big Bang fraglos sofort wieder kollabiert; vorausgesetzt, das Universum wäre ohne sie überhaupt aus seiner **Singularität** herausgekommen. Das auslösende Moment der Inflation war das **Higgsfeld**, das als falsches Vakuum auftrat und dadurch einen **negativen Druck** und einen gewaltigen Energiedichteüberschuss besaß. Während der negative Druck für die inflationäre Expansion sorgte, hat der nach dem Phasenübergang des Higgsfeldes frei gewordene Energiedichteüberschuss die Teilchen erzeugt, die heute unser Universum bevölkern. Es war die Inflation, die unter Einbeziehung des Gravitationspotenzials der Allgemeinen Relativitätstheorie aus einer dem Wirkungsbereich der Singularität zugeordneten möglichen Startmasse von gerade einmal 10 Kilogramm die 10^{90} Teilchen werden ließ, die wir in unserem heute sichtbaren Teil des Universums beobachten.

Kosmische Leuchttürme siehe **Supernovae Typ Ia**

Kosmologisches Prinzip siehe **Weltpostulat**

Kosmonfeld Die **Quintessenz** beschreibt die Dunkle Energie also eine dynamisch veränderliche Substanz, wobei die Wechselwirkung mit anderen Energieformen durch ein skalares Kosmonfeld vermittelt wird – ein anderes Skalarfeld von Bedeutung stellt das **Higgsfeld** dar, wobei das Kosmonfeld zum Teil ähnliche, aber schwächer ausgeprägte

Eigenschaften haben könnte. Das Kosmonfeld kann man sich wie ein elektrisches Feld vorstellen, nur, dass in diesem Fall keine Richtung ausgezeichnet ist. Gemäß den Eigenschaften des Kosmonfeldes ändert es seinen Wert im Zuge der Entwicklung des Universums. Das Kosmon besitzt sowohl potenzielle als auch kinetische Energie, und beide tragen zur Energiedichte des Universums bei. Wobei die potenzielle Energie für den **negativen Druck**, der auf unser Universum ausgeübt wird, sorgt, und die kinetische Energie, die zum Erreichen der **kritischen Massendichte** fehlenden 70 % an positiver Energiedichte beisteuert – siehe auch **Quintessenz**.

Kreislauf der Materie siehe **Megasonnen**

Kritische Massendichte siehe Ω_m (kosmologische Parameter)

Makrozeit Der Ablauf von Prozessen definiert die Makrozeit. Die Zeit wird erst dann zur beobachtbaren und damit bestimmbaren Größe, wenn eine Veränderung eines Zustands erfolgt. Die Veränderung eines Zustands ist aber nur möglich, wenn noch Spielraum für weitere Unordnung besteht. Physikalisch besteht dieser Spielraum, so lange die **Entropie** noch nicht ihren größtmöglichen Wert erreicht hat. Eine wichtige Erkenntnis ist, dass nur Vorgänge, die zu erkennbaren Veränderungen führen, auch einen zeitlichen Verlauf aufweisen und damit einen **Zeitpfeil** haben.

Massereiche Sterne siehe **Megasonnen**

Megasonnen Megasonnen sind Sterne der Superlative, da sie die heißesten (ihre Oberflächentemperaturen reichen von 25 000 bis 60 000 Kelvin), die hellsten (ihre Helligkeit liegt bei mehreren Millionen Sonnenleuchtkräften), die massereichsten (ihre Masse liegt zwischen 20 und 120 Sonnenmassen) und die kurzlebigsten Sterne sind. Das legionsmäßige Auftreten dieser Objekte in Form von „Starbursts" in einer sehr frühen Phase der Entwicklung des Universums hat den kosmischen Materiekreislauf, von dem vor allem die Planetenentstehung abhängig ist, entscheidend geprägt. Megasonnen sind vor allem wegen ihrer extrem kurzen Lebensspanne von astronomischer Bedeutung – ihre Lebensspanne liegt bei wenigen Millionen Jahren. In dieser kurzen Zeitspanne geben sie fabrikmäßig große Mengen synthetisierten Materials mittels stellarer Winde und Supernovae Typ II, Ib und Ic an das Interstellare Medium ab, wodurch neue Starbursts generiert werden. Megasonnen sind das Standbein der galaktischen Ökologie, sie sind der Motor des kosmischen Materiekreislaufs! Die Atmosphären der Megasonnen expandieren in gleicher Weise, wie dies bei den **Zentralsternen Planetarischer Nebel** der Fall ist. Bei dem Vorgang der Photonenabsorption durch einige Millionen Spektrallinien findet ein Impulsübertrag vom Strahlungsfeld auf die Materie statt, der diese auf enorme Geschwindigkeiten beschleunigt und dazu führt, dass die äußeren atmosphärischen Schichten abgelöst werden. Die dabei auftretenden Geschwindigkeiten liegen bei 1 000 bis 4 000 km/s und die Massenverlustraten bei bis zu 100 Erdmassen pro Jahr.

Mikrowellenhintergrundstrahlung Arno Penzias und Robert Wilson lieferten 1965 den entscheidenden Beobachtungsbefund für die Theorie des Big Bang, indem sie die berühmte 3 Kelvin-Hintergrundstrahlung (das entspricht −270°C) entdeckten. Entscheidend dabei war, dass George Gamow diese Strahlung im Rahmen seiner Theorie (er war der Ideengeber und „Vater des **Big Bang**s") vorhergesagt hatte − konkret sagte er vorher, dass Spuren von der Strahlung, die den Anfangszustand des Universums prägten, auch heute noch vorhanden sein müssten. In jüngster Zeit wurde die Mikrowellenhintergrundstrahlung neu entdeckt, da man festgestellt hat, dass diese Strahlung nicht mit gleicher Intensität aus allen Himmelsrichtungen kommt. Sie differiert in Abhängigkeit der Richtung um einige Hunderttausendstel Kelvin! Die Ursache dafür sind Dichtefluktuationen, die aus den **Quantenfluktuationen** entstanden sind − diese kann man auf diesem Weg also fast direkt beobachten! Die Satelliten COBE und WMAP haben die feinen Unterschiede in der Hintergrundstrahlung gemessen. Und da solche Messungen eine Zeitreise in die frühestmögliche Vergangenheit des Universums sind, lieferten sie überzeugende Argumente dafür, dass unser Universum zu diesem Zeitpunkt auf ein viel kleineres Raumgebiet komprimiert war und zumindest aus diesem heraus expandierte und vor allem, dass unser Universum flach ist!

Negativer Druck Negativer Druck ist das Gegenteil von positivem **Druck**, er bedeutet so viel wie Sog. Würde beides gleichzeitig geschehen, also sowohl ein nach außen gerichteter Druck als auch ein nach innen gerichteter Sog, bliebe der Status erhalten – der negative und der positive Druck würden sich gegeneinander aufheben.

Neutronensterne Neutronensterne sind extrem dichte Endstadien der Sternentwicklung. Wenn die Kernfusion in Sternen, deren Masse von 1,45 bis 3 Sonnenmassen reicht, beendet wird, bricht ihr Kern in Bruchteilen von Sekunden in sich zusammen. Die Atome werden dabei so stark komprimiert, dass Elektronen und Protonen zu elektrisch neutralen Neutronen verschmelzen. Auch nach diesem Prozess schrumpft der Kern noch weiter, bis die Neutronen einen **Entartungsdruck** aufbauen, der die weitere Kontraktion dann schlagartig stoppt. Die Materie wird dabei so stark verdichtet (im Zentrum liegt die Dichte bei bis zu $2 \cdot 10^{12}$ kg/cm³, was der Dichte der Atomkerne entspricht), dass die Sternmasse in einer Kugel von 20 Kilometern Durchmesser Platz findet. Der Neutronenstern steht damit am Ende seiner Sternentwicklung und stellt das Endstadium eines Sterns seiner Massenklasse dar – siehe auch **Schwarze Löcher und Endstadien der Sternentwicklung**.

Nukleonen Kernbausteine: Protonen und Neutronen. Ihr Durchmesser liegt bei circa 10^{-15} Metern und ihre Masse bei $1,66 \cdot 10^{-24}$ Gramm.

Nukleosynthese In einem Zustand extrem hoher Energie- und Materiedichte (im Inneren von Sternen, bei Supernovaexplosionen) können die sehr hohen Aktivierungsenergien, die nötig sind, um Fusionsprozesse zu ermöglichen, aufgebracht werden. Dies führt dazu, dass die Elemente – in Abhängigkeit der ursächlichen Größen – auf nahezu allen erdenklichen Wegen ineinander umgewandelt werden: Diese Prozesse bezeichnet man als Nukleosynthese. Es entstehen dabei auch seltene Elemente und solche, die nur eine beschränkte Lebensdauer haben wie zum Beispiel radioaktive Isotope.

Ω_m (kosmologischer Parameter) Verhältnis der im Universum vorhandenen Massendichte zur kritischen Massendichte $\sigma_{krit} = 10^{-29}$ Gramm/ Kubikzentimeter. Dieses Verhältnis müsste exakt eins sein, um das beobachtete flache Universum zu ermöglichen (durch diese Einsicht definiert sich die **kritische Massendichte**). Es zeigt sich aber, dass der tatsächliche Wert bei 0,3 liegt und dass die verbleibenden 70 %, wegen der Gleichheit von Masse und Energie, von der analogen Größe Ω_Λ der **Dunklen Energie** aufgefüllt werden.

Photon Energiequant der elektromagnetischen Strahlung. Photonen repräsentieren das, was wir Licht nennen, sowie Radiowellen, Mikrowellen, Infrarotstrahlen, Lichtstrahlen, Röntgenstrahlen und Gammastrahlen, sortiert nach der wachsenden Energie der Photonen. Photonen werden durch die Quantenfeldtheorie beschrieben, und durch ihren Austausch wird die elektromagnetische Wechselwirkung, eine der vier Naturkräfte, vermittelt. Photonen sind rastlose energetische Teilchen, die sich grundsätzlich mit der Grenzgeschwindigkeit c durch den Raum bewegen, und deren Energie gleich ihrer Frequenz (ν – die Frequenz spiegelt die Farbe des Lichts wider, die wir zum Beispiel in einem Regenbogen als rot (energiearm) bis blau (energiereich) wahrnehmen) multipliziert mit einer Konstanten (dem Planck'schen Wirkungsquantum $h = 6{,}6262 \cdot 10^{-34} \, Js$) ist: $E = h\nu$.

Planck-Größen Der **Schwarzschild-Radius** $R_S = (2G \cdot M)/c^2$ (G – Gravitationskonstante $G = 6{,}673 \cdot 10^{-8} \, (cm/s^2)cm^2/g$, M – Masse des Objekts) legt eine Größenordnung fest, in deren Bereich die Anwendung der Allgemeinen Relativitätstheorie zwingend erforderlich ist. Andererseits haben im Rahmen der Quantenmechanik alle Elementarteilchen auch eine charakteristische Wellenlänge, die sogenannte Compton-Wellenlänge $\lambda_C = h/mc$ (h – Planck'sches Wirkungsquantum, m – Masse des Elementarteilchen). Hat man nun eine physikalische Situation, in der diese beiden Bedingungen gleichzeitig erfüllt sind, also der Schwarzschild-Radius gleich der Compton-Wellenlänge ist, dann erhält man als kritische Größe die sogenannte Planck-Masse $m_P = \sqrt{hc/2G} = 3{,}9 \cdot 10^{-5} \, g$. Setzt man die Planck-Masse in die Formel für den Schwarzschild-Radius ein, so erhält man die Planck-Länge l_P, und teilt man diese durch die Grenzgeschwindigkeit c, ergibt sich die Planck-Zeit t_P:

$$l_P = \sqrt{\frac{2Gh}{c^3}} = 5{,}7 \cdot 10^{-33} \, \text{cm} \, , \quad t_P = \frac{l_P}{c} \Rightarrow t_P = \sqrt{\frac{2Gh}{c^5}} = 1{,}9 \cdot 10^{-43} \, \text{s} \, .$$

Planck-Länge siehe **Planck-Größen**

Planck-Zeit siehe **Planck-Größen**

Quark Nukleonen, die Bestandteile der Atomkerne, sind aus sehr kleinen Teilchen aufgebaut; und diese Teilchen nennt man Quarks. Ihr Durchmesser liegt bei höchstens 10^{-19} Metern und ist damit um das 10 000-Fache kleiner als die **Nukleonen** − die Quarks werden in den Nukleonen durch „*Gluonen*" zusammengehalten. **Gluonen** stellen also den Klebstoff dar, der ein Proton oder Neutron zusammenschweißt. Dabei sind die Gluonen die Kraftteilchen der starken Wechselwirkung, so wie die Photonen Austauschteilchen der elektromagnetischen Wechselwirkung sind. Auf welche Weise die Quarks zusammengehalten werden und dabei die Nukleonen ausbilden, wird durch die Theorie der Quantenchromodynamik beschrieben. Die darauf beruhende Vorstellung legt nahe, dass jeweils drei Quarks, die ein Proton oder Neutron bilden, von einem „Gluonen-Meer" umspült werden, wobei die Gluonen in permanenter Bewegung ständig herumwirbeln und dadurch die Quarks an ein kleines Raumgebiet binden.

Quantenfluktuationen Masse ist gleich Energie − aus der **Unschärferelation** folgt daraus, dass Teilchen innerhalb eines sehr kurzen Zeitintervalls quasi aus dem Nichts auftauchen müssen, wobei das Nichts das **Vakuum** darstellt. Das Vakuum kann also grundsätzlich nicht leer werden. Um der Unschärferelation gerecht zu werden, müssen im Vakuum permanent Teilchen erzeugt und nach kurzer Zeit wieder vernichtet werden. Im Vakuum muss es sogenannte Fluktuationen geben. Diese Fluktuationen treten immer als Paare von Materie- und Antimaterieteilchen auf (zum Beispiel Elektron und Positron), und somit können sie sich gegenseitig auch wieder vernichten. Zu jedem Zeitpunkt ist das Vakuum von solchen virtuellen Paaren erfüllt. Die Quantenfluktuationen erzeugen damit im Vakuum ein permanentes Brodeln aller erdenklichen Teilchensorten.

Quintessenz Die Quintessenz stellt eine Theorie zur Beschreibung der **Dunklen Energie** dar. Um die Entwicklung dieser Theorie wird derzeit hart gerungen, wobei tragfähige Ansätze jenseits aller uns bekannten Formen der Energie − Strahlung, sichtbare Materie, Dunkle Materie − liegen, da diese einen positiven **Druck** ausüben und damit gravitativ anziehend wirken, wohingegen die Quintessenz einen **negativen Druck** auf unser Universum ausüben muss. Die Quintessenz ist, im Gegensatz zur kosmologischen Konstanten Λ (von Einstein 1917 eingeführte konstante Größe, die das Konzept der Allgemeinen Relativitätstheorie nicht verändert) ihrer Grundidee entsprechend dynamisch. Sie entwickelt sich also im Lauf der Zeit, vergleichbar zu den anderen Energieformen. Die Quintessenz stellt ein Quantenfeld dar, das sowohl aus homogen verteilter kinetischer als auch potenzieller Energie besteht. Damit besitzt die Quintessenz zwei Energiekomponenten, die ein unterschiedliches Vorzeichen aufweisen können, und dies ist eine wichtige Eigenschaft, da sie das Verhalten der Dunklen Energie erklären kann. Ihrem Ansatz entsprechend basiert die Quintessenz auf der Quantenfeldtheorie und stellt ein skalares **Kosmonfeld** dar. Durch den Austausch von Kosmonquanten wird dabei eine Kraft vermittelt, die beispielsweise mit der elektromagnetischen Kraft, die durch den Austausch von Photonen zustande kommt, vergleichbar ist – es könnte aber auch sein, dass das Kosmonfeld einiges mit dem skalaren **Higgsfeld** und seinem **Higgs-Boson** gemein hat (bei einem skalaren Feld ist keine räumliche Richtung ausgezeichnet; damit unterscheidet sich ein Skalarfeld deutlich von einem Vektorfeld, das beispielsweise durch das elektrische Feld repräsentiert wird). Im Gegensatz zur kosmologischen Konstanten impliziert die Quintessenz eine neue fundamentale mikroskopische Wechselwirkung, und diese beschreibt das „fünfte Element" beziehungsweise eine neue „fünfte Kraft", die zu den vier bestehenden Naturkräften, die auf der starken und schwachen Wechselwirkung sowie der elektromagnetischen und der gravitativen Wechselwirkung beruhen, hinzugefügt wird. *Gemäß der Quintessenz stellt die Dunkle Energie also eine dynamisch veränderliche Substanz dar, deren Wirken durch ein skalares Kosmonfeld vermittelt wird.*

Rote Riesen Rote Riesen sind Riesen-Sterne und zeigen dementsprechend eine Größe von mehreren 100 Sonnenradien. Sie sind aber auch rot, und das bedeutet kühl. Ihre Oberflächentemperatur liegt bei lediglich 2 000 bis 3 000 Kelvin. Wegen der gewaltigen Ausdehnung ist die abgestrahlte Helligkeit dennoch extrem hoch, sodass Rote Riesen zu den hellsten Sternen zu zählen sind. Die meisten Sterne erreichen am Ende ihrer Entwicklung das Rote-Riesen-Stadium (man geht davon aus, dass dies alle Sterne betrifft, deren Ausgangsmasse kleiner als acht Sonnenmassen ist). Der Weg beginnt nach dem Wasserstoffbrennen im Kern, wobei der Stern nach Beendigung der Kernfusion zunächst in sich zusammensackt, um dann das Heliumbrennen und kurz darauf, in einer über dem Kern liegenden äußeren Schale, erneut das Wasserstoffbrennen durchzuführen. Dabei erhöht sich seine innere Temperatur, und zusammen mit dem Dichtesprung, der zwischen dem Kohlenstoffkern und der äußeren Wasserstoff-Helium-Hülle vorliegt, führt dies zu einer schnellen Ausdehnung der äußeren Hüllenschichten auf einige 100 Sonnenradien. Die Hülle kühlt sich dabei ab, und der Stern erscheint rot. Die Ausdehnung der Hülle führt zu einer geringen Dichte in diesem Bereich, und die Hülle ist auch nur noch schwach durch die Gravitation des Sterns gebunden. Im Verlauf des Roten-Riesen- Stadiums kann sich demgemäß ein starker Sternwind aufbauen, durch den die äußeren Schichten vollständig abgestoßen werden. Diese Schichten sind die Vorhut des Planetarischen Nebels, der sich als Resultat instabiler Pulse vom Stern ablöst und bis zu einer Sonnenmasse Materie mit sich nimmt. Der Ort des Geschehens ist dabei der sogenannte Asymptotische Riesenast, auf dem ein Stern die kühlste Oberflächentemperatur besitzt, die er annehmen kann. Der Planetarische Nebel umgibt den Stern für circa 10^5 Jahre und ist in dieser Zeit weithin sichtbar. Der Stern selbst nähert sich im Zuge dessen dem Weißen-Zwerg-Stadium und stellt in dieser Überbrückungsphase einen **Zentralstern Planetarischer Nebel** dar. Auf diesem Weg verbrennt er in seiner verbliebenen Hülle stetig Wasserstoff und Helium in Schalen, die sich über dem Kohlenstoff-Sauerstoff-Kern ausgebildet haben. Der Stern entwickelt sich dabei bei konstanter Helligkeit kontrahierend und demgemäß seine Oberflächentemperatur erhöhend weiter, wobei der Anstieg der Oberflächentemperatur dafür verantwortlich ist, dass der Planetarische Nebel zu leuchten beginnt. Der Reststern ist in seinem Kern allerdings bereits jetzt ein voll ausgebildeter **Weißer Zwerg**!

Rotverschiebung z Die relative Wellenlängenverschiebung gegenüber der ursprünglich emittierten Strahlung bezeichnet man als Rotverschiebung. Wichtig ist hierbei die Beziehung zwischen der relativen Wellenlängenverschiebung $z = (\lambda_v - \lambda_{uv})/\lambda_{uv}$ und der Relativgeschwindigkeit v zwischen Sender (λ_{uv}) und Empfänger (λ_v). Die Rotverschiebung z kann durch eine einfache Analyse der Spektrallinien gemessen werden und liefert durch Multiplikation mit der Lichtgeschwindigkeit c auf direktem Weg die Relativgeschwindigkeit $v = z\,c = (\lambda_v - \lambda_{uv}/\lambda_{uv})\,c$.

Schwarze Löcher und Endstadien der Sternentwicklung Ein Stern
verliert Energie und die fehlt ihm, um den Gegendruck zur Gravitationskraft aufzubauen. Als Konsequenz muss der Stern nachgeben und
kontrahieren. Dieses grundsätzliche Verhalten macht den Stern immer kompakter und führt zu extremen Dichten im Sterninneren. Nur
im Bereich der Quantenphysik kann dem Vorgang der immer weiter
fortschreitenden Kontraktion zumeist Einhalt geboten werden, und
zwar dann, wenn die innere Struktur der Teilchen von diesem Prozess
bedroht wird. Das Schicksal der Sterne hängt dabei von ihrer Masse
ab, und in Abhängigkeit von diesem Wert wurden für die Sterne drei
mögliche Endstadien vorgesehen: Weiße Zwerge, Neutronensterne und
Schwarze Löcher. **Weiße Zwerge,** deren Masse unter 1,45 Sonnenmassen liegt, stabilisieren sich durch den **Entartungsdruck** der Elektronen, und **Neutronensterne,** deren Masse unter circa 3 Sonnenmassen
liegt, stabilisieren sich durch den Entartungsdruck der Neutronen. Der
Entartungsdruck der Neutronen ist bis jetzt nachweislich die letzte
Gegenwehr eines Sterns. Sterne, die in diesem Stadium landen und eine
größere Masse als 3 Sonnenmassen besitzen, kontrahieren demnach
weiter. Solche Sterne werden zu Schwarzen Löchern. Selbst die Kernkräfte sind als Gegenkraft bei diesen Objekten nicht stark genug, um
den Vorgang der weiteren Kontraktion aufzuhalten. Kräfte haben etwas
mit positiver Energie zu tun, und die hat die gleiche Wirkung wie Masse. Egal, wie klein die Abstände der Elementarteilchen auch werden, die
im Zusammenhang mit diesen Kräften stehende positive Energie versucht wie Masse, die Abstände durch deren Gravitationswirkung weiter
zu verkleinern. Die Gravitation ist in diesem Fall auch im kleinsten
Maßstab unschlagbar. Selbst der **Druck,** der den Stern eigentlich gegen
die Gravitationskraft stabilisieren sollte, schließt sich dem an. Wenn der
Druck mit der Gravitationskraft zusammen entsprechend groß geworden ist, überwiegt der gravitativ anziehende Charakter der „Druckenergie" über das Stabilisierungsverhalten des Drucks. Der Druck ändert
damit seine Richtung, und es gibt für den Stern kein Halten mehr. Er
kollabiert und wird zur **Singularität.** Von Weitem registriert man dabei ineinander übergehende Zeitzonen, wobei die dortigen Uhren umso
langsamer gehen, je näher die Zeitzonen am Zentrum liegen. Man registriert damit die gravitative Zeitdilatation. Wenn die einer räumlichen
Position zugeordnete Fallgeschwindigkeit die Grenzgeschwindigkeit

c erreicht, bleibt von Weitem aus betrachtet die Zeit stehen. Und den verbleibenden Abstand – von einer solchen Position bis zum Zentrum der jeweiligen Gravitationsquelle – nennt man **Schwarzschild-Radius**, und der stellt den Horizont zur Raum-Zeit-Singularität dar – die Krümmung der Raum-Zeit wird für sie unendlich groß.

Schwarzschild-Radius An diesem Radius erreicht die Fallgeschwindigkeit die Grenzgeschwindigkeit c, und dementsprechend müsste die Fluchtgeschwindigkeit eines Teilchens ebenfalls gleich c werden, um aus dem Gravitationsgebiet entweichen zu können. Die Grenzgeschwindigkeit c kann jedoch von keinem Teilchen mit Ruhemasse ereicht werden, und demgemäß kann aus dem inneren Bereich dieses Gebiets auch nichts entweichen, noch nicht einmal Licht. Der Schwarzschild-Radius stellt damit sowohl eine Zeitgrenze (die Zeit bleibt für einen Außenstehenden stehen) als auch einen Ereignishorizont (die Raumkrümmung wird unendlich) dar und beinhaltet in seinem Inneren eine so definierte „**Singularität**". Der Schwarzschild-Radius ist für die Bestimmung der **Planck-Größen** essenziell.

Singularität siehe **Schwarzschild-Radius**

Supernova Typ Ia Thermonukleare **Explosion** eines aus Kohlenstoff und Sauerstoff bestehenden **Weißen Zwergs**, dessen Masse gleich der **Chandrasekharmasse** ist.

Unschärferelation Mikroskopische Teilchen zeigen im Rahmen der Quantenphysik ein unpräzises Verhalten, das einer grundlegenden Aussage von Werner Heisenberg zufolge durch die Unschärferelation beschrieben wird. Danach werden die Energie eines Teilchens und das Zeitintervall, in dem diese Energie auftritt, nicht gleichzeitig präzise festgelegt. Innerhalb eines sehr kurzen Zeitintervalls kann ein Teilchen sogar eine extrem hohe Energie besitzen. Die Ungenauigkeit in den beiden Größen wird dabei durch das Planck'sche Wirkungsquantum h festgelegt $\Delta E \Delta t \geq h / 2\pi$. Die Unschärferelation besagt, dass es an jedem Ort und zu jeder Zeit für das Auftreten eines Teilchens, selbst in einem perfekten Vakuum, eine Unbestimmtheit in der Energie ΔE und eine Unbestimmtheit in der Zeit Δt gibt. Diese beiden komplementären Unbestimmtheiten können nicht gleichzeitig null werden; je kleiner eine der beiden Größen wird, umso größer muss die andere werden. Im mikroskopisch Kleinen sind also alle Größen von null verschieden, und dies betrifft auch die Null selbst. Die Null wird also durch das Planck'sche Wirkungsquantum ersetzt, und mit diesem Wirkungsquantum wird eine nicht unterschreitbare Mindestanforderung festgelegt.

Vakuum siehe **Quantenfluktuationen**

Weiße Zwerge Weiße Zwerge stellen Sterne dar, deren aus Kohlenstoff bestehende Kernmasse aufgrund des gewaltigen Drucks im Sterninneren sich kristallisiert und Diamanten ausbilden kann. Weiße Zwerge sind in etwa so groß wie die Erde, haben dabei aber eine Masse von der Größe der Sonne. Die mittlere Dichte dieser Sterne ist extrem groß und erreicht circa 3 Tonnen pro Kubikzentimeter. Weiße Zwerge, deren Masse unter 1,45 Sonnenmassen liegt, stabilisieren sich durch den **Entartungsdruck** (Fermidruck) der Elektronen – siehe auch **Schwarze Löcher und Endstadien der Sternentwicklung** sowie **Rote Riesen**.

Weltpostulat oder **kosmologisches Prinzip** Allgemeine Formulierung: Großräumig gesehen ist das Universum überall gleich. Ein relativ zu seiner Umgebung ruhender Beobachter hat an jedem Punkt des Universums denselben Anblick. Von jedem Ort aus stellt sich die Fluchtbewegung und Verteilung der Materie gleich dar. Das Universum ist großräumig homogen und isotrop. Jeder Beobachter stellt dieselben physikalischen Eigenschaften und Abläufe im Universum fest.

WIMP Weakly Interacting Massive Particle – schwach wechselwirkendes schweres Teilchen – hypothetisches Teilchen, das den Materieanteil der „Dunklen Materie" darstellen soll.

Zeitpfeil Physikalische Prozesse laufen nicht einfach in der Zeit ab. Ihnen ist vielmehr ein Zeitpfeil zugeordnet, vorausgesetzt, sie durchlaufen eine gerichtete Entwicklung. Dabei muss es grundsätzlich möglich sein, das System unordentlicher zu gestalten. Der Name Zeitpfeil wurde gewählt, weil das wesentliche Merkmal eines Pfeils darin besteht, dass seine Spitze in eine bestimmte Richtung weist, und diese ausgezeichnete Richtung wird von der sich stetig vergrößernden **Entropie** vorgegeben. Der Zeitpfeil ist auf makroskopischer Ebene also nur dann vorhanden, wenn das System seine maximale Entropie noch nicht erreicht hat. Die Zeit kann demnach weder rückwärts laufen noch sich umkehren oder gar springen.

z-Wert siehe **Rotverschiebung**

Zentralsterne Planetarischer Nebel siehe **Rote Riesen** und **Megasonnen**

Bildnachweis

Alle Skizzen: A. W .A. Pauldrach.

Abbildung 1.1	Darstellung: A. W. A. Pauldrach.
Abbildung 1.2	Grafik: A. W. A. Pauldrach.
Abbildung 1.3	Grafik: A. W. A. Pauldrach.
Abbildung 1.4	Grafik: A. W. A. Pauldrach.
Abbildung 1.5	Grafik: A. W. A. Pauldrach.
Abbildung 1.6	Grafik: A. W. A. Pauldrach.
Abbildung 1.7	Bild oben – Credit: NASA, ESA, and The Hubble Heritage Team (STScI/AURA); Bild unten – Grafik: A.W.A. Pauldrach.
Abbildung 1.8	Credit: NASA, and The Gravity Probe B Team.
Abbildung 1.9	Grafik: A. W. A. Pauldrach.
Abbildung 1.10	Grafik: A. W. A. Pauldrach.
Abbildung 1.11	Credit: NASA/WMAP Science Team, Bearbeitung: A. W. A. Pauldrach.
Abbildung 1.12	Grafik: A. W. A. Pauldrach.
Abbildung 1.13	Grafik: A. W. A. Pauldrach.
Abbildung 1.14	Credit für eingebettetes Foto: NASA/WMAP Science Team, Grafik: A. W. A. Pauldrach.
Abbildung 1.15	Credit für zwei eingebettete Fotos: NASA, ESA, and the Hubble Heritage Team (STScI/AURA), Grafik: A. W. A. Pauldrach.
Abbildung 1.16	Credit: NASA/CXC/Rutgers/J. Hughes et al.
Abbildung 1.17	Credit: NASA, ESA, The Hubble Key Project Team, and The High-Z Supernova Search Team.

Abbildung 1.18	Credit: NASA/CXC/SAO, and M. Weiss.
Abbildung 1.19	Grafik: A. W. A. Pauldrach.
Abbildung 1.20	Grafik: A. W. A. Pauldrach.
Abbildung 1.21	Credit: Travis Metcalfe, Christine Pulliam, and Ruth Bazinet, Harvard-Smithsonian Center for Astrophysics.
Abbildung 1.22	Grafik: A. W. A. Pauldrach.
Abbildung 1.23	Credit: Friedrich Röpke, Max-Planck-Institut für Astrophysik, Garching.
Abbildung 2.1	Credit: NASA, ESA, and A. Feild (STScI).
Abbildung 2.2	Credit: NASA, ESA, and A. Riess (STScI).
Abbildung 2.3	Bild links – Credit: S. Perlmutter, Physics Today, Volume 56, Issue 4, pp. 53–62 (2003); Bild rechts – Credit: NASA, ESA, and A. Riess (STScI).
Abbildung 2.4	Credit: S. Perlmutter, Physics Today, Volume 56, Issue 4, pp. 53–62 (2003).
Abbildung 2.5	Eingebettetes Bild – Credit: S. Perlmutter, Physics Today, Volume 56, Issue 4, pp. 53-62 (2003) – Grafik: A. W. A. Pauldrach.
Abbildung 2.6	Credit: S. Perlmutter, Physics Today, Volume 56, Issue 4, pp. 53–62 (2003).
Abbildung 2.7	Grafik: A. W. A. Pauldrach.
Abbildung 2.8	Credit: NASA, ESA, C.R. O'Dell (Vanderbilt University), M. Meixner and P. McCullough (STScI) – eingebettete Grafik: A. W. A. Pauldrach.
Abbildung 2.9	Grafik: A. W. A. Pauldrach.
Abbildung 2.10	Grafik: A. W. A. Pauldrach.
Abbildung 2.11	Credit: NASA and The Hubble Heritage Team (STScI/AURA).
Abbildung 2.12	Grafik: A. W. A. Pauldrach.
Abbildung 2.13	Grafik: A. W. A. Pauldrach.
Abbildung 2.14	Credit: The Supernova Cosmology Project, S. Perlmutter, et al.
Abbildung 2.15	Grafik: A. W. A. Pauldrach.

Die € [D]-Preise enthalten 7 % MwSt. (Bücher) bzw. 19 % MwSt. (elektronische Produkte). Der € [A]-Preis ist uns vom dortigen Importeur als Mindest-preis genannt worden. Der sFr-Preis ist eine unverbindliche Preisempfehlung. Irrtümer und Preisänderungen vorbehalten. Stand Juli 2010. 20100722

1. Aufl. 2007
116 S., 30 farb. Abb., kart.
€ [D] 14,50 / € [A] 14,91 / CHF 19,50
ISBN 978-3-8274-1848-7

Helmut Hetznecker

Expansionsgeschichte des Universums

Die *Expansionsgeschichte des Universums* stellt aktuelle kosmologische Forschung im Stil der Astrophysik-aktuell-Reihe dar: knapp und kompakt, mit vielen Abbildungen. Die Entwicklung des Universums vom heißen Urknall bis zum kalten Kosmos wird hier aus physikalischer Sicht erzählt, beginnend mit der Geburt von Raum und Zeit, Struktur und Kraft, Strahlung und Materie. Helmut Hetzneckers Buch zeigt anhand der physikalischen Modelle, wie man aus der Strahlung von Sternen und Galaxien und dem Energieausbruch am Beginn des Urknalls die Evolutionsgeschichte des Universums entschlüsselt.

1. Aufl. 2010
206 S., 60 farb. Abb., kart.
€ [D] 16,95 / € [A] 17,42 / CHF 23,-
ISBN 978-3-8274-2070-1

Andreas Müller

Schwarze Löcher

Schwarze Löcher sind die unglaublichsten Objekte der Astronomie. Ein Schwarzes Loch ist eine Masse, die so dicht gepackt ist, dass sie sogar das Licht am Entkommen hindert. Als Konsequenz ist ein Schwarzes Loch sowohl schwarz, als auch klein und damit schwer am Himmel zu entdecken.
Das Buch stellt kompakt die aufregende Entdeckungsgeschichte Schwarzer Löcher dar – von den anfänglichen Spekulationen um Schwarze Löcher bis zu gesicherten astronomischen Beobachtungen, die kaum Zweifel an ihrer Existenz lassen. Ohne Schwarze Löcher ist die moderne Astronomie nicht denkbar.

Spektrum
AKADEMISCHER VERLAG

▸ Ausführliche Informationen unter www.spektrum-verlag.de

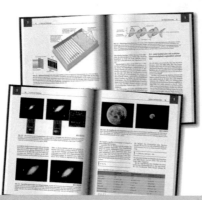

Printed in the United States
By Bookmasters